# Netz

# Formeln und Sätze der Physik

mit 148 Beispielen

Von Heribert Stroppe

2. Auflage

HANSER

Autor dieses Bandes:

Prof. Dr. sc. nat. Heribert Stroppe
Technische Universität »Otto von Guericke« Magdeburg

CIP-Kurztitelaufnahme der Deutschen Bibliothek

**Netz, Heinrich:**
Formeln und Sätze der Physik : mit 148 Beispielen / Netz. Von Heribert Stroppe. – 2., verb. Aufl. – München ; Wien : Hanser, 1991
ISBN 3-446-15799-9
NE: Stroppe, Heribert [Bearb.] ; HST



Satz und Druck: INTERDRUCK Graphischer Großbetrieb Leipzig,
Betrieb der ausgezeichneten Qualitätsarbeit, III/18/97
Einbandgestaltung: Kaselow Design
Printed in the German Democratic Republic

# VORWORT

Nachdem sich das Nachschlagewerk NETZ »Formeln der Technik« gut eingeführt und weite Verbreitung gefunden hat, legen wir nun den Wissensspeicher NETZ »Formeln und Sätze der Physik« vor, ein Nachschlage- und Arbeitsbuch, in dem die wichtigsten Formeln und Sätze aus dem Gesamtgebiet der Physik in knapper übersichtlicher Form in einem Umfang dargestellt werden, wie sie in etwa zum physikalischen Grundlagenwissen der ersten Semester des Studiums in einer natur- oder ingenieurwissenschaftlichen Fachrichtung gehören. Damit dürfte das vorliegende Buch außer als Hilfsmittel zur Bearbeitung physikalischer Probleme besonders auch für das Selbststudium und als Repetitorium für die Vorbereitung auf Prüfungen geeignet sein. Es darf dabei allerdings nicht übersehen werden, daß dieses Buch das Lehrbuch nicht ersetzen kann.
Um den Gebrauch des Buches neben Vorlesungen zu erleichtern, wurde eine lehrbuchartige Gliederung des Stoffes gewählt. Mit der tabellenartigen Anordnung der Formeln sowie der Hervorhebung von Merksätzen und wichtigen physikalischen Konstanten hoffen wir, eine besonders nutzerfreundliche Form gefunden zu haben. Der Stoff ist so angelegt, daß jedes Kapitel für sich gelesen werden kann; zu jeder Formel gibt es eine Legende mit den vorkommenden physikalischen Größen und den zugehörigen Einheiten. Dabei werden konsequent SI-Einheiten verwendet. Zum Zwecke der Umrechnung in gelegentlich noch benutzte andere Einheiten wurde in Abschnitt 1.3 eine alphabetische Übersicht über SI-fremde Einheiten mit den entsprechenden Umrechnungsfaktoren aufgenommen.
Schnellen Zugang zu bestimmten Informationen ermöglicht auch das umfangreiche Sachwortverzeichnis am Schluß des Buches sowie die Tabelle der gebräuchlichsten physikalischen Konstanten im Anhang. Dem tieferen Verständnis der physikalischen Gesetzmäßigkeiten dienen die zu jedem Hauptabschnitt aufgenommenen Rechenbeispiele. Zusätzlich zu den »klassischen« Gebieten der Physik wurden entsprechend ihrer zunehmenden Bedeutung am Schluß einige Kapitel aus der Festkörperphysik mit aufgenommen. Mit der abschließenden Behandlung des pn-Übergangs wird ein Anschluß an den Abschnitt »Bausteine und Schaltungen der Elektronik« in NETZ »Formeln der Technik« hergestellt.
Da eine Erstausgabe nie frei von Fehlern ist, sind wir für entsprechende Hinweise sowie Anregungen zur weiteren Verbesserung des Werkes stets dankbar.
Viel Freude und Erfolg bei der Arbeit mit NETZ »Formeln und Sätze der Physik« wünschen

Autor und Verlag.

# INHALTSVERZEICHNIS


| | | |
|---|---|---|
| 1 | **Physikalische Größen und Einheiten** | 12 |
| 1.1 | Physikalische Größen | 12 |
| 1.2 | Das Internationale Einheitensystem (SI) | 12 |
| 1.3 | SI-fremde Einheiten und ihre Umrechnung in SI-Einheiten | 13 |
| | MECHANIK DER PUNKTMASSE | 16 |
| 2 | **Kinematik** | 16 |
| 2.1 | Geschwindigkeit und Beschleunigung bei geradliniger Bewegung | 16 |
| 2.2 | Freier Fall. Senkrechter Wurf | 18 |
| 2.3 | Überlagerung von Bewegungen. Schiefer Wurf | 18 |
| 2.4 | Kreisbewegung | 20 |
| 2.5 | Allgemeine krummlinige Bewegung | 22 |
| 3 | **Dynamik** | 24 |
| 3.1 | Masse, Dichte | 24 |
| 3.2 | Kraft. Newtonsche Axiome. Impuls (Bewegungsgröße) | 24 |
| 3.3 | Reibung zwischen Oberflächen fester Körper | 26 |
| 3.4 | Bewegte Bezugssysteme. Trägheitskräfte | 27 |
| 3.5 | Relativistische Mechanik | 28 |
| 4 | **Arbeit, Energie, Leistung, Wirkung** | 31 |
| 4.1 | Arbeit | 31 |
| 4.2 | Kinetische und potentielle Energie. Energieerhaltungssatz | 32 |
| 4.3 | Leistung, Wirkung, Wirkungsgrad | 33 |
| 5 | **Gravitation** | 34 |
| 5.1 | Gravitationsgesetz. Gravitationsfeld | 34 |
| 5.2 | Keplersche Gesetze | 35 |
| 5.3 | Kosmische Geschwindigkeiten | 35 |
| 6 | **Dynamik der Punktmassen-Systeme** | 36 |
| 6.1 | Massenmittelpunkt. Impulserhaltungssatz | 36 |
| 6.2 | Stoß fester Körper (gerader zentrischer Stoß) | 37 |
| 6.3 | Raketenantrieb | 38 |
| | MECHANIK DES STARREN KÖRPERS | 41 |
| 7 | **Statik starrer Körper** | 41 |
| 7.1 | Kräfte am starren Körper. Drehmoment | 41 |
| 7.2 | Gleichgewichtsbedingungen. Schwerpunkt | 42 |
| 8 | **Dynamik starrer Körper** | 45 |
| 8.1 | Massenträgheitsmoment. Grundgesetz der Dynamik bei Rotation | 45 |
| 8.2 | Drehimpuls (Drall). Drehimpulserhaltungssatz | 46 |

8.3 Arbeit, Energie und Leistung bei der Drehbewegung . . . . . . . . . . . 46
8.4 Analogiebeziehungen zwischen Größen und Gleichungen der Translations- und der Rotationsbewegung . . . . . . . . . . . . . . . . . . . 47

MECHANIK DER DEFORMIERBAREN KÖRPER . . . . . . . . . . . . . . 49

**9 Der deformierbare feste Körper** . . . . . . . . . . . . . . . . . . . . . 49
9.1 Dehnung, Scherung, Spannung. Hookesches Gesetz . . . . . . . . . . 49
9.2 Elastische Materialkonstanten fester (isotroper) Stoffe . . . . . . . . . 50
9.3 Elastische Biegung eines Balkens . . . . . . . . . . . . . . . . . . . . 50

**10 Ruhende Flüssigkeiten und Gase** . . . . . . . . . . . . . . . . . . . . 52
10.1 Druck, Schweredruck, Auftriebskraft . . . . . . . . . . . . . . . . . . 52
10.2 Zusammenhang zwischen Druck, Volumen und Dichte eines Gases . . . 53
10.3 Oberflächenspannung. Kapillarität . . . . . . . . . . . . . . . . . . . 53

**11 Strömende Flüssigkeiten und Gase (Fluide)** . . . . . . . . . . . . . . 55
11.1 Strömungsgesetze für ideale Fluide . . . . . . . . . . . . . . . . . . . 55
11.2 Strömungsgesetze für reale Fluide. Laminare Strömung . . . . . . . . . 57
11.3 Strömungswiderstand. Ähnliche Strömungen . . . . . . . . . . . . . . 58

KINETISCHE THEORIE DER WÄRME . . . . . . . . . . . . . . . . . . 60

**12 Atome und Moleküle** . . . . . . . . . . . . . . . . . . . . . . . . . . 60
12.1 Relative Atom- und Molekülmasse. Atomvolumen, Atomradius . . . . . 60
12.2 Stoffmenge, molare Größen . . . . . . . . . . . . . . . . . . . . . . . 60

**13 Gaskinetik** . . . . . . . . . . . . . . . . . . . . . . . . . . . . . . . 61
13.1 Maxwellsche Geschwindigkeitsverteilung . . . . . . . . . . . . . . . . 61
13.2 Stoßzahl und mittlere freie Weglänge . . . . . . . . . . . . . . . . . . 63
13.3 Druck, innere Energie eines Gases. Gleichverteilungssatz . . . . . . . . 63
13.4 Molare und spezifische Wärmekapazität . . . . . . . . . . . . . . . . . 64

THERMODYNAMIK . . . . . . . . . . . . . . . . . . . . . . . . . . . . 66

**14 Temperatur, thermische Ausdehnung. Wärmemenge** . . . . . . . . . . 66
14.1 Temperatur . . . . . . . . . . . . . . . . . . . . . . . . . . . . . . . 66
14.2 Thermische Ausdehnung von festen Körpern und Flüssigkeiten . . . . . 66
14.3 Thermische Ausdehnung des idealen Gases. Zustandsgleichung . . . . . 67
14.4 Wärmemenge, spezifische Wärmekapazität . . . . . . . . . . . . . . . 68
14.5 Kalorimetrie . . . . . . . . . . . . . . . . . . . . . . . . . . . . . . . 69

**15 Hauptsätze der Thermodynamik** . . . . . . . . . . . . . . . . . . . . 71
15.1 Ausdehnungsarbeit, innere Energie, Enthalpie und Entropie eines Gases . . . . . . . . . . . . . . . . . . . . . . . . . . . . . . . . . . . 71
15.2 Erster Hauptsatz (Energiesatz) . . . . . . . . . . . . . . . . . . . . . 72
15.3 Zustandsänderungen des idealen Gases . . . . . . . . . . . . . . . . . 73
15.4 Carnot-Prozeß. Kältemaschine und Wärmepumpe . . . . . . . . . . . 75
15.5 Zweiter Hauptsatz (Entropiesatz) . . . . . . . . . . . . . . . . . . . . 77
15.6 Exergie und Anergie . . . . . . . . . . . . . . . . . . . . . . . . . . . 77

| | | |
|---|---|---|
| **16** | **Reale Gase. Phasenumwandlungen** | 79 |
| 16.1 | Van-der-Waalssche Zustandsgleichung. Kritische Größen realer Gase | 79 |
| 16.2 | Phasenumwandlungen (Schmelzen, Verdampfen). Luftfeuchte | 79 |
| **17** | **Wärmeübertragung** | 81 |
| 17.1 | Wärmeleitung | 81 |
| 17.2 | Wärmeübergang | 82 |
| 17.3 | Wärmedurchgang | 82 |

ELEKTRODYNAMIK . . . . . 84

| | | |
|---|---|---|
| **18** | **Elektrisches Feld** | 84 |
| 18.1 | Kraftwirkungen des elektrischen Feldes auf Ladungen und Dipole. Feldstärke, Potential, Spannung | 84 |
| 18.2 | Elektrischer Fluß, elektrische Verschiebung. Energiedichte | 85 |
| 18.3 | Elektrische Polarisation. Elektrisierung | 86 |
| 18.4 | Kapazität, Kondensator. Elektrische Feldenergie | 87 |
| **19** | **Gleichstrom** | 90 |
| 19.1 | Elektrische Stromstärke, elektrischer Widerstand. Ohmsches Gesetz | 90 |
| 19.2 | Kirchhoffsche Gesetze. Strom- und Spannungsteilung. Widerstandsmessung | 91 |
| 19.3 | Energie und Leistung von Gleichströmen | 93 |
| **20** | **Leitungsvorgänge in Festkörpern, Flüssigkeiten und im Vakuum** | 95 |
| 20.1 | Elektronentheoretische Deutung des elektrischen Stromes. Hall-Effekt | 95 |
| 20.2 | Elektrolyse. Faradaysche Gesetze | 96 |
| 20.3 | Thermische Elektronenemission. Photoeffekt | 97 |
| **21** | **Magnetisches Feld** | 98 |
| 21.1 | Kraftwirkung des magnetischen Feldes auf magnetische Pole und Dipole. Feldstärke, magnetisches Moment | 98 |
| 21.2 | Magnetische Flußdichte (magnetische Induktion). Energiedichte des magnetischen Feldes | 99 |
| 21.3 | Magnetfeld stationärer elektrischer Ströme. Durchflutungsgesetz. Magnetischer Kreis | 100 |
| 21.4 | Stoffe im Magnetfeld. Magnetische Polarisation, Magnetisierung | 101 |
| 21.5 | Kraftwirkungen des magnetischen Feldes auf stromdurchflossene Leiter. Lorentz-Kraft | 103 |
| **22** | **Elektromagnetische Induktion** | 105 |
| 22.1 | Induktionsgesetz. Lenzsche Regel | 105 |
| 22.2 | Selbstinduktion. Magnetische Feldenergie | 105 |
| 22.3 | System der Maxwellschen Gleichungen | 107 |
| **23** | **Wechselstrom** | 109 |
| 23.1 | Wechselspannung und Wechselstromstärke. Effektivwerte | 109 |
| 23.2 | Widerstände und Leitwerte im Wechselstromkreis. Reihen- und Parallelschaltung von Wirk- und Blindwiderständen | 110 |
| 23.3 | Leistung im Wechselstromkreis. Transformator | 112 |
| 23.4 | Drehstrom | 113 |

SCHWINGUNGEN UND WELLEN . . . . . . . . . . . . . . . . . . . . 116

**24 Mechanische Schwingungen** . . . . . . . . . . . . . . . . . . . . 116
24.1 Freie harmonische Schwingungen (lineare Federschwingung, Drehschwingung, Pendelschwingungen) . . . . . . . . . . . . . . . . 116
24.2 Eigenschwingungen von Stab und Saite . . . . . . . . . . . . . . 118
24.3 Freie gedämpfte Schwingung . . . . . . . . . . . . . . . . . . 119
24.4 Erzwungene Schwingungen. Resonanz . . . . . . . . . . . . . . 119
24.5 Überlagerung harmonischer Schwingungen . . . . . . . . . . . . 120

**25 Elektrische Schwingungen** . . . . . . . . . . . . . . . . . . . . 123
25.1 Ungedämpfte elektrische Schwingungen . . . . . . . . . . . . . 123
25.2 Gedämpfte elektrische Schwingungen . . . . . . . . . . . . . . 124
25.3 Analoge Größen und Gleichungen für mechanische und elektrische Schwingungen . . . . . . . . . . . . . . . . . . . . . . . . 124

**26 Allgemeine Wellenlehre** . . . . . . . . . . . . . . . . . . . . . 126
26.1 Allgemeine Wellengleichung. Harmonische ebene Welle und Kugelwelle . . . . . . . . . . . . . . . . . . . . . . . . . . . . . 126
26.2 Interferenz. Stehende Wellen . . . . . . . . . . . . . . . . . . 127
26.3 Huygenssches Prinzip. Reflexion, Brechung . . . . . . . . . . . 129
26.4 Dispersion. Phasen- und Gruppengeschwindigkeit . . . . . . . . 130

**27 Schallwellen. Akustik** . . . . . . . . . . . . . . . . . . . . . 131
27.1 Phasengeschwindigkeit von Schallwellen in Festkörpern, Flüssigkeiten und Gasen . . . . . . . . . . . . . . . . . . . . . . . . 132
27.2 Schallfeldgrößen . . . . . . . . . . . . . . . . . . . . . . . . 133
27.3 Schallpegel und Lautstärke. Schallabsorption, Schalldämmung . . . . . 134
27.4 Akustischer Doppler-Effekt . . . . . . . . . . . . . . . . . . . 135

**28 Elektromagnetische Wellen** . . . . . . . . . . . . . . . . . . . 137
28.1 Wellengleichung für die Ausbreitung im freien Raum. Wellenwiderstand . . . . . . . . . . . . . . . . . . . . . . . . . . . . 137
28.2 Ausbreitungsgeschwindigkeit, Energiedichte, Leistung und Strahlungsdruck des elektromagnetischen Wellenfeldes . . . . . . . . . 138

OPTIK . . . . . . . . . . . . . . . . . . . . . . . . . . . . . . 140

**29 Wellenoptik** . . . . . . . . . . . . . . . . . . . . . . . . . . 140
29.1 Brechung, Totalreflexion . . . . . . . . . . . . . . . . . . . . 140
29.2 Interferenz. Optische Weglänge . . . . . . . . . . . . . . . . . 141
29.3 Beugung . . . . . . . . . . . . . . . . . . . . . . . . . . . . 142
29.4 Polarisation. Interferenz des polarisierten Lichts. Optische Aktivität . . 144

**30 Strahlenoptik (Geometrische Optik)** . . . . . . . . . . . . . . . 147
30.1 Allgemeine Eigenschaften von Lichtstrahlen. Fermatsches Prinzip . . . 147
30.2 Optische Abbildung durch Spiegel . . . . . . . . . . . . . . . . 147
30.3 Optische Abbildung durch Linsen . . . . . . . . . . . . . . . . 149
30.4 Lupe, Mikroskop, Kamera, Fernrohr . . . . . . . . . . . . . . . 151
30.5 Auflösungsvermögen optischer Instrumente . . . . . . . . . . . . 152

| | | |
|---|---|---|
| **31** | **Photometrie** | 154 |
| 31.1 | Photometrische (lichttechnische) Größen | 154 |
| 31.2 | Lichtabsorption (Transmission, Reflexion, Absorption, Extinktion) | 156 |
| **32** | **Temperaturstrahlung** | 157 |
| 32.1 | Strahlungsfeldgrößen | 157 |
| 32.2 | Kirchhoffsches Strahlungsgesetz. Schwarzer Körper | 158 |
| 32.3 | Stefan-Boltzmannsches Strahlungsgesetz | 159 |
| 32.4 | Planckschees Strahlungsgesetz. Wiensches Verschiebungsgesetz | 159 |

QUANTENTHEORIE UND ATOMPHYSIK . . . 161

| | | |
|---|---|---|
| **33** | **Welle-Teilchen-Dualismus** | 161 |
| 33.1 | Lichtquanten (Photonen) | 161 |
| 33.2 | De Broglie-Wellenlänge. Heisenbergsche Unbestimmtheitsrelation | 161 |
| **34** | **Atome, Spektren** | 163 |
| 34.1 | Bohrsches Atommodell. Atomhülle | 163 |
| 34.2 | Lichtemission der Atome. Wasserstoffspektrum | 164 |
| 34.3 | Schrödinger-Gleichung. Wellenmechanisches Atommodell | 166 |
| 34.4 | Quantenzahlen, Drehimpulse und magnetische Momente von Einelektronensystemen | 167 |
| 34.5 | Pauli-Prinzip und Schalenbau der Atome. Periodensystem der Elemente | 169 |
| 34.6 | Röntgenstrahlen | 171 |
| **35** | **Atomkerne und Elementarteilchen** | 173 |
| 35.1 | Ladung, Masse und Zusammensetzung der Kerne. Massendefekt und Bindungsenergie | 173 |
| 35.2 | Elementarteilchen (Quantenzahlen, Eigenschaften) | 175 |
| 35.3 | Wechselwirkungen | 178 |
| 35.4 | Radioaktivität | 178 |
| 35.5 | Kernreaktionen. Wirkungsquerschnitt | 179 |
| 35.6 | Massen- und Energiebilanz von Kernreaktionen | 181 |
| **36** | **Dosimetrie und Strahlenschwächung** | 183 |
| 36.1 | Aktivität, Teilchen- und Energiefluenz, Energiedosis, Ionendosis | 183 |
| 36.2 | Physikalisches und biologisches Röntgen-Äquivalent | 185 |
| 36.3 | Schwächung von β- und γ-Strahlung | 186 |

FESTKÖRPERPHYSIK . . . 189

| | | |
|---|---|---|
| **37** | **Kristallgitter. Kristallbindung** | 189 |
| 37.1 | Kristallsysteme, Bravais-Gitter, Wigner-Seitz-Zelle | 189 |
| 37.2 | Netzebenen. Millersche Indizes | 191 |
| 37.3 | Reziprokes Gitter. Brillouin-Zonen | 192 |
| 37.4 | Beugung von Röntgenstrahlen am Kristallgitter | 194 |
| 37.5 | Bindungsenergie von Kristallen | 194 |
| **38** | **Gitterschwingungen (Phononen)** | 198 |
| 38.1 | Phononenarten. Energie und Frequenz von Phononen | 198 |
| 38.2 | Phononenspektrum. Dispersionsrelation und Ausbreitungsgeschwindigkeit von Phononen | 198 |

38.3 Masse und Impuls von Phononen. Streuung zwischen Photon und Phonon . . . 199
38.4 Thermische Energie und molare Wärmekapazität von Festkörpern. Debye-Temperatur . . . 200

**39 Elektronentheorie von Metallen** . . . 202
39.1 Der *k*-Raum des freien Elektronengases. Fermi-Energie, Entartungstemperatur . . . 202
39.2 Zustandsdichte und Fermi-Verteilung der Elektronen . . . 204
39.3 Volumen von Brillouin-Zone und Fermi-Kugel . . . 205
39.4 Energiebänder und Brillouin-Zonen . . . 206

**40 Halbleiter** . . . 210
40.1 Eigenleitung . . . 211
40.2 Störstellenleitung. Intrinsicdichte. pn-Übergang . . . 212

ANHANG . . . 216

**Physikalische Konstanten** . . . **216**

**Chemische Elemente** . . . **218**

**Quellenverzeichnis** . . . **220**

**Sachwortverzeichnis** . . . **221**

# 1 Physikalische Größen und Einheiten

## 1.1 Physikalische Größen

| | | | |
|---|---|---|---|
| *Physikalische Größe* | $X$ | Beispiel: | $U = 220$ V |
| *Zahlenwert der physikalischen Größe* | $\{X\}$ | | $\{U\} = 220$ |
| *Einheit der physikalischen Größe* | $[X]$ | | $[U] =$ V (Volt) |

> Jede physikalische Größe ist das Produkt aus Zahlenwert und Einheit:
> $X = \{X\}\,[X]$.

Physikalische Größen, die sich als Quotienten gleicher Größenarten ergeben, haben die Einheit 1.
*Beispiele:* Wirkungsgrad, Reibungszahl, Permeabilitätszahl, relative Atommasse.

## 1.2 Das Internationale Einheitensystem (SI)

**SI-Basiseinheiten**

| Name der Einheit | Einheiten-zeichen | Größenart | Definition in Abschnitt |
|---|---|---|---|
| Meter | m | Länge | 2.1 |
| Sekunde | s | Zeit | 2.1 |
| Kilogramm | kg | Masse | 3.1 |
| Ampere | A | elektrische Stromstärke | 19.1 |
| Kelvin | K | Temperatur | 14.1 |
| Mol | mol | Stoffmenge | 12.2 |
| Candela | cd | Lichtstärke | 31.1 |

*Anmerkung:* Die Temperatur darf wie bisher auch in Grad Celsius (°C) angegeben werden. Celsius-Temperatur ist gleich Kelvin-Temperaur minus 273,15 K.

**Abgeleitete SI-Einheiten mit selbständigem Namen**

| Name der Einheit | Einheiten-zeichen | durch andere SI-Einheiten ausgedrückt | Größenart |
|---|---|---|---|
| Becquerel | Bq | 1/s | Aktivität (radioaktive) |
| Coulomb | C | A s | Elektrizitätsmenge |
| Farad | F | C/V | elektrische Kapazität |
| Gray | Gy | J/kg | Energiedosis |
| Henry | H | Wb/A | Induktivität |
| Hertz | Hz | 1/s | Frequenz |
| Joule | J | N m | Energie |
| Lumen | lm | cd sr | Lichtstrom |
| Lux | lx | lm/m$^2$ | Beleuchtungsstärke |
| Newton | N | kg m/s$^2$ | Kraft |

| | | | |
|---|---|---|---|
| Ohm | Ω | V/A | elektrischer Widerstand |
| Pascal | Pa | $N/m^2$ | Druck, Spannung |
| Radiant | rad | m/m ≡ 1 | ebener Winkel |
| Siemens | S | A/V | elektrischer Leitwert |
| Sievert | Sv | J/kg | Äquivalentdosis |
| Steradiant | sr | $m^2/m^2 \equiv 1$ | Raumwinkel |
| Tesla | T | $Wb/m^2$ | magnetische Flußdichte, Induktion |
| Volt | V | W/A | elektrische Spannung |
| Watt | W | J/s | Leistung |
| Weber | Wb | V s | magnetischer Fluß |

*Anmerkung:* Die selbständigen Namen der abgeleiteten SI-Einheiten sind bevorzugt anzuwenden. Es ist jedoch zulässig, dafür Benennungen einzusetzen, die aus den Namen anderer SI-Einheiten gebildet sind, z. B. Newtonmeter (N m) oder Wattsekunde (W s) für Joule (J), Amperesekunde (A s) für Coulomb (C).

**Vorsätze zur Bildung von dezimalen Vielfachen und Teilen von Einheiten**

| Vorsatz | Vorsatz-zeichen | Faktor | Vorsatz | Vorsatz-zeichen | Faktor |
|---|---|---|---|---|---|
| Exa | E | $10^{18}$ | Dezi[1] | d | $10^{-1}$ |
| Peta | P | $10^{15}$ | Zenti[1] | c | $10^{-2}$ |
| Tera | T | $10^{12}$ | Milli | m | $10^{-3}$ |
| Giga | G | $10^{9}$ | Mikro | μ | $10^{-6}$ |
| Mega | M | $10^{6}$ | Nano | n | $10^{-9}$ |
| Kilo | k | $10^{3}$ | Piko | p | $10^{-12}$ |
| Hekto[1] | h | $10^{2}$ | Femto | f | $10^{-15}$ |
| Deka[1] | da | 10 | Atto | a | $10^{-18}$ |

[1]) Die Vorsätze Hekto, Deka, Dezi und Zenti sollen nur noch dort verwendet werden, wo ihre Benutzung auch bisher gebräuchlich war, z. B. Hektoliter, Hektopascal, Dezitonne, Zentimeter.

## 1.3 SI-fremde Einheiten und ihre Umrechnung in SI-Einheiten

In der Spalte »Gültigkeit« bedeutet:

I allgemein gültige Einheit
II nur auf Spezialgebieten gültige Einheit
III nicht mehr zulässige Einheit

| Name der Einheit | Einheiten-zeichen | Umrechnung in SI-Einheit | Größenart | Gültig-keit |
|---|---|---|---|---|
| Angström | Å | $10^{-10}$ m | Länge | III |
| Apostilb | asb | $1/\pi$ cd/$m^2$ = 0,318 310 cd/$m^2$ | Leuchtdichte | III |
| Ar | a | 100 $m^2$ | Fläche | II |
| astronomische Einheit | AE | $149{,}6 \cdot 10^9$ m | Länge | II |
| Atmosphäre, technische | at | $98{,}066\,5 \cdot 10^3$ Pa | Druck | III |

| | | | | |
|---|---|---|---|---|
| Atmosphäre, physikalische | atm | $101{,}325 \cdot 10^3$ Pa | Druck | III |
| atomare Masseneinheit | u | $1{,}660\,54 \cdot 10^{-27}$ kg | Masse | II |
| Bar | bar | $10^5$ Pa | Druck | I |
| Barn | b | $10^{-28}$ m$^2$ | Fläche | II |
| Curie | Ci | $37 \cdot 10^9$ Bq | Aktivität | III |
| Dioptrie | dpt | 1/m | Brechwert | I, II |
| Dyn | dyn | $10^{-5}$ N | Kraft | III |
| Elektronvolt | eV | $1{,}602\,18 \cdot 10^{-19}$ J | Energie | II |
| Erg | erg | $10^{-7}$ J | Energie | III |
| Gauß | G | $10^{-4}$ T | magnetische Induktion | III |
| Gemeinjahr | a | 365 d $= 31{,}536 \cdot 10^6$ s | Zeit | |
| Gon | gon | $\pi/200 = 15{,}707\,96 \cdot 10^{-3}$ rad | ebener Winkel | I |
| Grad | ° | $\pi/180 = 17{,}453\,29 \cdot 10^{-3}$ rad | ebener Winkel | I |
| Hektar | ha | $10^4$ m$^2$ | Fläche | II |
| Kalorie | cal | 4,186 8 J | Energie | III |
| Karat | | $0{,}2 \cdot 10^{-3}$ kg | Masse | II |
| Kilopond | kp | 9,806 65 N | Kraft | III |
| Kilowattstunde | kWh | $3{,}6 \cdot 10^6$ J | Energie | I |
| Knoten | kn | 0,514 444 m/s | Geschwindigkeit | II |
| Lichtjahr | ly | $9{,}460\,5 \cdot 10^{15}$ m | Länge | II |
| Liter | l, L | $10^{-3}$ m$^3$ | Volumen | I |
| Millimeter-Quecksilbersäule | mm Hg | 133,322 Pa | Druck | II |
| Minute | ′ | $\pi/10\,800 = 0{,}290\,888\,2 \cdot 10^{-3}$ rad | ebener Winkel | I |
| Minute | min | 60 s | Zeit | I |
| Oersted | Oe | $10^3/(4\pi)$ A/m $= 79{,}577\,5$ A/m | magnetische Feldstärke | III |
| Parsec | pc | $30{,}857 \cdot 10^{15}$ m | Länge | II |
| Pferdestärke | PS | 735,498 75 W | Leistung | III |
| Poise | P | 0,1 Pa s | dynamische Viskosität | III |
| Rad | rd | $10^{-2}$ Gy | Energiedosis | III |
| Rem | rem | $10^{-2}$ Sv | Äquivalentdosis | III |
| Röntgen | R | $0{,}258 \cdot 10^{-3}$ C/kg | Exposition | III |
| Seemeile | sm | $1{,}852 \cdot 10^3$ m | Länge | II |
| Sekunde | ″ | $\pi/648\,000 = 4{,}848\,137 \cdot 10^{-6}$ rad | ebener Winkel | I |
| Stokes | St | $10^{-4}$ m$^2$/s | kinematische Viskosität | III |
| Stunde | h | $3{,}6 \cdot 10^3$ s | Zeit | I |
| Tag | d | $86{,}4 \cdot 10^3$ s | Zeit | I |

| | | | | |
|---|---|---|---|---|
| Tex | tex | $10^{-6}$ kg/m | Feinheit | II |
| Tonne | t | $10^3$ kg | Masse | I |
| Torr | Torr | 133,322 4 Pa | Druck | III |
| Var | var | 1 W | elektrische Blindleistung | I |

# B

1. Drücke die inkohärente Einheit der Geschwindigkeit 1 km/h durch die Basiseinheiten aus!

   *Lösung:* $1\,\text{km/h} = \dfrac{10^3\,\text{m}}{3\,600\,\text{s}} = \dfrac{1}{3{,}6}\,\text{m/s} = 0{,}278\,\text{m/s}.$

2. Führe die Einheit der elektrischen Spannung, das Volt (V), auf die Basiseinheiten zurück!

   *Lösung:* Aus der Einheitenbeziehung für die Energie $1\,\text{J} = 1\,\text{W s} = 1\,\text{V A s} = 1\,\text{N m} = 1\,\text{kg m}^2/\text{s}^2$ folgt $1\,\text{V} = 1\,\text{kg m}^2/(\text{s}^3\,\text{A})$.

3. Eine Rechnung ergibt eine Größe mit der Einheit $\text{V A s}^2/(\text{kg m})$. Weise nach, daß es sich hierbei um eine Größe der Dimension einer Geschwindigkeit handelt!

   *Lösung:* $\dfrac{\text{V A s}^2}{\text{kg m}} = \dfrac{\text{W s}^2}{\text{kg m}} = \dfrac{\text{N m s}}{\text{kg m}} = \dfrac{\text{kg m}^2}{\text{kg m s}} = \dfrac{\text{m}}{\text{s}}.$

4. Forme den Ausdruck $\text{kWh m}/(\text{dm}^3\,\text{MPa})$ so um, daß er nur kohärente SI-Einheiten enthält, und vereinfache ihn durch formale Rechnung!

   *Lösung:* $\dfrac{\text{kWh m}}{\text{dm}^3\,\text{MPa}} = \dfrac{10^3\,\text{W} \cdot 3\,600\,\text{s} \cdot \text{m}}{(10^{-1}\,\text{m})^3 \cdot 10^6\,\text{N/m}^2} = 3\,600\,\dfrac{\text{W s m}}{\text{N m}} = 3\,600\,\dfrac{\text{J m}}{\text{J}} = 3\,600\,\text{m}.$

# MECHANIK DER PUNKTMASSE

## 2 Kinematik

### 2.1 Geschwindigkeit und Beschleunigung bei geradliniger Bewegung

| | | |
|---|---|---|
| *Zeit (Zeitdauer)* | $t$ (Basisgrößenart) | s (Sekunde) |

> **1 Sekunde** ist die Dauer von 9 192 631 770 Schwingungsperioden der Strahlung des Atoms Caesium 133.

| | | |
|---|---|---|
| *Weg* | $s$ (Basisgrößenart) | m (Meter) |

> **1 Meter** ist die Länge der Strecke, die Licht im Vakuum während der Dauer von 1/299 792 458 Sekunde durchläuft.

| | | | |
|---|---|---|---|
| *Geschwindigkeit* | $v = \frac{\mathrm{d}s}{\mathrm{d}t} \equiv \dot{s}$ | 1 | m/s |
| *Beschleunigung* | $a = \frac{\mathrm{d}v}{\mathrm{d}t} \equiv \dot{v} \quad a = \frac{\mathrm{d}^2 s}{\mathrm{d}t^2} \equiv \ddot{s}$ | 2 | m/s² |

Weg, Geschwindigkeit und Beschleunigung sind *Vektorgrößen* (vgl. 2.3 und 2.5). Durchschnittsgrößen werden als Differenzenquotienten definiert:

| | | | |
|---|---|---|---|
| *Durchschnitts-geschwindigkeit* | $v = \frac{s_2 - s_1}{t_2 - t_1} = \frac{\Delta s}{\Delta t}$<br>$s_1, s_2$ zurückgelegte Wegstrecken in zwei aufeinanderfolgenden Zeitpunkten $t_1$ und $t_2$ | 3 | m/s |
| *Durchschnitts-beschleunigung* | $a = \frac{v_2 - v_1}{t_2 - t_1} = \frac{\Delta v}{\Delta t}$<br>$v_1, v_2$ Geschwindigkeiten in zwei aufeinanderfolgenden Zeitpunkten $t_1$ und $t_2$ | 4 | m/s² |
| *Integralform der Definition von Weg und Geschwindigkeit* | $s(t) = s_0 + \int_0^t v(t)\,\mathrm{d}t$ | 5 | m |
| | $v(t) = v_0 + \int_0^t a(t)\,\mathrm{d}t$<br>$s_0, v_0$ Anfangswerte von $s$ und $v$ zur Zeit $t = 0$ | 6 | m/s |

**Gleichförmige Bewegung** ($v = \text{const.}$, d. h. $a = 0$)

| | | | |
|---|---|---|---|
| *Geschwindigkeit* | $v = \frac{s}{t}$ | 7 | m/s |
| *In der Zeit t zurückgelegte Wegstrecke* | $s = vt$ | 8 | m |

Bewegungsdiagramme (→ Bild):

a) *Weg-Zeit-Diagramm* $s = s(t)$
b) *Geschwindigkeit-Zeit-Diagramm* $v = v(t)$ Flächeninhalt ≙ Weg

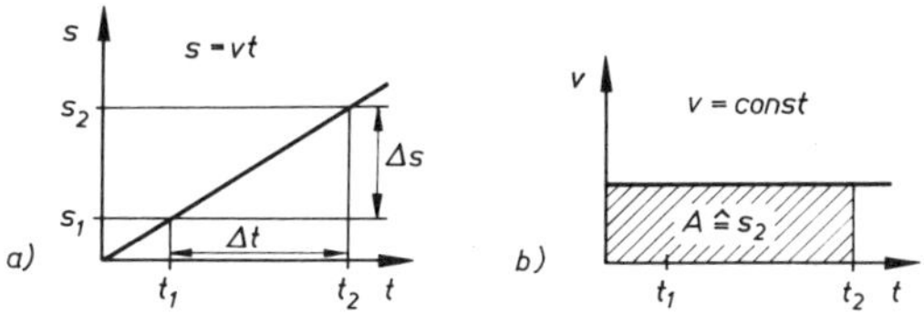


**Gleichmäßig beschleunigte Bewegung** ($a$ = const)

| | | | |
|---|---|---|---|
| *Beschleunigung* | $a = \frac{v - v_0}{t}$ | **9** | m/s² |
| | $v_0$ Anfangsgeschwindigkeit | | m/s |
| | $v$ Endgeschwindigkeit | | m/s |

$a > 0$, d. h. $v > v_0$: beschleunigte Bewegung
$a < 0$, d. h. $v < v_0$: verzögerte Bewegung

| | | | |
|---|---|---|---|
| *Endgeschwindigkeit* | $v = v_0 + at$ nach Ablauf der Zeit $t$ | **10** | m/s |
| | $v = \sqrt{2as + v_0^2}$ nach Durchlaufen der Strecke $s$ | **11** | m/s |
| *Zurückgelegter Weg nach Ablauf der Zeit t* | $s = v_0 t + \frac{a}{2} t^2$ | **12** | m |
| | $s = vt - \frac{a}{2} t^2$ | **13** | m |
| | $s = \frac{v + v_0}{2} t = v_m t$ | **14** | m |
| | $v_m$ mittlere Geschwindigkeit | | m/s |
| *Zurückgelegter Weg bei Erreichen von v* | $s = \frac{v - v_0^2}{2a}$ | **15** | m |

Bewegungsdiagramme (→ Bild) für $a > 0$ (links) und $a < 0$ (rechts)
a) *Weg-Zeit-Diagramm* $s = s(t)$
b) *Geschwindigkeit-Zeit-Diagramm* $v = v(t)$
c) *Beschleunigung-Zeit-Diagramm* $a = a(t)$

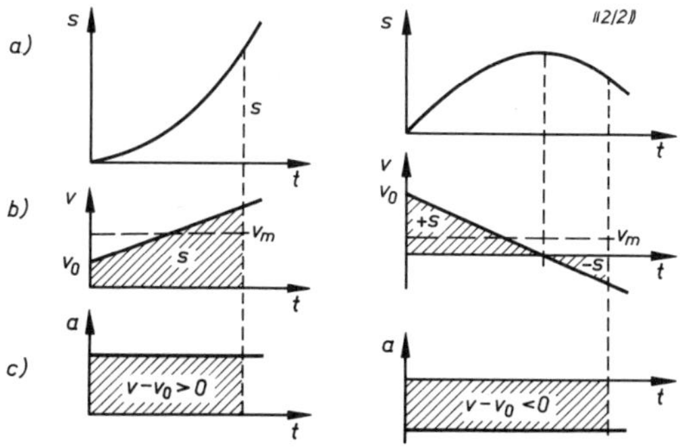

## 2.2 Freier Fall. Senkrechter Wurf

| | | | |
|---|---|---|---|
| *Fallbeschleunigung* | $g$ | | $m/s^2$ |
| *Normwert der Fallbeschleunigung* | $g_n = 9{,}806\,65\ m/s^2$ | **16** | |
| *Fallhöhe* | $h = \frac{1}{2} g t^2$ | **17** | m |
| *Fallzeit* | $t = \sqrt{\frac{2h}{g}}$ | **18** | s |
| *Fallgeschwindigkeit* | | | |
| nach Ablauf der Zeit $t$ | $v = gt$ | **19** | m/s |
| nach Durchfallen der Höhe $h$ | $v = \sqrt{2gh}$ | **20** | m/s |

**Senkrechter Wurf nach oben**
(gleichmäßig verzögerte Bewegung mit der Anfangsgeschwindigkeit $v_0$ und der Beschleunigung $a = -g$)

| | | | |
|---|---|---|---|
| *Wurfhöhe zur Zeit t* ($h = 0$ für $t = 0$) | $h = v_0 t - \frac{1}{2} g t^2$ | **21** | m |
| *Geschwindigkeit* | | | |
| zur Zeit $t$ | $v = v_0 - gt$ | **22** | m/s |
| in der Höhe $h$ | $v = \sqrt{v_0^2 - 2gh}$ | **23** | m/s |
| *Gipfelhöhe* | $h_{max} = \frac{v_0^2}{2g}$ | **24** | m |
| *Steigzeit bis zu $h_{max}$* | $t_1 = \frac{v_0}{g}$ | **25** | s |
| *Rückkehrgeschwindigkeit* | $v_2 = -v_0$ | **26** | m/s |
| *Gesamtzeit* (Steigzeit + Fallzeit) | $t_2 = 2t_1$ | **27** | s |

## 2.3 Überlagerung von Bewegungen. Schiefer Wurf

*Überlagerungsgesetz (Superpositionsprinzip)*
Führt ein Körper zwei Bewegungen gleichzeitig aus, so ergibt sich die resultierende Bewegung durch geometrische Addition (Vektoraddition) der beiden Teilbewegungen (Komponenten).

**Überlagerung von zwei Geschwindigkeiten** (→ Bild)

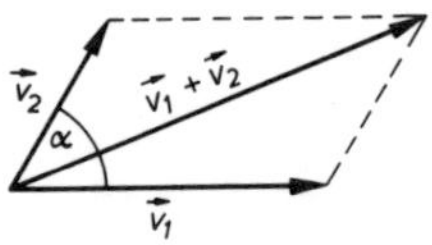


| | | | |
|---|---|---|---|
| *Geschwindigkeitskomponenten* (Vektoren) | $\boldsymbol{v}_1, \boldsymbol{v}_2$ | | m/s |
| *Resultierende Geschwindigkeit* (Vektorsumme) | $\boldsymbol{v} = \boldsymbol{v}_1 + \boldsymbol{v}_2$ | **28** | m/s |

| | | |
|---|---|---|
| *Betrag der resultierenden Geschwindigkeit* | $v = \sqrt{v_1^2 + v_2^2 + 2v_1v_2\cos\alpha}$<br>$\alpha$ Winkel zwischen den Vektoren $\boldsymbol{v}_1$ und $\boldsymbol{v}_2$ (→ Bild) | **29** m/s |

**Komponentenzerlegung des Geschwindigkeitsvektors im** $x, y$**-System** (→ Bild)

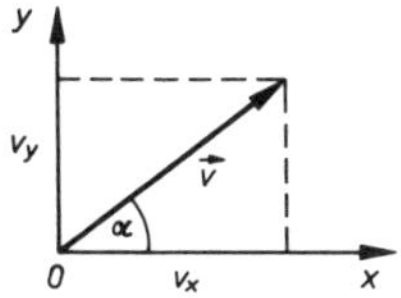


| | | |
|---|---|---|
| *Geschwindigkeitsvektor* | $\boldsymbol{v}$ | m/s |
| *Komponenten von* $\boldsymbol{v}$ *in x- und y-Richtung* | $\boldsymbol{v}_x$, $\boldsymbol{v}_y$ | m/s |
| *Skalare Komponenten* | $v_x = v\cos\alpha \quad v_y = v\sin\alpha$<br>$\alpha$ Winkel, den $\boldsymbol{v}$ mit der positiven $x$-Achse einschließt | **30** m/s<br>° |
| *Betrag von* $\boldsymbol{v}$ | $v = \sqrt{v_x^2 + v_y^2}$ | **31** m/s |

Diese Regeln der Überlagerung und Komponentenzerlegung gelten analog auch für andere vektorielle Größen wie Verschiebungen (Wege) $\boldsymbol{s}$, Beschleunigungen $\boldsymbol{a}$ sowie für Kräfte $\boldsymbol{F}$ (vgl. 3.2).

**Schiefer Wurf** (ohne Luftwiderstand)

*Überlagerung von* (geradlinig gleichförmiger) *Wurfbewegung* mit der Anfangsgeschwindigkeit $\boldsymbol{v}_0$ unter dem Winkel $\alpha_0$ gegenüber der Horizontalen *und freiem Fall* (gleichmäßig beschleunigte Bewegung); Darstellung in kartesischen Koordinaten (→ Bild):

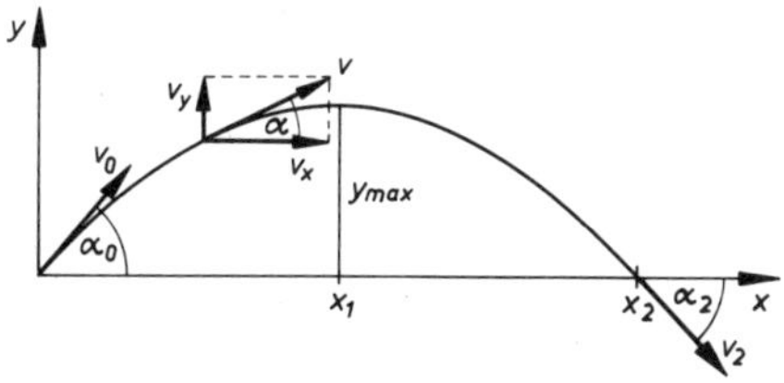


| | | |
|---|---|---|
| *Geschwindigkeitskomponenten, horizontal und vertikal* | $v_x = v_{0x} = v_0\cos\alpha_0$ | **32** m/s |
| | $v_y = v_{0y} - gt = v_0\sin\alpha_0 - gt$ | **33** m/s |
| | $v_{0x}$ Horizontalkomponente von $\boldsymbol{v}_0$ | m/s |
| | $v_{0y}$ Vertikalkomponente von $\boldsymbol{v}_0$ | m/s |
| *Resultierende Geschwindigkeit,* Betrag | $v = \sqrt{v_x^2 + v_y^2}$ | **34** m/s |
| *Richtung der Bahntangente* (Richtung von $\boldsymbol{v}$) | $\tan\alpha = \frac{v_y}{v_x}$ | **35** 1 |
| *Wegkomponenten, horizontal und vertikal* | $x = v_{0x}t = v_0 t\cos\alpha_0$ | **36** m |
| | $y = v_{0y}t - \frac{1}{2}gt^2$<br>$= v_0 t\sin\alpha_0 - \frac{1}{2}gt^2$ | **37** m |

| | | | |
|---|---|---|---|
| *Gleichung der Wurfparabel* | $y = x \tan \alpha_0 - \frac{g}{2v_0^2 \cos^2 \alpha_0} x^2$ | **38** | m |
| *Gipfelhöhe* | $y_{max} = \frac{v_0^2 \sin^2 \alpha_0}{2g}$ | **39** | m |
| *Steigzeit bis zu* $y_{max}$ | $t_1 = \frac{v_0 \sin \alpha_0}{g}$ | **40** | s |
| *Wurfweite* | $x_2 = 2x_1 = \frac{v_0^2 \sin 2\alpha_0}{g}$ | **41** | m |
| *Größte Wurfweite* bei $\alpha_0 = 45°$: | $x_{2max} = \frac{v_0^2}{g}$ | **42** | m |

Rückkehr auf Abwurfhöhe nach Ablauf der Zeit $t_2 = 2t_1$ bei $x_2 = 2x_1$ mit $v_2 = v_0$ und $\alpha_2 = -\alpha_0$.

**Horizontaler Wurf** (ohne Luftwiderstand)

Es gelten die Gesetze des *schiefen Wurfes* (s. oben) mit $\alpha_0 = 0°$.

## 2.4 Kreisbewegung

**Gleichförmige Kreisbewegung** (konstante Drehzahl)

| | | | |
|---|---|---|---|
| *Drehwinkel* (Bogenmaß) | $\varphi = \frac{s}{r} = \frac{\text{Kreisbogen}}{\text{Radius}}$ | **43** | rad ≡ 1 |
| im Gradmaß: | $\varphi° = \frac{360°}{2\pi} \varphi$ | **44** | ° |
| | $\varphi = 2\pi z$ | **45** | rad ≡ 1 |
| | $z$ Anzahl der Umdrehungen | | 1 |
| *Drehzahl, Drehfrequenz* | $n = f = \frac{z}{t}$ | **46** | 1/s = Hz (Hertz) |
| *Kreisfrequenz* | $\omega = 2\pi n = 2\pi f$ | **47** | 1/s |
| *Umlaufzeit, Periodendauer* | $T = \frac{t}{z} = \frac{1}{n} = \frac{1}{f}$ | **48** | s |
| *Winkelgeschwindigkeit* | $\omega = \frac{\varphi}{t} \quad \omega = \frac{2\pi}{T}$ | **49** | rad/s ≡ 1/s |
| *Gesamt-Drehwinkel* | $\varphi = \omega t \quad \varphi = \frac{2\pi t}{T}$ | **50** | rad ≡ 1 |

**Ungleichförmige Kreisbewegung** (veränderliche Drehzahl)

| | | | |
|---|---|---|---|
| *Winkelgeschwindigkeit* | $\omega = \frac{d\varphi}{dt} \equiv \dot{\varphi}$ | **51** | rad/s ≡ 1/s |
| *Winkelbeschleunigung* | $\alpha = \frac{d\omega}{dt} \equiv \dot{\omega}$ | **52** | rad/s² ≡ 1/s² |
| | $\alpha = \frac{d^2\varphi}{dt^2} \equiv \ddot{\varphi}$ | **53** | rad/s² ≡ 1/s² |
| bei gleichmäßig beschleunigter Drehbewegung ($\alpha$ = const) | $\alpha = \frac{\omega - \omega_0}{t}$ | **54** | rad/s² ≡ 1/s² |

| | | | |
|---|---|---|---|
| | $\omega_0$ Anfangswinkelgeschwindigkeit | | rad/s ≡ 1/s |
| | $\omega$ Endwinkelgeschwindigkeit | | rad/s ≡ 1/s |
| *Endwinkelgeschwindigkeit bei gleichmäßig beschleunigter Drehbewegung* | $\omega = \alpha t + \omega_0$ | **55** | rad/s ≡ 1/s |
| | $\omega = \sqrt{2\alpha\varphi + \omega_0^2}$ | **56** | rad/s ≡ 1/s |
| *Gesamt-Drehwinkel bei gleichmäßig beschleunigter Drehbewegung* | $\varphi = \dfrac{\alpha t^2}{2} + \omega_0 t$ | **57** | rad ≡ 1 |
| | $\varphi = \dfrac{\omega + \omega_0}{2} t = \bar{\omega} t$ | **58** | rad ≡ 1 |
| | $\bar{\omega}$ mittlere Winkelgeschwindigkeit | | rad/s ≡ 1/s |
| | $\varphi = \dfrac{\omega^2 - \omega_0^2}{2\alpha}$ | **59** | rad ≡ 1 |

**Geschwindigkeit und Beschleunigung eines kreisenden Punktes** (→ Bild)

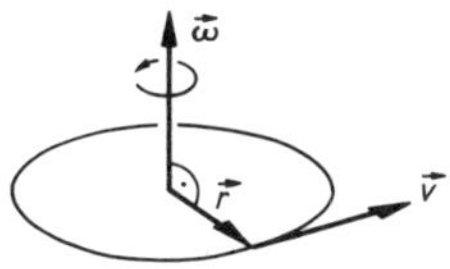


| | | | |
|---|---|---|---|
| *Bahn-(Umfangs-)Geschwindigkeit,* Betrag | $v = \omega r$ | **60** | m/s |
| Vektor (→ Bild) | $\boldsymbol{v} = \boldsymbol{\omega} \times \boldsymbol{r}$ | **61** | m/s |
| | $\boldsymbol{r}$ Radiusvektor | | m |
| *Radialbeschleunigung,* Betrag | $a_r = \dfrac{v^2}{r} = v\omega = \omega^2 r$ | **62** | m/s² |
| Vektor | $\boldsymbol{a}_r = -\omega^2 \boldsymbol{r}$ | **63** | m/s² |
| *Tangentialbeschleunigung,* Betrag | $a_t = \dfrac{\mathrm{d}v}{\mathrm{d}t} = \alpha r$ | **64** | m/s² |
| Vektor | $\boldsymbol{a}_t = \boldsymbol{\alpha} \times \boldsymbol{r}$ | **65** | m/s² |
| *Resultierende Beschleunigung,* Vektor | $\boldsymbol{a} = \boldsymbol{a}_r + \boldsymbol{a}_t$ | **66** | m/s² |
| Betrag | $a = \sqrt{a_r^2 + a_t^2}$ | **67** | m/s² |

**Analogien zwischen geradliniger Bewegung und Kreisbewegung**

| | | | |
|---|---|---|---|
| Weg | $s$ ≙ | Drehwinkel | $\varphi$ |
| Geschwindigkeit | $v$ ≙ | Winkelgeschwindigkeit | $\omega$ |
| Beschleunigung | $a$ ≙ | Winkelbeschleunigung | $\alpha$ |

*Zusammenhang zwischen Bahn- und Winkelgrößen:*
$s = \varphi r$ $\quad v = \omega r$ $\quad a = \alpha r$

Für die gleichförmige und gleichmäßig beschleunigte Kreisbewegung gelten alle Gesetze der geradlinigen Bewegung sowie die zugehörigen **Bewegungsdiagramme** (vgl. 2.1), wenn für $s$, $v$, $a$ die analogen Größen $\varphi$, $\omega$, $\alpha$ gesetzt werden.

## 2.5 Allgemeine krummlinige Bewegung (→ Bild)

| | | | |
|---|---|---|---|
| *Ortsvektor der Bahnkurve* | $\boldsymbol{r} = \boldsymbol{r}(t)$ | | m |
| *Wegelement der Bahnkurve* | $\mathrm{d}\boldsymbol{r} = \mathrm{d}s\, \boldsymbol{e}_t$ | | m |
| | $\mathrm{d}s$ skalares Wegelement | | m |
| | $\boldsymbol{e}_t$ Einheitsvektor tangential zur Bahnkurve | | 1 |
| *Bahngeschwindigkeit* | $\boldsymbol{v} = \dfrac{\mathrm{d}\boldsymbol{r}}{\mathrm{d}t} \equiv \dot{\boldsymbol{r}}$ | **68** | m/s |
| | $\boldsymbol{v} = \dfrac{\mathrm{d}s}{\mathrm{d}t}\, \boldsymbol{e}_t = v\boldsymbol{e}_t$ | **69** | m/s |
| *Bahnbeschleunigung, Tangentialbeschleunigung* | $\boldsymbol{a}_t = \dfrac{\mathrm{d}v}{\mathrm{d}t}\, \boldsymbol{e}_t$ | **70** | m/s² |
| *Normalbeschleunigung* | $\boldsymbol{a}_n = \dfrac{v^2}{\varrho}\, \boldsymbol{e}_n$ | **71** | m/s² |
| | $\varrho$ Radius des Krümmungskreises im jeweiligen Bahnpunkt | | m |
| | $\boldsymbol{e}_n$ Einheitsvektor normal zur Bahnkurve | | 1 |
| *Gesamtbeschleunigung* | $\boldsymbol{a} = \dfrac{\mathrm{d}\boldsymbol{v}}{\mathrm{d}t} \equiv \dot{\boldsymbol{v}}$ | **72** | m/s² |
| | $\boldsymbol{a} = \dfrac{\mathrm{d}^2\boldsymbol{r}}{\mathrm{d}t^2} \equiv \ddot{\boldsymbol{r}}$ | **73** | m/s² |
| | $\boldsymbol{a} = \boldsymbol{a}_t + \boldsymbol{a}_n$ | **74** | m/s² |
| Betrag | $a = \sqrt{a_t^2 + a_n^2}$ | **75** | m/s² |

Jede krummlinige Bewegung ist *beschleunigt*, da sich die Richtung des Geschwindigkeitsvektors dauernd ändert.

Sonderfälle:

*Gleichförmige Kreisbewegung* ($v = \text{const}$; $\varrho = r$) $\qquad a_t = 0 \qquad a_n = \dfrac{v^2}{r}$

*Geradlinige Bewegung* ($\varrho = \infty$) $\qquad a_t \equiv a = \dfrac{\mathrm{d}v}{\mathrm{d}t} \qquad a_n = 0$

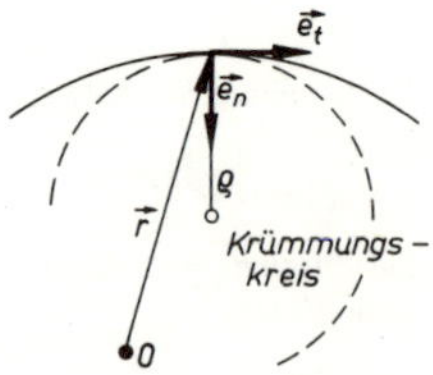


# B

1. Ein Pkw fährt von $A$ nach $B$ mit der Geschwindigkeit $v_1 = 40$ km/h und auf dem gleichen Weg wieder zurück nach $A$ mit $v_2 = 60$ km/h. Wie groß ist die durchschnittliche Geschwindigkeit?

   *Lösung:* Mit $\overline{AB} = s$ ist nach 7 $v_1 = s/t_1$ und $v_2 = s/t_2$. Die Gesamtfahrzeit beträgt $t_1 + t_2 = s/v_1 + s/v_2$ und somit die Durchschnittsgeschwindigkeit $v = 2s/(t_1 + t_2) = 2v_1v_2/(v_1 + v_2) = 48$ km/h.

2. Ein Fahrzeug legt mit gleichmäßiger Beschleunigung innerhalb von 20 s die Strecke 300 m zurück und verdoppelt dabei seine Geschwindigkeit. Wie groß sind Anfangs- und Endgeschwindigkeit?

*Lösung:* Mit **9** erhält man aus **11** $v^2 = v_0^2 + 2(v - v_0)s/t$ und hieraus mit $v = 2v_0$ als Anfangsgeschwindigkeit $v_0 = 2s/(3t) = 10$ m/s und als Endgeschwindigkeit $v = 20$ m/s.

**3.** Ein Federschwinger führt Schwingungen mit der Periodendauer $T = 0{,}63$ s und der Amplitude (maximale Auslenkung) $s_0 = 10$ cm aus, die dem Weg-Zeit-Gesetz $s(t) = s_0 \sin(2\pi t/T)$ gehorchen (vgl. 24.1). Wie groß sind Geschwindigkeit und Beschleunigung beim Durchgang durch die Ruhelage und in den Umkehrpunkten?

*Lösung:* Für die vorliegende ungleichmäßig beschleunigte Bewegung berechnen sich Geschwindigkeit und Beschleunigung als Differentialquotienten **1** und **2**. Es ist demnach

$$v(t) = \frac{\mathrm{d}s}{\mathrm{d}t} = (2\pi/T)s_0 \cos(2\pi t/T) \text{ und}$$

$$a(t) = \frac{\mathrm{d}v}{\mathrm{d}t} = -(2\pi/T)^2 s_0 \sin(2\pi t/T).$$

Damit ergibt sich für $t = 0,\ T/2,\ T,\ 3T/2, \ldots$ (Durchgang durch die Ruhelage) $v = \pm(2\pi/T)s_0 \approx \pm 1$ m/s und $a = 0$, für $t = T/4,\ 3T/4, \ldots$ (maximale Auslenkung) $v = 0$ und $a = \pm(2\pi/T)^2 s_0 \approx \pm 10$ m/s².

**4.** Eine interkontinentale ballistische Rakete mit einer Reichweite von 8 000 km werde aus dieser Entfernung abgefeuert und kann vom Zielpunkt aus erst registriert werden, nachdem sie die halbe Strecke zurückgelegt hat. (Näherungsweise Behandlung als Wurfgeschoß; Erdkrümmung und Luftwiderstand werden vernachlässigt.) a) Wie groß ist die Vorwarnzeit? b) Mit welcher Geschwindigkeit fliegt die Rakete, nachdem sie registriert wurde? c) Mit welcher Geschwindigkeit würde sie ihr Ziel erreichen? d) Wie groß ist ihre maximale Höhe?

*Lösung:* Nach **41** ergibt sich die maximale Reichweite für $\alpha_0 = 45°$.
a) Aus **33** folgt für die Zeit $t_1$, die zum Erreichen der maximalen Höhe erforderlich ist, wegen $v_y = 0$: $t_1 = v_{0y}/g$ oder wegen **32** und $\alpha_0 = 45°$ auch $t_1 = v_{0x}/g$. $v_{0x}$ errechnet sich aus Reichweite $x_2$ und Gesamtflugdauer $2t_1$ zu $v_{0x} = x_2/(2t_1)$. Dies in die Gleichung zuvor eingesetzt ergibt die Vorwarnzeit

$$t_1 = \sqrt{x_2/(2g)} = 639 \text{ s } (\approx 10{,}5 \text{ min}).$$

b) Die Geschwindigkeit in der maximalen Höhe ist allein gegeben durch $v_x = v_{0x} = x_2/(2t_1) = 6{,}26$ km/s. c) Die Endgeschwindigkeit ist gleich der Anfangsgeschwindigkeit $v_0$, die nach **32** gleich $v_0 = v_{0x}\sqrt{2} = 8{,}85$ km/s beträgt. d) Die maximale Höhe ist nach **39** $y_{max} = 2\,000$ km.

**5.** Eine Zentrifuge soll aus dem Stillstand in 10 s bei gleichmäßiger Beschleunigung eine solche Drehzahl erreichen, daß auf ein im Abstand 10 cm von der Drehachse rotierendes Teilchen eine Zentrifugalbeschleunigung vom 1 000fachen der Fallbeschleunigung ($g \approx 10$ m/s²) wirkt. a) Wie groß ist die erforderliche Drehzahl? b) Wie groß ist die Bahngeschwindigkeit des Teilchens? c) Wie groß ist die Winkelbeschleunigung des Anfahrvorgangs? d) Wieviel Umdrehungen sind bis zum Erreichen der erforderlichen Drehzahl notwendig? (Hinweis: Die am Teilchen angreifende Zentrifugalbeschleunigung ist dem Betrage nach gleich der vorhandenen Radialbeschleunigung.)

*Lösung:* Aus **62** ergibt sich mit $a_r = 10\,000$ m/s² und $r = 0{,}1$ m die erforderliche Winkelgeschwindigkeit zu $\omega = 316$ rad/s und daraus nach **47** eine Drehzahl von $n = 50{,}3\ \text{s}^{-1} = 3\,018\ \text{min}^{-1}$. b) Aus **60** folgt $v = 31{,}6$ m/s $\approx 114$ km/h. c) Als Winkelbeschleunigung erhält man nach **54** mit $\omega_0 = 0$: $\alpha = 31{,}6$ rad/s². d) Der Gesamtdrehwinkel ist nach **58** $\varphi = 1\,580$ rad, woraus mit **45** für die Zahl der Umdrehungen $z \approx 252$ folgt.

# 3 Dynamik

## 3.1 Masse, Dichte

| | | |
|---|---|---|
| *Masse* | $m$ (Basisgrößenart) | kg (Kilogramm) |

> **1 Kilogramm** ist gleich der Masse des internationalen Kilogramm-Prototyps. Es ist ziemlich genau gleich der Masse von 1 Liter reinen, luftfreien Wassers bei normalem Atmosphärendruck (1 013 hPa) und von maximaler Dichte, d. h. bei 3,98 °C.

Die **Masse** kennzeichnet

- *Trägheit:* Eigenschaft der Körper, sich der Änderung des Bewegungszustandes zu widersetzen
- *Schwere:* Eigenschaft der Körper, sich wechselseitig anzuziehen.

| | | | |
|---|---|---|---|
| *Dichte eines Körpers* | $\varrho = \frac{m}{V}$ | 1 | $kg/m^3$ |
| | $V$ Körpervolumen | | $m^3$ |

## 3.2 Kraft. Newtonsche Axiome. Impuls (Bewegungsgröße)

| | | |
|---|---|---|
| *Kraft* (Vektor) | $\boldsymbol{F}$ | N (Newton) $= kg\,m/s^2$ |

kennzeichnet die Wechselwirkung zwischen Körpern, die beschleunigte Bewegung frei beweglicher Körper oder Verformung festgehaltener Körper zur Folge hat.
Für das **Zusammensetzen von Kräften** zur Resultierenden und **Zerlegen** in Komponenten gilt der

> *Satz vom Kräfteparallelogramm*
> Die Resultierende zweier Kräfte greift im Schnittpunkt der gegebenen Kräfte an und ist nach Größe und Richtung die Diagonale im Kräfteparallelogramm, welches von den Kraftvektoren gebildet wird; d.h., die Kräfte addieren sich wie Vektoren: $\boldsymbol{F}_R = \boldsymbol{F}_1 + \boldsymbol{F}_2$ (→ Bild).

**Kräfteaddition** (→ Bild)

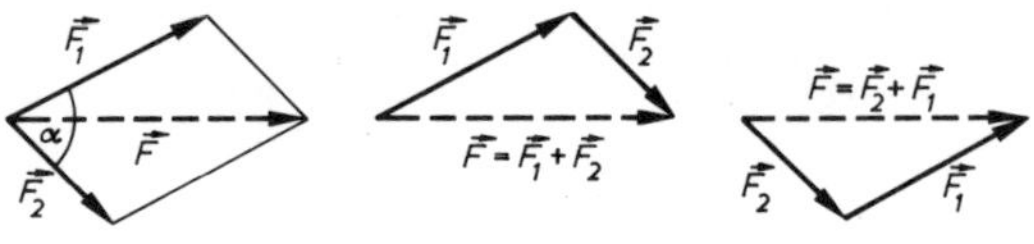


| | | | |
|---|---|---|---|
| *Betrag der resultierenden Kraft* | $F_R = \sqrt{F_1^2 + F_2^2 + 2F_1F_2\cos\alpha}$ | 2 | N |
| | $\alpha$ Winkel zwischen $\boldsymbol{F}_1$ und $\boldsymbol{F}_2$ | | ° |
| Kräfte senkrecht zueinander ($\alpha = 90°$) | $F_R = \sqrt{F_1^2 + F_2^2}$ | 3 | N |
| Kräfte gleichgerichtet ($\alpha = 0°$) | $F_R = F_1 + F_2$ | 4 | N |
| Kräfte entgegengerichtet ($\alpha = 180°$) | $F_R = \vert F_1 - F_2 \vert$ | 5 | N |

Kräfte im Gleichgewicht $F_R = 0$ **6** N
($\alpha = 180°$; $F_1 = F_2$)

**Kräftezerlegung** in der Ebene (→ Bild)
Die Zerlegung einer Kraft $\boldsymbol{F}$ in ihre Komponenten $\boldsymbol{F}_1$ und $\boldsymbol{F}_2$ setzt voraus, daß die Wirkungslinien der beiden Komponenten bekannt sind. Man erhält das *Kräfteparallelogramm* und damit die Kraftkomponenten $\boldsymbol{F}_1$ und $\boldsymbol{F}_2$, wenn parallel zu ihren Wirkungslinien Hilfslinien gezeichnet werden, die durch die Spitze des Vektorpfeiles von $\boldsymbol{F}$ gehen. Beispiel:
*Geneigte Ebene* (→ Bild)

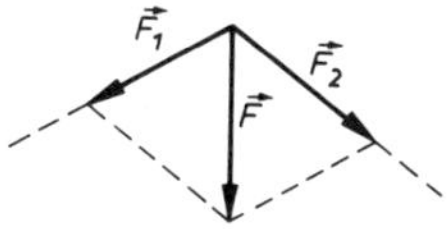


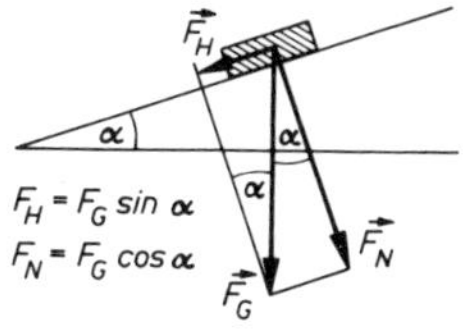


| | | | |
|---|---|---|---|
| *Hangabtriebskraft* | $F_H = F_G \sin\alpha$ | **7** | N |
| | $F_G$ Gewichtskraft | | N |
| | $\alpha$ Neigungswinkel | | ° |
| *Normalkraft* | $F_N = F_G \cos\alpha$ | **8** | N |

**Newtonsche Axiome**

> *Trägheitsgesetz (1. Newtonsches Axiom)* **9**
> Jeder Körper verharrt in Ruhe oder in geradliniger gleichförmiger Bewegung, solange keine Kraft auf ihn einwirkt oder die Resultierende der angreifenden Kräfte Null ist:
> Geschwindigkeitsvektor $\boldsymbol{v} = \text{const}$ für $\boldsymbol{F} = 0$.

*Impuls, Bewegungsgröße* (Vektor) $\boldsymbol{p} = m\boldsymbol{v}$ **10** $\text{N s} = \text{kg m/s}$

> *Grundgesetz der Dynamik (2. Newtonsches Axiom)* **11**
> Die Kraft ist gleich der zeitlichen Änderung des Impulsvektors:
> $\boldsymbol{F} = \dfrac{d\boldsymbol{p}}{dt} = \dfrac{d(m\boldsymbol{v})}{dt}$ *(Bewegungsgleichung).*

Für konstante Masse gilt:

> $\boldsymbol{F} = m\,\dfrac{d\boldsymbol{v}}{dt}$ oder $\boldsymbol{F} = m\boldsymbol{a}$. Kraft ist das Produkt aus Masse und Beschleunigung $\boldsymbol{a}$. **12**

Aus $\boldsymbol{F} = 0$ folgt $\boldsymbol{a} = 0$ bzw. $\boldsymbol{v} = \text{const}$ (*Trägheitsgesetz* **9**).

**Folgerungen aus dem 2. Newtonschen Axiom**

| | | | |
|---|---|---|---|
| *Gewichtskraft* (Betrag) | $F_G = mg$ | **13** | N |
| | $g$ Fallbeschleunigung | | $\text{m/s}^2$ |
| *Radialkraft, Zentripetalkraft* (Betrag) | $F_r = \dfrac{mv^2}{r} = mv\omega = m\omega^2 r$ | **14** | N |
| | $r$ Radius der Kreisbahn | | m |
| | $\omega$ Winkelgeschwindigkeit | | $\text{rad/s} \equiv 1/\text{s}$ |

*Kraftstoß* $\int_{t_1}^{t_2} \boldsymbol{F}\,\mathrm{d}t = \int_{v_1}^{v_2} \mathrm{d}(m\boldsymbol{v}) = m\boldsymbol{v}_2 - m\boldsymbol{v}_1 = \Delta\boldsymbol{p}$ **15** N s

| Der Kraftstoß ist gleich der durch ihn am Körper hervorgerufenen Änderung des Impulses. |
|---|

Für konstante Kraft gilt: $\boldsymbol{F}\Delta t = m\Delta\boldsymbol{v}$ **16** N s

Kräfte sind niemals auf einen Körper allein, sondern stets *paarweise* zwischen zwei Körpern gleichzeitig, und zwar in entgegengesetzter Richtung, wirksam.

| *Wechselwirkungs- oder Gegenwirkungsprinzip* <br> *(3. Newtonsches Axiom)* <br> Übt ein Körper auf einen anderen eine Kraft $\boldsymbol{F}_{12}$ aus, so wirkt dieser mit einer gleich großen Kraft von entgegengesetzter Richtung $\boldsymbol{F}_{21}$ auf den ersten Körper zurück: <br> $\boldsymbol{F}_{12} = -\boldsymbol{F}_{21}$ oder $\boldsymbol{F}_{12} + \boldsymbol{F}_{21} = 0$ , d. h., Kraft und Gegenkraft stehen miteinander im Gleichgewicht. |
|---|

## 3.3 Reibung zwischen Oberflächen fester Körper

Reibungskräfte sind der Bewegungsrichtung der Körper, an denen sie angreifen, und damit den die Bewegung hervorrufenden Kräften stets entgegengerichtet.

*Reibungskraft*, allgemein $F_R = \mu F_N$ **17** N

$F_N$ Normalkraft senkrecht zur Unterlage N

*Reibungszahl* $\mu = \frac{F_R}{F_N}$ 1

*Haftreibungskraft* $F_{RH} = \mu_0 F_N$ **18** N

*Haftreibungszahl* $\mu_0 = \tan \alpha_{max}$ **19** 1

$\alpha_{max}$ Reibungswinkel °

*Gleitreibungskraft* $F_{RG} = \mu_G F_N$ **20** N

$\mu_G$ Gleitreibungszahl 1

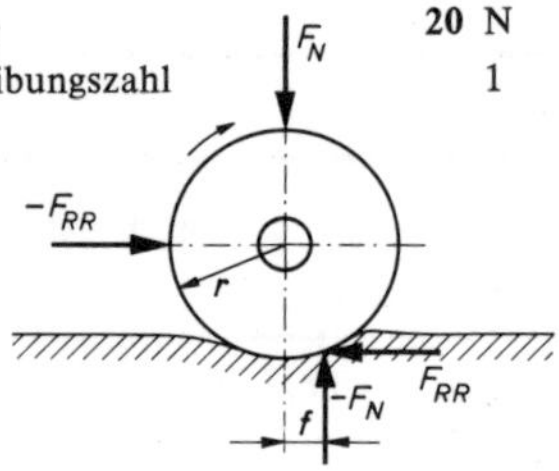


*Rollreibungswiderstand* $F_{RR} = \mu_R F_N$ **21** N

*Rollreibungszahl* $\mu_R = \frac{f}{r}$ **22** 1

$f$ Hebelarm (→ Bild) m

$r$ Radius des Rollkörpers m

*Fahrwiderstand* $F_{RF} = \mu_F F_N$ **23** N

## 3.4 Bewegte Bezugssysteme. Trägheitskräfte

Jede Bewegung kann von verschiedenen Bezugssystemen aus beschrieben werden. Man unterscheidet:

*ruhendes Bezugssystem:* Der Beobachter ruht. Der die Bewegung ausführende *Körper bewegt sich im Bezugssystem* (z. B. Person, die ein Eisenbahnabteil oder ein Karussell von außen beobachtet);

*bewegtes Bezugssystem:* Der Beobachter bewegt sich gemeinsam mit dem Bezugssystem. Der die Bewegung ausführende *Körper ruht im Bezugssystem* (z. B. Person, die in einem Eisenbahnabteil oder auf einem Karussell mitfährt).

**Beschleunigte Bezugssysteme**

Das Bezugssystem, in dem sich der Beobachter befindet, führt gegenüber einem als ruhend angenommenen Bezugssystem eine beschleunigte Bewegung aus. Die Folge davon ist das Auftreten von *Trägheitskräften*, die vom mitbeschleunigten Beobachter wahrgenommen werden. Für einen außerhalb (im ruhenden Bezugssystem) befindlichen Beobachter sind diese Trägheitskräfte nicht vorhanden.

*Trägheitskraft auf einen Körper der Masse m bei geradlinig beschleunigter Bewegung des Bezugssystems*

$\boldsymbol{F}_T = -m\boldsymbol{a}$ **24** N

$\boldsymbol{a}$ Beschleunigung des Bezugssystems gegenüber dem ruhenden System — $m/s^2$

> Trägheitskräfte sind der Beschleunigung des Bezugssystems stets entgegengerichtet.

*Trägheitskräfte bei Drehbewegung des Bezugssystems*

*Zentrifugalkraft (Fliehkraft)*

$\boldsymbol{F}_Z = m\omega^2\boldsymbol{r}$ **25** N

$F_Z = m\omega^2 r = \frac{mv^2}{r}$ **26** N

| | | |
|---|---|---|
| $\boldsymbol{r}$ | Radiusvektor | m |
| $r$ | Kreisbahnradius | m |
| $\omega$ | Winkelgeschwindigkeit | rad/s ≡ 1/s |
| $v$ | Bahngeschwindigkeit | m/s |

*Coriolis-Kraft* (tritt nur auf, wenn sich der Körper im rotierenden Bezugssystem bewegt)

$\boldsymbol{F}_C = 2m\boldsymbol{v}_r \times \boldsymbol{\omega}$ **27** N

$F_C = 2mv_r\omega \sin\alpha$ **28** N

| | | |
|---|---|---|
| $v_r$ | Geschwindigkeit des Körpers im rotierenden Bezugssystem | m/s |
| $\alpha$ | Winkel zwischen $\boldsymbol{v}_r$ und dem Vektor der Winkelgeschwindigkeit $\boldsymbol{\omega}$ (Richtung der Drehachse im Rechtsschraubensinn) | ° |

> Die Kraft auf einen Körper im beschleunigten Bezugssystem ist gleich der Summe aus eingeprägten (von der Bewegung des Bezugssystems unabhängigen) Kräften und Trägheitskräften.

> *Prinzip von d'Alembert*
> Ein Körper befindet sich im *dynamischen Gleichgewicht*, wenn die Summe aus eingeprägten Kräften und Trägheitskräften gleich Null ist.

Zum Beispiel halten sich im *freien Fall* die Gewichtskraft des Körpers $\boldsymbol{F}_G = m\boldsymbol{g}$ (eingeprägte Kraft) und die durch die Fallbeschleunigung $\boldsymbol{g}$ am Körper bewirkte Trägheitskraft $\boldsymbol{F}_T = -m\boldsymbol{g}$ das Gleichgewicht: $\boldsymbol{F}_G + \boldsymbol{F}_T = 0$.

**Gleichförmig geradlinig bewegte Bezugssysteme**

Das Bezugssystem, in dem sich der Beobachter befindet, führt gegenüber einem als ruhend angenommenen Bezugssystem eine geradlinige Bewegung mit der konstanten Geschwindigkeit $v$ aus.

> *Relativitätsprinzip der Mechanik*
> Beim Übergang von einem Bezugssystem zu einem relativ zu diesem geradlinig gleichförmig bewegten anderen Bezugssystem bleiben alle Gesetze der Mechanik ungeändert.

Durch Pendelversuche, Fallversuche usw. kann also nicht festgestellt werden, ob ein Bezugssystem ruht oder sich geradlinig und gleichförmig bewegt; der Begriff der Ruhe wird relativ.

> *Inertialsystem*
> heißt ein Bezugssystem, in dem das Trägheitsgesetz **9** gilt. In ihm sind kräftefreie Körper in Ruhe, oder sie bewegen sich gleichförmig und geradlinig.

Ist ein Bezugssystem als Inertialsystem erwiesen, so ist jedes andere Bezugssystem, das sich geradlinig und gleichförmig gegen dieses bewegt, ebenfalls ein Inertialsystem. Daraus folgt:

> Inertialsysteme sind grundsätzlich nicht unterscheidbar. Alle Gesetze der Physik haben in jedem Inertialsystem die gleiche Form *(Relativitätsprinzip)*.

Für den Übergang von einen Inertialsystem zu einem anderen gilt für Relativgeschwindigkeiten, welche sehr klein sind gegenüber der Lichtgeschwindigkeit, die

| | | |
|---|---|---|
| *Galilei-Transformation* | $x = x' + vt;\ y = y';\ z = z'$ | m |
| | $v$ konstante Relativgeschwindigkeit des Systems $(x', y', z')$ gegenüber dem System $(x, y, z)$ in $x$-Richtung | m/s |

## 3.5 Relativistische Mechanik

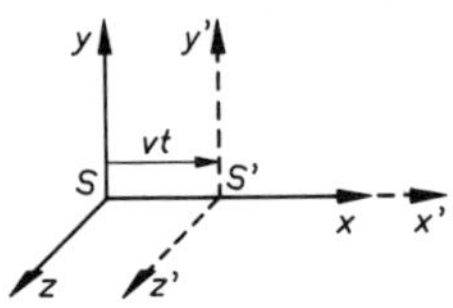


**Lorentz-Transformation** (→ Bild)

Ortskoordinaten im Inertialsystem $S$: $x, y, z$
Ortskoordinaten im Inertialsystem $S'$: $x', y', z'$
Zeit, gemessen in $S$: $t$
Zeit, gemessen in $S'$: $t'$
Relativgeschwindigkeit von $S'$ gegenüber $S$ in $x$- bzw. $x'$-Richtung: $v$

> *Lichtgeschwindigkeit im Vakuum* $c = 2{,}997\,924\,58 \cdot 10^8$ m/s

| | | | |
|---|---|---|---|
| *Quotient aus v und c* | $\beta = \dfrac{v}{c}$ | $0 \leqq \beta \leqq 1$ | 1 |
| *Relativistischer Faktor* (→ Bild) | $\gamma = \dfrac{1}{\sqrt{1-\beta^2}}$ | $1 \leqq \gamma \leqq \infty$ | 1 |

| | | | | |
|---|---|---|---|---|
| *Ortskoordinaten eines Ereignisses in S und S'* | $x' = \gamma(x - vt)$ | $x = \gamma(x' + vt)$ | | m |
| | $y' = y$ | $y = y'$ | | m |
| | $z' = z$ | $z = z'$ | | m |
| *Zeitkoordinaten eines Ereignisses in S und S'* | $t' = \gamma\left(t - \frac{v}{c^2}x\right)$ | $t = \gamma\left(t' + \frac{v}{c^2}x'\right)$ | | s |

Für $v/c \ll 1$ folgt die *Galilei-Transformation* (vgl. 3.4).

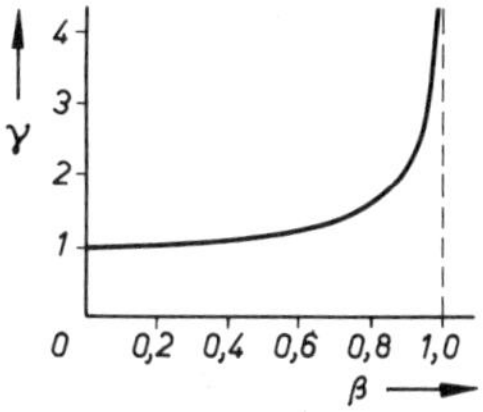


**Zeitdilatation (Zeitdehnung)**

| | | | |
|---|---|---|---|
| *Von S' aus gemessene Zeitdifferenz zweier am gleichen Ort in S im Abstand $\Delta t = t_2 - t_1$ stattfindender Ereignisse* | $\Delta t' = t'_2 - t'_1 = \gamma \Delta t \geqq \Delta t$ | **29** | s |
| *Von S aus gemessene Zeitdifferenz zweier am gleichen Ort in S' im Abstand $\Delta t' = t'_2 - t'_1$ stattfindender Ereignisse* | $\Delta t = t_2 - t_1 = \gamma \Delta t' \geqq \Delta t'$ | | s |

Beide gegeneinander bewegte Beobachter in $S$ und $S'$ stellen also fest, daß die Uhr des anderen nachgeht *(Uhrenparadoxon).*

**Längenkontraktion**

| | | | |
|---|---|---|---|
| *Länge eines in S befindlichen Körpers der Länge l, von S' aus in Bewegungsrichtung gemessen* | $l' = \frac{l}{\gamma} \leqq l$ | **30** | m |
| *Länge eines in S' befindlichen Körpers der Länge l', von S aus in Bewegungsrichtung gemessen* | $l = \frac{l'}{\gamma} \leqq l'$ | | m |

Für beide gegeneinander bewegte Beobachter in $S$ und $S'$ erscheint eine in Bewegungsrichtung im jeweils anderen Bezugssystem liegende Länge um den Faktor $1/\gamma$ verkürzt.

**Additionstheorem der Geschwindigkeiten**

| | | | |
|---|---|---|---|
| *Geschwindigkeit eines Körpers, der sich in S' in x-Richtung mit der Geschwindigkeit $v'_x$ bewegt, gemessen in S* | $v_x = \dfrac{v'_x + v}{1 + \dfrac{v'_x v}{c^2}}$ | **31** | m/s |

Für $v/c \ll 1$ folgt das klassische Überlagerungsgesetz für Geschwindigkeiten $v_x = v'_x + v$ (vgl. 2.3).

**Grundgesetz der Dynamik**

| | | | |
|---|---|---|---|
| *Relativistische Masse* | $m = \dfrac{m_0}{\sqrt{1-(v^2/c^2)}}$ | **32** | kg |
| | $m_0$ Ruhmasse (für $v = 0$) | | kg |
| *Relativistischer Impuls* | $p = mv = \dfrac{m_0 v}{\sqrt{1-(v^2/c^2)}}$ | **33** | Ns |
| *Relativistische Bewegungsgleichung, Kraft* | $F = \dfrac{dp}{dt} = \dfrac{d}{dt}\left(\dfrac{m_0 v}{\sqrt{1-(v^2/c^2)}}\right)$ | **34** | N |

Für $v/c \ll 1$ folgt das Newtonsche Grundgesetz der Dynamik (vgl. 3.2).

**Energie eines Körpers**

| | | | |
|---|---|---|---|
| *Energie eines bewegten Körpers* | $E = mc^2 = \dfrac{m_0 c^2}{\sqrt{1-(v^2/c^2)}}$ | **35** | J (Joule) |
| *Ruhenergie (Einsteinsche Masse-Energie-Beziehung)* | $E_0 = m_0 c^2$ (für $v = 0$) | **36** | J |
| *Kinetische Energie* | $E_k = E - E_0 = m_0 c^2 \left(\dfrac{1}{\sqrt{1-(v^2/c^2)}} - 1\right)$ | **37** | J |

# B

1. In der im → Bild gezeigten Anordnung zweier Massen am Seil über einer Rolle ($m_1 = 2{,}0$ kg, $m_2 = 3{,}0$ kg, $\alpha = 30°$) wird eine Abwärtsbewegung von $m_1$ beobachtet (Rollen- und Seilmasse werden vernachlässigt). Mit welcher Beschleunigung bewegen sich die beiden Massen a) für den Fall, daß $m_2$ reibungsfrei gleitet; b) für den Fall, daß $m_2$ auf der geneigten Ebene eine Gleitreibung mit $\mu_G = 0{,}04$ erfährt? c) Wie groß muß $m_1$ sein, damit sich das System bei Anwesenheit der Gleitreibung mit konstanter Geschwindigkeit bewegt, nachdem es einmal in Bewegung geraten ist? d) Wie groß ist die Seilkraft im Fall beschleunigter Bewegung? ($g \approx 10$ m/s²)

*Lösung:* a) Die beschleunigende Kraft ergibt sich als Differenz aus der Gewichtskraft **13** von $m_1$, $m_1 g$, und der Hangabtriebskraft **7** von $m_2$, $m_2 g \sin\alpha$. Die ingesamt beschleunigte Masse ist $m_1 + m_2$. Somit gilt nach **12**:

$$(m_1 + m_2)a = m_1 g - m_2 g \sin\alpha.$$

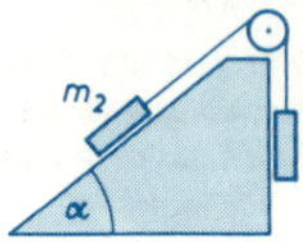


Hieraus folgt als Beschleunigung $a = g(m_1 - m_2 \sin\alpha)/(m_1 + m_2) = 1$ m/s². b) Es tritt jetzt zur Hangabtriebskraft die Reibungskraft von $m_2$, nach **20** und **8** also $\mu_G m_2 g \cos\alpha$, hinzu. Man erhält so

$$a = \frac{g[m_1 - m_2(\sin\alpha + \mu_G \cos\alpha)]}{m_1 + m_2} = 0{,}8 \text{ m/s}^2.$$

c) In diesem Fall ist die Beschleunigung $a$ des Systems gleich Null, womit aus vorstehender Beziehung folgt:

$$m_1 = m_2(\sin\alpha + \mu_G \cos\alpha) = 1{,}6 \text{ kg}.$$

d) An jeder Masse greift nun außer der Schwerkraft und der Reibungskraft zusätzlich die Trägheitskraft **24** an, die der Bewegungsrichtung stets entgegengerichtet ist.

Die Seilkraft ergibt sich als Summe aller an einer Masse angreifenden Kräfte, auf $m_1$ bezogen also mit dem unter b) berechneten Ausdruck für die Beschleunigung $a$

$$F = m_1 g - m_1 a = \frac{m_1 m_2 g}{m_1 + m_2}(1 + \sin\alpha + \mu_G \cos\alpha) = 18{,}4\ \mathrm{N}.$$

(Weise nach, daß das gleiche Ergebnis erhalten wird, wenn man die auf $m_2$ wirkende Gesamtkraft betrachtet!)

2. Ein Körper der Masse $m = 1$ kg hat die Geschwindigkeit $v_1 = 4$ m/s und bewegt sich kräftefrei. Wie groß wird seine Geschwindigkeit, wenn 0,01 s lang eine konstante Kraft von 400 N entgegen der Bewegungsrichtung auf ihn einwirkt? Wie groß ist die Impulsänderung des Körpers?

   *Lösung:* Aus **16** folgt $-F\Delta t = m(v_2 - v_1)$ und somit $v_2 = -F\Delta t/m + v_1 = 0$. Der Körper kommt also gerade zum Stehen. Die Impulsänderung beträgt $m(v_2 - v_1) = -4\ \mathrm{N\,s}$.

3. In einem Beschleuniger werden Elementarteilchen auf die Geschwindigkeit $v = (3/4)c$ gebracht ($c$ Lichtgeschwindigkeit). Um wieviel Prozent vergrößert sich ihre Masse?

   *Lösung:* Nach **32** ist $(m - m_0)/m_0 = 1/\sqrt{1-(v/c)^2} - 1 = 51\,\%$.

# 4 Arbeit, Energie, Leistung, Wirkung

## 4.1 Arbeit

| | | | |
|---|---|---|---|
| *Arbeit bei veränderlicher Kraft* $\boldsymbol{F} = \boldsymbol{F}(\boldsymbol{s})$ → Bild | $W = \int_A^B \boldsymbol{F}\cdot \mathrm{d}\boldsymbol{s} = \int_A^B F \mathrm{d}s \cos\alpha$ | **1** | N m = W s = J (Joule) |
| | $\boldsymbol{s}$ Verschiebungsvektor (Weg) | | m |
| | $\alpha$ Winkel zwischen $\boldsymbol{F}$ und $\boldsymbol{s}$ | | ° |
| Kraft und Weg sind parallel | $W = \int_A^B F \mathrm{d}s$ | **2** | J |
| *Arbeit bei konstanter Kraft auf gerader Bahn* | $W = \boldsymbol{F}\cdot\boldsymbol{s} = F s \cos\alpha$ | **3** | J |

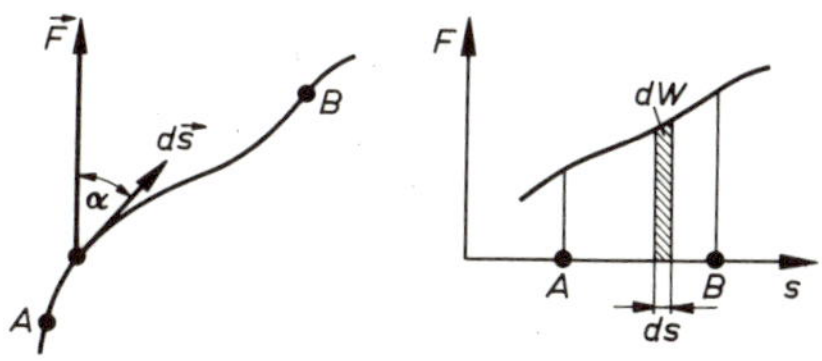


| | | | |
|---|---|---|---|
| Kraft und Weg sind parallel | $W = F s$ | **4** | J |
| *Verschiebungsarbeit* (Arbeit gegen eine Kraft ohne Beschleunigung des Körpers) | $W = -\int_A^B \boldsymbol{F}\cdot \mathrm{d}\boldsymbol{s}$ | **5** | J |
| | Spezialfälle wie vorstehend | | |

| | | | |
|---|---|---|---|
| *Vorzeichendefinition für die Verschiebungsarbeit* | $W > 0$: Bei der Verschiebung ist Arbeit aufzuwenden.<br>$W < 0$: Bei der Verschiebung wird Arbeit gewonnen. | | |
| *Hubarbeit* (Verschiebungsarbeit) | $W = F_G h = mgh$ | **6** | J |
| | $F_G$ Gewichtskraft | | N |
| | $h$ Hubhöhe | | m |
| | $m$ Masse | | kg |
| | $g$ Fallbeschleunigung | | $m/s^2$ |
| *Spannarbeit einer elastischen Feder* (Verschiebungsarbeit) | $W = \frac{1}{2} Fx = \frac{1}{2} kx^2$ | **7** | J |
| | $x$ Längenänderung der Feder | | m |
| | $F$ Spannkraft der Feder ($= kx$) | | N |
| | $k$ Federkonstante ($= F/x$) | | N/m |
| *Reibungsarbeit auf horizontaler Bahn* | $W = \mu mgs$ | **8** | J |
| | $\mu$ Reibungszahl (vgl. 3.3) | | 1 |
| *Beschleunigungsarbeit* (bei konstanter Masse) | $W = \frac{1}{2} m (v^2 - v_0^2)$ | **9** | J |
| | $v_0$ Anfangsgeschwindigkeit | | m/s |
| | $v$ Endgeschwindigkeit | | m/s |

## 4.2 Kinetische und potentielle Energie. Energieerhaltungssatz

| | | | |
|---|---|---|---|
| *Energie*<br>kennzeichnet Zustand des Arbeitsvermögens. | $E$ | | J (Joule) = N m = W s |
| *Kinetische Energie (Energie der Bewegung)* | $E_k = \frac{1}{2} mv^2$ | **10** | J |
| | $v$ Geschwindigkeit des Körpers der Masse $m$ | | m/s |
| *Potentielle Energie (Lageenergie im Kraftfeld, Energie der gespannten Feder)* | $E_p = W + E_{p0}$ | **11** | J |
| | $W$ Verschiebungsarbeit 5 mit $F$ als konservativer Kraft | | J |
| | $E_{p0}$ Anfangswert der potentiellen Energie | | J |

> Die Änderung der potentiellen Energie $\Delta E_p = E_p - E_{p0}$ ist gleich der Arbeit 5, die verrichtet werden muß, um einen Körper von einem Punkt $A$ nach einem Punkt $B$ zu verschieben, wenn die Kraft, gegen welche die Arbeitsverrichtung erfolgt, *konservativ*, d. h. die Arbeit unabhängig vom Weg zwischen $A$ und $B$ ist.

Konservative Kräfte sind z. B. die Schwerkraft, die elastische Rückstellkraft einer gespannten Feder sowie die elektromagnetischen Kräfte. Die Reibungskraft ist eine nichtkonservative Kraft.

| | | | |
|---|---|---|---|
| *Änderung von $E_p$ beim Anheben eines Körpers* ($E_{p0} = 0$) | $E_p = F_G h = mgh$ | **12** | J |
| | $F_G$ Gewichtskraft | | N |
| | $g$ Fallbeschleunigung | | $m/s^2$ |
| | $h$ Hubhöhe | | m |
| *Potentielle Energie einer gespannten Feder* | $E_p = \frac{1}{2} kx^2$ | **13** | J |
| | $x$ Verlängerung der Feder | | m |
| | $k$ Federkonstante (vgl. 7) | | N/m |

| | |
|---|---|
| *Energieerhaltungssatz der Mechanik* | **14** |
| In einem nur konservativen Kräften unterworfenen System ist die Summe aus kinetischer und potentieller Energie stets konstant: $E_k + E_p = E_{gesamt} = \text{const.}$ | |

*Allgemeiner Energieerhaltungssatz (Energiesatz)*
In einem abgeschlossenen System kann Energie weder gewonnen werden noch verlorengehen. Energie kann lediglich von einer Form in eine andere umgewandelt werden.

## 4.3 Leistung, Wirkung, Wirkungsgrad

| | | | |
|---|---|---|---|
| *Leistung* | $P$ | | W (Watt) = J/s |

kennzeichnet den auf die Zeit bezogenen Energieumsatz oder Arbeitsaufwand.

| | | | |
|---|---|---|---|
| *Durchschnittsleistung, mittlere Leistung* | $P = \frac{\Delta E}{\Delta t} \quad P = \frac{\Delta W}{\Delta t}$ | **15** | W |
| | $P = \frac{1}{t} \int F \, ds \cos \alpha$ | **16** | W |
| | Bezeichnung der Größen wie in 4.1 und 4.2 | | |
| *Momentanleistung* | $P = \frac{dE}{dt} \quad P = \frac{dW}{dt}$ | **17** | W |
| | $P = \boldsymbol{F} \cdot \boldsymbol{v}$ | **18** | W |
| | $\boldsymbol{F}$ Kraftvektor | | N |
| | $\boldsymbol{v}$ Geschwindigkeitsvektor | | m/s |
| *Mittlere Leistung bei gleichmäßig beschleunigter Bewegung* (konstante Kraft, Kraft und Weg parallel) | $P = \frac{1}{2} F(v + v_0)$ | **19** | W |
| | $v_0$ Anfangsgeschwindigkeit | | m/s |
| | $v$ Endgeschwindigkeit | | m/s |
| *Wirkung* | $Et$ (Energie × Zeit) | **20** | J s |
| *Wirkungsgrad* (Quotient aus abgegebener und zugeführter Energie bzw. Leistung) | $\eta = \frac{E_{ab}}{E_{zu}} = \frac{P_{ab}}{P_{zu}} \quad (0 < \eta < 1)$ | **21** | 1 |
| *Verlustleistung* | $P_V = P_{zu} - P_{ab} = P_{zu}(1 - \eta)$ | **22** | W |

**B**

1. Eine Kette der Länge $l = 2{,}0$ m und der Masse $m = 5{,}0$ kg, welche flach auf der Unterlage liegt, wird an einem Ende bis auf ihre volle Länge angehoben. Berechne die dazu erforderliche Arbeit! ($g \approx 10 \text{ m/s}^2$)

   *Lösung:* Die Gewichtskraft eines Kettenstücks der Länge $x$ beträgt $F(x) = mgx/l$, womit sich nach **2** ergibt

   $$W = \int_0^l F(x) \, dx = \frac{mg}{l} \int_0^l x \, dx = \frac{mgl}{2} = 50 \text{ J}.$$

2. Ein Körper von 0,5 kg fällt aus einer Höhe von 4 m auf das Ende einer senkrecht stehenden Feder, die den Fall bremst (Federkonstante $k = 1\,\mathrm{kN/m}$; $g \approx 10\,\mathrm{m/s^2}$). a) Um welchen Betrag wird die Feder maximal zusammengedrückt? b) Welche Geschwindigkeit hat der Körper, wenn die Feder bis zur Hälfte ihrer maximalen Stauchung zusammengedrückt ist, und welche Leistung entwickelt die Feder in diesem Punkt? c) Wie groß ist die maximale Geschwindigkeit des Körpers? (Die Masse der Feder wird vernachlässigt.)

*Lösung:* a) Ist $x_m$ die maximale Stauchung der Feder, so ist die vom Körper insgesamt durchfallene Höhe $(h + x_m)$ und demzufolge der Verlust an potentieller Energie nach **12** gleich $mg(h + x_m)$. Diese wird nach dem Energiesatz vollständig umgesetzt in Spannarbeit der Feder **7** $kx_m^2/2$. Es ist also $mg(h + x_m) = kx_m^2/2$, woraus folgt

$$x_m = \frac{mg}{k} + \sqrt{\frac{m^2g^2}{k^2} + \frac{2mgh}{k}} = 20\,\mathrm{cm}.$$

b) Nach Stauchung der Feder um $x_1 = x_m/2 = 0{,}1\,\mathrm{m}$ beträgt die kinetische Energie **10** des auftreffenden Körpers

$mv_1^2/2 = mg(h + x_1) - kx_1^2/2$; hieraus errechnet man

$$v_1 = \sqrt{2g(h + x_1) - (k/m)x_1^2} \approx 7{,}9\,\mathrm{m/s}.$$

Die momentane Leistung der Feder beträgt somit nach **18** wegen $F = kx$ (nach **7**) $P = kx_1v_1 \approx 780\,\mathrm{W}$. c) Die maximale Geschwindigkeit erhält man aus $\mathrm{d}v_1/\mathrm{d}x = 0$ für $x_2 = mg/k$; sie ergibt sich zu $v_2 = \sqrt{2gh + mg^2/k} = 8{,}95\,\mathrm{m/s}$.

# 5 Gravitation

## 5.1 Gravitationsgesetz. Gravitationsfeld

*Gravitationsgesetz* (*Newton*, 1687)
Die Gravitationskraft (Massenanziehungskraft) zwischen zwei kugelförmigen Körpern ist dem Produkt ihrer Massen ($m$ und $M$) direkt und dem Quadrat ihres Schwerpunktabstandes ($r$) indirekt proportional.

| | | | |
|---|---|---|---|
| *Gravitationskraft* ($\boldsymbol{F}$ ist die auf $m$ wirkende Kraft) | $\boldsymbol{F} = -\gamma \frac{mM}{r^2}\frac{\boldsymbol{r}}{r}$    $F = \gamma \frac{mM}{r^2}$ | **1** | N |
| | $\boldsymbol{r}$ Ortsvektor von $M$ (Kraftzentrum) nach $m$ | | m |
| | $\boldsymbol{r}/r$ Einheitsvektor in Richtung $\boldsymbol{r}$ | | 1 |
| *Gravitationskonstante* | $\gamma = 6{,}673 \cdot 10^{-11}\,\mathrm{N\,m^2/kg^2}$ | **2** | |
| *Gravitationsbeschleunigung (Gravitationsfeldstärke)* im Abstand $r$ vom Kraftzentrum $M$ | $\boldsymbol{g} = \frac{\boldsymbol{F}}{m}$    $g = \frac{F}{m}$ | **3** | $\mathrm{m/s^2}$ |
| | $\boldsymbol{g} = -\gamma \frac{M}{r^2}\frac{\boldsymbol{r}}{r}$    $g = \gamma \frac{M}{r^2}$ | **4** | $\mathrm{m/s^2}$ |
| | $M$ felderzeugende Masse | | kg |
| | $m$ Masse, auf die die Gravitationskraft einwirkt | | kg |

| | | | |
|---|---|---|---|
| *Gravitationsbeschleunigung an der Erdoberfläche (Fallbeschleunigung)* | $g(R) = \frac{\gamma M_E}{R^2} = 9{,}81\ \mathrm{m/s^2}$ | 5 | |
| | $M_E$ Masse der Erde | | kg |
| | $R$ Erdradius | | m |
| *Gravitationspotential* im Abstand $r$ vom Kraftzentrum $M$ | $V(r) = \frac{E_p(r)}{m} = -\int\limits_{\infty}^{r} \boldsymbol{g} \cdot \mathrm{d}\boldsymbol{r}$ | 6 | J/kg |
| | $E_p(r)$ potentielle Energie der Masse $m$ im Abstand $r$ von $M$ | | J |
| | $V(r) = -\frac{\gamma M}{r} = -gr$ | 7 | J/kg |
| an der Erdoberfläche | $V(R) = -\frac{\gamma M_E}{R} = -g(R)R$ | 8 | J/kg |

## 5.2 Keplersche Gesetze

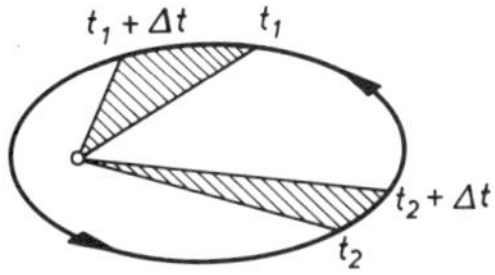


*1. Keplersches Gesetz* (→ Bild) **9**
Die Bahnkurven der Planeten sind Ellipsen, in deren einem Brennpunkt die Sonne steht.

*2. Keplersches Gesetz* (→ Bild) **10**
Der von der Sonne nach einem Planeten gezogene Fahrstrahl überstreicht in gleichen Zeiten gleiche Flächen (*Flächensatz*).

*3. Keplersches Gesetz* **11**
Die Quadrate der Umlaufzeiten zweier Planeten verhalten sich wie die dritten Potenzen der großen Halbachsen ihrer Bahnellipsen: $T_1^2 : T_2^2 = a_1^3 : a_2^3$.

## 5.3 Kosmische Geschwindigkeiten

| | | | |
|---|---|---|---|
| *Geschwindigkeit eines Satelliten auf elliptischer Erdumlaufbahn* | $v = \sqrt{2 g_n R^2 \left(\frac{1}{r} - \frac{1}{2a}\right)}$ | 12 | m/s |
| | $g_n$ Normwert der Fallbeschleunigung (vgl. 2.2) | | $\mathrm{m/s^2}$ |
| | $R$ mittlerer Erdradius | | m |
| | $r$ Abstand des Satelliten vom Erdmittelpunkt | | m |
| | $a$ große Halbachse der Ellipsenbahn | | m |
| *1. kosmische Geschwindigkeit* (kreisförmige Satellitenbahn nahe der Erdoberfläche) | $v_1 = \sqrt{g_n R} = 7{,}9\ \mathrm{km/s}$ | 13 | |

| | | |
|---|---|---|
| *2. kosmische Geschwindigkeit* (Fluchtgeschwindigkeit auf Parabelbahn) | $v_2 = \sqrt{2 g_n R} = 11{,}2\ \mathrm{km/s}$ | **14** |

**B**

1. Der Radius der Erde beträgt $R = 6\,380$ km. Berechne mit Hilfe des Gravitationsgesetzes **1** die Masse $M_E$ und die mittlere Dichte $\varrho_E$ der Erde!
   ($g = 9{,}81\ \mathrm{m/s^2}$)

   *Lösung:* Auf eine an der Erdoberfläche (d. h. im Abstand $R$ vom Erdmittelpunkt) befindliche Masse $m$ wirkt die Gravitationskraft $\gamma m M_E/R^2$, die gleich der zu $m$ gehörigen Gewichtskraft $mg$ ist.
   Durch Gleichsetzen der beiden Ausdrücke erhält man $M_E = gR^2/\gamma \approx 6 \cdot 10^{24}$ kg und damit $\varrho_E = M_E/(4\pi R^3/3) = 5{,}5\ \mathrm{kg/dm^3}$.

2. Wie groß ist die spezifische Energie, die notwendig ist, um einen Nachrichtensatelliten in eine in 36 000 km Höhe gelegene geostationäre Umlaufbahn zu bringen? (Erdradius $R = 6380$ km)

   *Lösung:* Nach **6** und **7** ist der Zuwachs an potentieller Energie beim »Anheben« des Satelliten auf die Höhe $h$ über der Erdoberfläche

   $$\Delta E_p = E_p(R+h) - E_p(R) = \gamma m M_E \left(\frac{1}{R} - \frac{1}{R+h}\right) = \frac{\gamma m M_E}{R} \frac{h}{R+h}$$

   oder mit **5**

   $$\Delta E_p = mgR \frac{h}{R+h} .$$

   Die kinetische Energie des Satelliten errechnet sich aus dem Gleichgewicht von Fliehkraft und Gravitationskraft $mv^2/(R+h) = \gamma m M/(R+h)^2$ zu

   $$E_k = \frac{mv^2}{2} = mgR \frac{R}{2(R+h)} .$$

   Als spezifische Gesamtenergie folgt somit

   $$E' = \frac{\Delta E_p + E_k}{m} = \frac{gRh}{R+h} + \frac{1}{2} \frac{gR^2}{R+h} = \frac{gR}{2}\left(1 + \frac{h}{R+h}\right) = 58\ \mathrm{MJ/kg}.$$

   Der entsprechende Wert für eine erdnahe Umlaufbahn ($h \ll R$) ist $E'_1 \approx gR/2 = 31{,}3\ \mathrm{MJ/kg}$, und für den Fall, daß der Körper die Erde für immer verläßt ($h \to \infty$), $E'_2 = gR = 62{,}6\ \mathrm{MJ/kg}$. (Zum Vergleich: Der Heizwert von Steinkohle beträgt 33,5 MJ/kg.)

# 6 Dynamik der Punktmassen-Systeme

## 6.1 Massenmittelpunkt. Impulserhaltungssatz

> Bei Einwirkung äußerer Kräfte auf ein System von Punktmassen bewegt sich dessen Massenmittelpunkt so, als sei die gesamte Masse des Systems in ihm vereinigt und als greife die resultierende Gesamtkraft in ihm an.

*Koordinaten des Massenmittelpunktes eines Systems von n Punktmassen $m_i$*

$$x_M = \frac{m_1 x_1 + m_2 x_2 + \ldots + m_n x_n}{m_1 + m_2 + \ldots + m_n} = \frac{\sum m_i x_i}{\sum m_i} \qquad \textbf{1} \quad \text{m}$$

$$y_M = \frac{\sum m_i y_i}{\sum m_i} \qquad z_M = \frac{\sum m_i z_i}{\sum m_i}$$

$x_i$, $y_i$, $z_i$ Koordinaten der $i$-ten Punktmasse $m_i$ ($i = 1, 2, \ldots, n$) — m

*Bewegungsgleichung für ein Punktmassensystem*

$$m \frac{d\boldsymbol{v}_M}{dt} = \boldsymbol{F}^a \qquad \textbf{2} \quad \text{N}$$

$m = \sum m_i$ Gesamtmasse — kg

$\boldsymbol{F}^a = \sum \boldsymbol{F}_i^a$ Resultierende der äußeren Kräfte auf die $m_i$ — N

$\boldsymbol{v}_M$ Geschwindigkeit des Massenmittelpunkts — m/s

Für $\boldsymbol{F}^a = 0$ (*abgeschlossenes System*) folgt hieraus der

*Erhaltungssatz des Massenmittelpunkts* **3**

Der Massenmittelpunkt eines abgeschlossenen Systems (System, welches keinerlei Einwirkungen von außen unterliegt) ist in Ruhe oder bewegt sich geradlinig und gleichförmig ($\boldsymbol{v}_M = \text{const}$).

Gleichbedeutend damit ist der

*Impulserhaltungssatz* **4**

In einem abgeschlossenen System bleibt der Gesamtimpuls (Vektorsumme aller Einzelimpulse $m_i \boldsymbol{v}_i$) konstant.

## 6.2 Stoß fester Körper (gerader zentrischer Stoß)

Der Stoß heißt *zentrisch* (*zentral*), wenn die Stoßkraft durch die Schwerpunkte der Körper geht, anderenfalls *exzentrisch*. Ein *gerader zentraler* Stoß liegt vor, wenn auch die Geschwindigkeiten in der Verbindungsgeraden der beiden Schwerpunkte liegen, sonst wird der Stoß *schiefer zentraler* Stoß genannt. Bei *Punktmassen* ist nur gerader zentraler Stoß (ohne »Abplattung« wie im → Bild b) möglich.

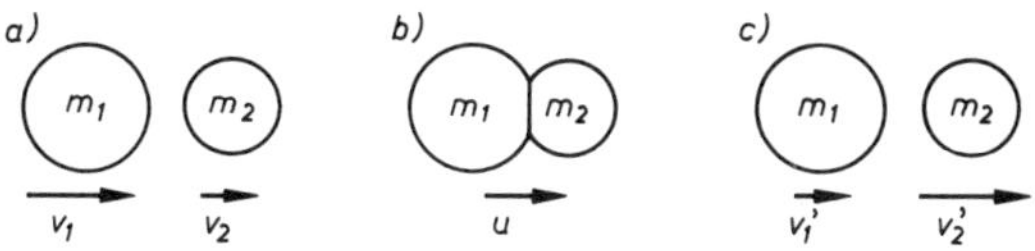


*Massen der stoßenden Körper* — $m_1$, $m_2$ — kg

*Geschwindigkeiten vor dem Stoß* (→ Bild a) — $v_1$, $v_2$ — m/s

*Gemeinsame Geschwindigkeit beim Erreichen der größten Abplattung der Körper* (→ Bild b)

$$u = \frac{m_1 v_1 + m_2 v_2}{m_1 + m_2} \qquad \textbf{5} \quad \text{m/s}$$

**Vollkommen unelastischer (vollplastischer) Stoß**

| | | | |
|---|---|---|---|
| *Geschwindigkeiten nach dem Stoß* (→ Bild c) | $v_1' = v_2' = u$ | **6** | m/s |
| *Verlust an kinetischer Energie (Formänderungsarbeit)* | $\Delta E_k = \dfrac{m_1 m_2}{2(m_1 + m_2)} (v_1 - v_2)^2$ | **7** | J |

**Vollelastischer Stoß**

| | | | |
|---|---|---|---|
| *Geschwindigkeiten nach dem Stoß* | $v_1' = \dfrac{v_1(m_1 - m_2) + 2m_2 v_2}{m_1 + m_2}$ | **8** | m/s |
| | $v_2' = \dfrac{v_2(m_2 - m_1) + 2m_1 v_1}{m_1 + m_2}$ | **9** | m/s |
| Gleiche Massen ($m_1 = m_2$): | $v_1' = v_2 \quad v_2' = v_1$ | | m/s |
| Stoß gegen feststehende Wand ($m_2 = \infty$, $v_2 = 0$): | $v_1' = -v_1 \quad v_2' = 0$ | | m/s |
| Stoß von unendlichem Körper auf ruhenden Körper ($m_1 = \infty$, $v_2 = 0$): | $v_1' = v_1 \quad v_2' = 2v_1$ | | m/s |

**Teilplastischer Stoß**

| | | | |
|---|---|---|---|
| *Stoßfaktor* | $k = \dfrac{v_2' - v_1'}{v_1 - v_2} \quad (0 \leqq k \leqq 1)$ | **10** | 1 |
| | $k = 0$: vollplastisch<br>$k = 1$: vollelastisch | | |
| *Geschwindigkeiten nach dem Stoß* | $v_1' = (1 + k)u - kv_1$ | **11** | m/s |
| | $v_2' = (1 + k)u - kv_2$ | **12** | m/s |
| *Verlust an kinetischer Energie (Formänderungsarbeit)* | $\Delta E_k = \dfrac{m_1 m_2}{2(m_1 + m_2)} (v_1 - v_2)^2 (1 - k^2)$ | | J |

## 6.3 Raketenantrieb

| | | | |
|---|---|---|---|
| *Grundgleichung des idealen Raketenantriebs* (Gravitationskräfte und Luftwiderstand vernachlässigt) | $v_E = c \ln \dfrac{m_0}{m_E} = c \ln \left(1 + \dfrac{m_T}{m_E}\right)$ | **13** | J |
| | $v_E$ Endgeschwindigkeit (Brennschlußgeschwindigkeit) | | m/s |
| | $c$ Ausströmungsgeschwindigkeit der Gase relativ zur Rakete | | m/s |
| | $m_0$ Masse bei Brennbeginn | | kg |
| | $m_E$ Masse bei Brennschluß | | kg |
| | $m_T$ Treibstoffmasse ($= m_0 - m_E$) | | kg |
| *Schubkraft (Schub)* | $F_S = c \dfrac{dm}{dt} \equiv c\dot{m}$ | **14** | N |
| | $\dot{m}$ Massestrom der austretenden Verbrennungsgase | | kg/s |
| *Massenverhältnis (Ziolkowski-Zahl)* | $Z = \dfrac{m_0}{m_E} = e^{v_E/c}$ | **15** | 1 |

| | | | |
|---|---|---|---|
| *Geschwindigkeit der Rakete zur Zeit t nach dem Start bei senkrechtem Aufstieg und Berücksichtigung der Schwerkraft der Erde* | $v = c \ln \frac{m_0}{m_0 - \dot{m}t} - gt$ <br> $g$ konstante Fallbeschleunigung | **16** | m/s <br> m/s² |
| *Höhe der Rakete zur Zeit t nach dem Start* | $h = c\left(t - \frac{m_0}{\dot{m}}\right) \ln \frac{m_0}{m_0 - \dot{m}t} + ct - \frac{1}{2} gt^2$ | **17** | m |
| *Endgeschwindigkeit der n-ten Stufe einer Rakete* | $v_{En} = \sum_{i=1}^{n} c_i \ln \frac{m_{0i}}{m_{Ei}} = \sum_{i=1}^{n} c_i \ln Z_i$ | | m/s |
| bei gleichen Ausströmgeschwindigkeiten aller Stufen | $v_{En} = c \ln (Z_1 Z_2 \cdots Z_n)$ | **18** | m/s |

# B

1. Eine Kanone (Masse $M$) feuert ein Geschoß der Masse $m$ ab. a) Wie groß ist die Rückstoßgeschwindigkeit der Kanone im Verhältnis zur Geschoßgeschwindigkeit? b) Wie verteilt sich die Detonationsenergie $E$ auf Geschoß und Kanone?

   *Lösung:* a) Nach dem Impulserhaltungssatz **4** darf sich die Vektorsumme aus Geschützimpuls $\boldsymbol{p}_K = M\boldsymbol{v}_K$ und Geschoßimpuls $\boldsymbol{p}_G = m\boldsymbol{v}_G$ infolge des Schusses nicht ändern. Bis zum Abschuß war sie gleich Null, daher muß auch danach gelten $\boldsymbol{p}_K + \boldsymbol{p}_G = 0$ oder $\boldsymbol{p}_K = -\boldsymbol{p}_G$ und $|\boldsymbol{p}_K| = |\boldsymbol{p}_G| = p$, d. h., nach dem Schuß sind die Impulse von Geschütz und Geschoß dem Betrage nach gleich: $p = Mv_K = mv_G$. Die Rückstoßgeschwindigkeit der Kanone ist also $v_K = (m/M)v_G$; sie ist wegen $M \gg m$ im Verhältnis zur Geschoßgeschwindigkeit sehr klein.
   b) Nach dem Energieerhaltungssatz gilt für die kinetischen Energien von Geschoß und Kanone $E_{k,G} + E_{k,K} = E$ bzw. unter Berücksichtigung von $E_{k,G} = mv_G^2/2 = p^2/(2m)$ und $E_{k,K} = Mv_K^2/2 = p^2/(2M)$:

   $$E = \frac{p^2}{2m} + \frac{p^2}{2M} = \frac{M+m}{m} \frac{p^2}{2M} = \frac{M+m}{M} \frac{p^2}{2m}.$$

   Hieraus erhält man

   $$E_{k,K} = \frac{p^2}{2M} = \frac{m}{M+m} E \text{ und } E_{k,G} = \frac{p^2}{2m} = \frac{M}{M+m} E.$$

   Somit folgt, daß wegen $M \gg m$ der überwiegende Teil der Detonationsenergie als kinetische Energie des Geschosses wirksam wird, nur ein vernachlässigbarer Teil wird für den Rückstoß des Geschützes verbraucht.

2. Zur Auslösung einer speziellen Kernreaktion wird ein Elementarteilchen der Masse $m$ auf einen schweren Atomkern der Masse $M$ (Massenverhältnis $M/m = 240$) geschossen, welches im Kern verbleibt. Wie groß ist derjenige Teil der anfänglichen kinetischen Energie des Kerngeschosses, der nicht als Bewegungsenergie des sich bildenden Zwischenkerns verlorengeht, sondern zur inneren Umwandlung des Kerns führt?

   *Lösung:* Bei dem Kernprozeß handelt es sich um einen vollkommen unelastischen Stoß. Nach **7** ergibt sich wegen $v_2 \equiv v_{\text{Kern}} = 0$ für den Verlust an kinetischer Energie des eingeschossenen Teilchens:

   $$\Delta E_k = \frac{M}{m+M} \frac{mv_1^2}{2} = \frac{M}{m+M} E_k; \qquad \frac{\Delta E_k}{E_k} = \frac{M}{m+M} \approx 0{,}99.$$

99 % der kinetischen Energie des Teilchens kommen also der eigentlichen Kernreaktion zugute, nur 1 % entfällt auf die Bewegung des Zwischenkerns.

3. Wie groß müßte bei einer Dreistufenrakete (theoretisch) das für alle Stufen gleich angenommene Massenverhältnis $Z$ (Startmasse/Endmasse nach Brennschluß) sein, um die 2. kosmische Geschwindigkeit von 11,2 km/s zu erreichen? (Ausströmgeschwindigkeit für alle Stufen $c = 3000$ m/s). Wie groß müßte $Z$ sein, wollte man diese Geschwindigkeit mit einer einstufigen Rakete erreichen?

*Lösung:* Aus **18** folgt für $Z_i = Z$ als Endgeschwindigkeit der dritten Stufe $v_{E3} = 3c \ln Z$ und hieraus

$$Z = e^{v_{E3}/(3c)} = e^{11,2/9} \approx 3,5.$$

Das bedeutet, daß die Treibstoffmasse

$$m_T = m_0 - m_E = m_0 \left(1 - \frac{m_E}{m_0}\right) = m_0 \left(1 - \frac{1}{Z}\right) = 0,71\, m_0$$

allein 71 % der Startmasse einer jeden Stufe ausmacht. Für eine einstufige Rakete wäre ein Massenverhältnis von $Z = e^{11,2/3} \approx 42$ und damit ein Treibstoffanteil von 98 % erforderlich, was aus verschiedenen Gründen nicht durchführbar ist.

# MECHANIK DES STARREN KÖRPERS

## 7 Statik starrer Körper

### 7.1 Kräfte am starren Körper. Drehmoment

> Kräfte, die an einem starren Körper angreifen, können in ihrer *Wirkungslinie* (Gerade, auf welcher der Kraftvektor liegt) beliebig verschoben werden, ohne daß sich dabei die Wirkungen der Kräfte auf den Körper verändern (*Linienflüchtigkeit* des Kraftvektors, → Bild).

**Addition und Zerlegung von Kräften** (vgl. auch 3.2)

| | | |
|---|---|---|
| *Resultierende zweier Kräfte* | $\mathbf{F} = \mathbf{F}_1 + \mathbf{F}_2$ | 1 N |

> *Axiom vom Kräfteparallelogramm* (→ Bild)
> Die Resultierende zweier Kräfte faßt deren Wirkung zusammen. Sie greift im Schnittpunkt der gegebenen Kräfte an und ist nach Größe und Richtung die Diagonale im Kräfteparallelogramm.

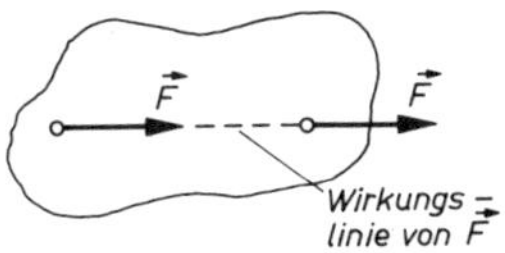


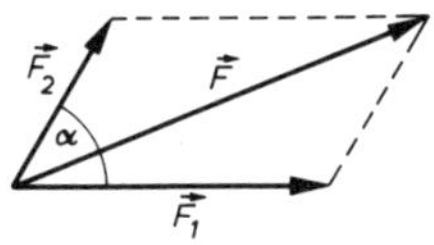


Zwecks Bildung der Resultierenden ist es im allgemeinen erforderlich, vorher die Kräfte längs ihrer Wirkungslinien bis zum gemeinsamen Schnittpunkt zu verschieben.

| | | |
|---|---|---|
| *Betrag der resultierenden Kraft* 1 | $F = \sqrt{F_1^2 + F_2^2 + 2F_1F_2 \cos\alpha}$ | 2 N |
| | $\alpha$ Winkel zwischen den Kraftvektoren | ° |
| *Resultierende von n Kräften* $\mathbf{F}_1, \mathbf{F}_2, \ldots, \mathbf{F}_n$ (→ Bild *Lageplan*) | $\mathbf{F} = \sum_{i=1}^{n} \mathbf{F}_i$ (→ Bild *Krafteck*) | 3 N |

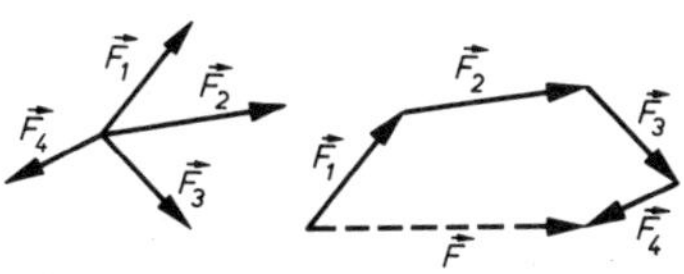

Lageplan Krafteck

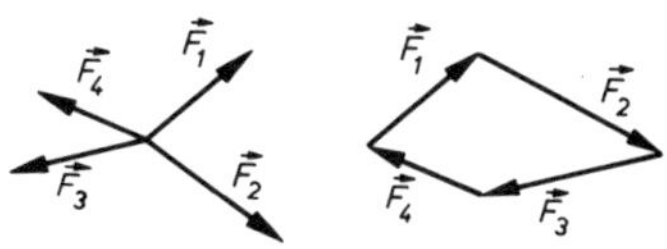


**Kräftegleichgewicht**

*Bedingung:* Die Resultierende muß Null sein, d. h., das Krafteck ist *geschlossen*. Die Kraftpfeile bilden im Krafteck einen durchgehenden Umlaufsinn (→ Bild).

**Drehmoment einer Kraft (Kraftmoment)**

| | | | |
|---|---|---|---|
| *Drehmoment* (Vektor) | $\boldsymbol{M} = \boldsymbol{r} \times \boldsymbol{F}$ | 4 | N m |
| Betrag | $M = Fr \sin \alpha = Fl$ | 5 | N m |
| | $\boldsymbol{r}$ Vektor vom Drehpunkt $O$ zum Angriffspunkt der Kraft $A'$ (→ Bild) | | m |
| | $l$ Länge des Lotes von der Drehachse auf die Kraftwirkungslinie | | m |
| | $\alpha$ Winkel zwischen $\boldsymbol{r}$ und $\boldsymbol{F}$ | | ° |
| *Vorzeichendefinition:* Drehachse ≡ $z$-Achse; $z$-Achse senkrecht nach vorn orientiert | $M_z > 0$ linksdrehendes Drehmoment<br>$M_z < 0$ rechtsdrehendes Drehmoment | | |
| | $M_z$ $z$-Komponente des Drehmoments | | N m |
| *Drehmoment eines Kräftepaares* $\boldsymbol{F}_1 = \boldsymbol{F}$ und $\boldsymbol{F}_2 = -\boldsymbol{F}$ (Betrag) | $M = Fl$ | 6 | N m |
| | $l$ Abstand der Wirkungslinien der antiparallelen Kräfte (→ Bild) | | m |

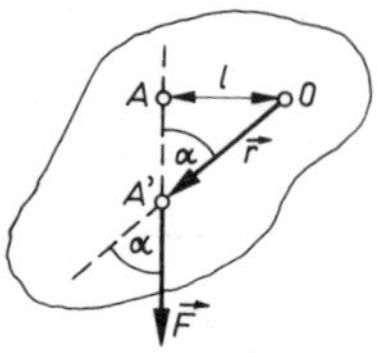

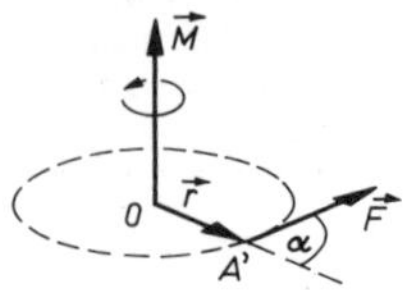

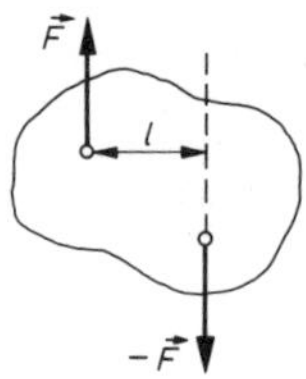


Die Lage der Resultierenden $\boldsymbol{F}$ eines allgemeinen ebenen Systems von Kräften $\boldsymbol{F}_i$ ($i = 1, 2, \ldots, n$) erhält man aus dem

> *Drehmomentensatz*
> Die Summe der Drehmomente aller angreifenden Einzelkräfte bezüglich eines beliebigen Drehpunktes ist gleich dem Drehmoment der Resultierenden um diesen Punkt: $\sum F_i l_i = Fl$.

Linksdrehende Kräfte sind mit positivem, rechtsdrehende mit negativem Vorzeichen in die Summe einzusetzen.

## 7.2 Gleichgewichtsbedingungen. Schwerpunkt

> *Gleichgewichtsbedingungen für den starren Körper* **7**
> Am starren Körper herrscht Gleichgewicht, wenn sowohl die Vektorsumme aller angreifenden Kräfte als auch die Vektorsumme ihrer Drehmomente bezüglich eines beliebigen Drehpunktes verschwindet: $\sum \boldsymbol{F}_i = 0$ und $\sum \boldsymbol{M}_i = 0$.

> *Hebelgesetz* **8**
> Ein Hebel (um eine feste Achse drehbarer starrer Körper) ist im Gleichgewicht, wenn die Summe der rechtsdrehenden Drehmomente gleich der Summe der linksdrehenden Drehmomente ist: $\sum \boldsymbol{M}_i = 0$.

**Schwerpunkt (Massenmittelpunkt)**
ist derjenige Punkt eines starren Körpers, in bezug auf welchen die Summe aller Drehmomente, welche die an seinen Masseelementen angreifenden Gewichtskräfte erzeugen, verschwindet.

*Schwerpunktkoordinaten* $$x_S = \frac{1}{m} \int x \, \mathrm{d}m$$ **9 m**

$$y_S = \frac{1}{m} \int y \, \mathrm{d}m$$

$$z_S = \frac{1}{m} \int z \, \mathrm{d}m$$

mit $m$ als Gesamtmasse des Körpers. Dabei ist gemäß $\mathrm{d}m = \varrho \, \mathrm{d}V$ ($\varrho$ Dichte) über das gesamte Volumen $V$ des Körpers zu integrieren. Entsprechend sind bei *Flächen-* und *Linienschwerpunkten* $A$ und $\mathrm{d}A$ bzw. $l$ und $\mathrm{d}l$ über die betreffenden Dichten in $m$ und $\mathrm{d}m$ umzurechnen, und es ist über die gesamte Fläche $A$ bzw. Linienlänge $l$ zu integrieren.

# B

1. Für einen Balken auf zwei Stützen, der an zwei Stellen durch die Kräfte $F_1 = 1000$ N und $F_2 = 3000$ N belastet ist (→ Bild), sind die Auflagerkräfte $F_A$ und $F_B$ zu berechnen ($a = 2{,}5$ m; $b = 1{,}5$ m; $c = 1{,}0$ m).

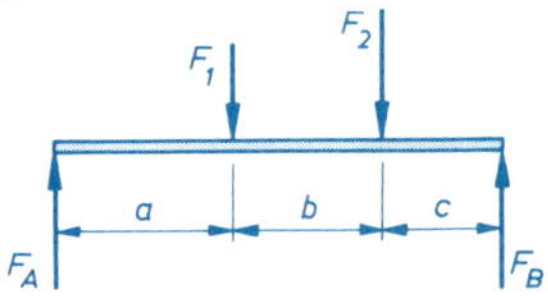


*Lösung:* Für das Gleichgewicht muß nach **7** die Summe aller Kräfte und die Summe aller Drehmomente verschwinden. Die erste Forderung ergibt

$F_1 + F_2 - F_A - F_B = 0$ oder $F_1 + F_2 = F_A + F_B$
(Gleichheit
von Kraft und Gegenkraft).

Die Momentenbedingung lautet, wenn man das Auflager $B$ als Drehpunkt wählt:

$F_1(b + c) + F_2 c - F_A(a + b + c) - F_B \cdot 0 = 0$ oder
$F_1(b + c) + F_2 c = F_A(a + b + c)$

(Summe der linksdrehenden Momente = Summe der rechtsdrehenden Momente).
Hieraus folgt

$$F_A = \frac{F_1(b + c) + F_2 c}{a + b + c} = 1\,100 \text{ N}.$$

Aus dem Kräftegleichgewicht errechnet sich damit $F_B = F_1 + F_2 - F_A = 2\,900$ N.

2. An einer Stange $AB$ (→ Bild), die durch ein Drahtseil $BC$ in horizontaler Lage gehalten wird, greift im Abstand $a = l/3$ von $A$ ($l$ Länge der Stange) die Gewichtskraft $F_1 = 150$ N und in $B$ die Gewichtskraft $F_2 = 100$ N an. Wie groß sind die Spannkraft (Haltekraft) $F_3$ im Seil und die Stützkräfte $F_4$ und $F_5$ im Punkt $A$ der Wand?

($\alpha = 30°$; die Gewichtskraft der Stange werde vernachlässigt.) Zeichne das zugehörige Krafteck und überprüfe daran das erhaltene Ergebnis!

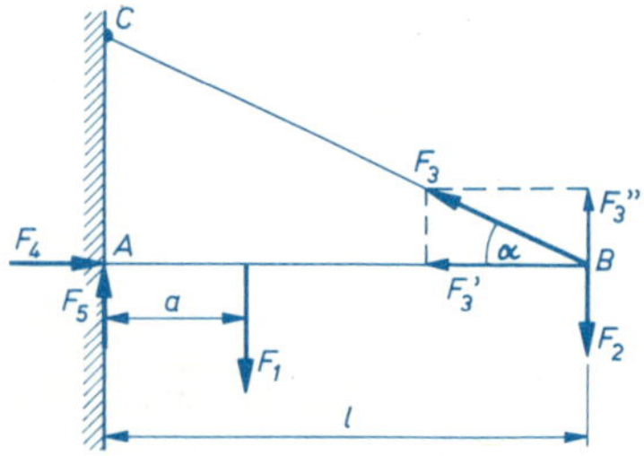


*Lösung:* Zur Aufstellung der Gleichgewichtsbedingung für die Kräfte wird die Kraft $F_3$ in ihre Horizontalkomponente $F_3' = F_3 \cos\alpha$ und ihre Vertikalkomponente $F_3'' = F_3 \sin\alpha$ zerlegt. Es gilt dann für die Kräfte
a) in horizontaler Richtung:

$F_4 - F_3' = 0$ oder $F_4 = F_3 \cos\alpha$;

b) in vertikaler Richtung:

$F_5 + F_3'' - F_1 - F_2 = 0$ oder $F_5 + F_3 \sin\alpha = F_1 + F_2$.

Die Bedingung für das Gleichgewicht der Drehmomente lautet, wenn wir den Punkt $B$ als Drehpunkt wählen:

$F_1(l - a) = F_5 l$ (linksdrehendes Moment = rechtsdrehendes Moment);

aus ihr gewinnt man $F_5 = 2F_1/3 = 100$ N. Damit folgt aus b) $F_3 = 300$ N und somit aus a) $F_4 \approx 260$ N. Das Krafteck ist ein rechtwinkliges Dreieck mit den Katheten $(F_1 + F_2 - F_5)$ und $F_4$ und der Hypotenuse $F_3$. Es muß daher gelten $(F_1 + F_2 - F_5)^2 + F_4^2 = F_3^2$, was mit den errechneten Zahlenwerten der Fall ist.

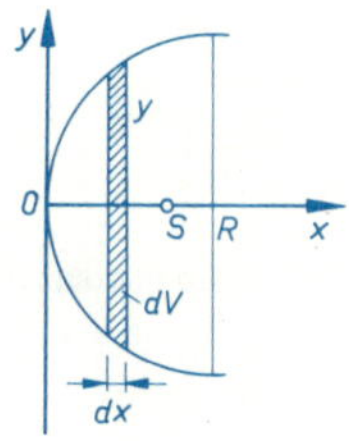


3. Berechne die Lage des Schwerpunkts einer homogenen Halbkugel vom Radius $R$!

*Lösung:* Die Halbkugel denken wir uns durch Rotation eines Halbkreises um die $x$-Achse entstanden. In der im → Bild gezeichneten Lage des Halbkreises wird dieser durch die Gleichung $(x - R)^2 + y^2 = R^2$ beschrieben. Aus Symmetriegründen liegt dann der Schwerpunkt auf der $x$-Achse, so daß nur die erste der Gleichungen 9 benötigt wird. Danach ist mit dem Volumen der Halbkugel $V = 2\pi R^3/3$ und dem Volumenelement $\mathrm{d}V = \pi y^2 \mathrm{d}x = \pi(2Rx - x^2)\mathrm{d}x$:

$$x_S = \frac{1}{V} \int_{(V)} x \,\mathrm{d}V = \frac{3}{2R^3} \int_0^R (2Rx^2 - x^3)\,\mathrm{d}x = \frac{5}{8} R.$$

# 8 Dynamik starrer Körper

## 8.1 Massenträgheitsmoment. Grundgesetz der Dynamik bei Rotation

| | | | |
|---|---|---|---|
| *Massenträgheitsmoment* (kennzeichnet Trägheitswiderstand eines um eine vorgegebene Achse rotierenden Körpers gegen Änderung der Drehzahl) | $J = \int_{(m)} r^2 \, dm$ | 1 | $kg\,m^2$ |
| | $r$ senkrechter Abstand des Massenelements $dm$ von der Drehachse | | m |
| | $m$ Gesamtmasse des Körpers | | kg |
| *Massenträgheitsmomente bei Rotation um die Symmetrieachse:* | | | |
| auf Kreisbahn umlaufende Punktmasse, dünner Kreisring | $J = mR^2$ | 2 | $kg\,m^2$ |
| | $R$ Radius | | m |
| Kreisscheibe, Zylinder | $J = \frac{1}{2} mR^2$ | 3 | |
| Hohlzylinder | $J = \frac{1}{2} m(R_a^2 + R_i^2)$ | 4 | |
| | $R_a$ Außenradius | | |
| | $R_i$ Innenradius | | |
| Kugel | $J = \frac{2}{5} mR^2$ | 5 | |
| Quader (Rotation um $c$-Richtung) | $J = \frac{1}{12} m(a^2 + b^2)$ | 6 | |
| | $a, b, c$ Kantenlängen | | |
| langer dünner Stab (Länge $l$) | $J = \frac{1}{12} ml^2$ | 7 | |
| *Satz von Steiner* Trägheitsmoment $J_A$ bezüglich einer beliebigen, zur Schwerpunktachse ($S$) parallelen Drehachse ($A$) → Bild | $J_A = J_S + ms^2$ | 8 | $kg\,m^2$ |
| | $J_S$ Trägheitsmoment bezüglich der Schwerpunktachse | | $kg\,m^2$ |
| | $s$ Abstand der Schwerpunktachse von der zu ihr parallelen Drehachse | | m |

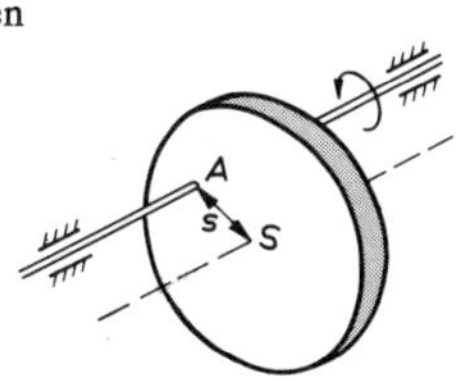


| | | | |
|---|---|---|---|
| *Grundgesetz der Dynamik bei Rotation um eine feste Achse (Bewegungsgleichung)* | $\boldsymbol{M} = \frac{d(J\boldsymbol{\omega})}{dt} = \frac{d\boldsymbol{L}}{dt}$ | 9 | N m |
| | $\boldsymbol{M}$ Drehmoment (Vektor) | | N m |
| | $\boldsymbol{\omega}$ Winkelgeschwindigkeit (Vektor) | | rad/s ≡ 1/s |
| | $\boldsymbol{L}$ Drehimpuls (Vektor), vgl. 8.2 | | N m s |
| bei konstantem Trägheitsmoment $J$ | $\boldsymbol{M} = J \frac{d\boldsymbol{\omega}}{dt} \equiv J\dot{\boldsymbol{\omega}}$ | 10 | N m |
| | $\boldsymbol{M} = J\boldsymbol{\alpha}$ | 11 | N m |

| | | | |
|---|---|---|---|
| | $\alpha$ Winkelbeschleunigung (Vektor) | | $rad/s^2 \equiv 1/s^2$ |
| für $M$ und $J$ konstant | $M = J\alpha = J\dfrac{\omega - \omega_0}{t}$ | 12 | N m |
| | $\omega_0$ Anfangswinkelgeschwindigkeit | | $rad/s \equiv 1/s$ |

## 8.2 Drehimpuls (Drall). Drehimpulserhaltungssatz

| | | | |
|---|---|---|---|
| *Drehimpuls, Drall* bei Rotation um eine feste Achse (Vektor) | $\boldsymbol{L} = J\boldsymbol{\omega}$ | 13 | N m s |
| | $J$ Massenträgheitsmoment | | $kg\,m^2$ |
| | $\boldsymbol{\omega}$ Winkelgeschwindigkeit (Vektor) | | $rad/s \equiv 1/s$ |
| *Drehimpuls einer umlaufenden Punktmasse* | $\boldsymbol{L} = \boldsymbol{r} \times \boldsymbol{p} = \boldsymbol{r} \times m\boldsymbol{v}$ | 14 | N m s |
| Betrag | $L = rmv$ | 15 | N m s |
| | $\boldsymbol{r}$ Ortsvektor der Bahnkurve (z.B. Radiusvektor einer Kreisbahn) | | m |
| | $\boldsymbol{p}$ Impuls (Vektor) | | N s |
| | $\boldsymbol{v}$ Vektor der Bahngeschwindigkeit | | m/s |

Aus dem Grundgesetz **9** folgt beim Fehlen äußerer Drehmomente ($\boldsymbol{M} = 0$) der

*Drehimpulserhaltungssatz (Drallsatz)* **16**
In einem abgeschlossenen System ist der Gesamtdrehimpuls konstant.

## 8.3 Arbeit, Energie und Leistung bei der Drehbewegung

| | | | |
|---|---|---|---|
| *Arbeit bei veränderlichem Drehmoment $M = M(\varphi)$* | $W = \int_{\varphi_0}^{\varphi} M\,d\varphi$ | 17 | N m = J |
| | $\varphi$ Drehwinkel | | ° |
| | $\varphi_0$ Anfangsdrehwinkel | | ° |
| *Arbeit bei konstantem Drehmoment* | $W = M\varphi$ (bei $\varphi_0 = 0$) | 18 | J |
| *Kinetische Energie (Rotationsenergie)* bei Drehung um eine feste Achse | $E_{rot} = \frac{1}{2} J\omega^2$ | 19 | J |
| | $J$ Massenträgheitsmoment | | $kg\,m^2$ |
| | $\omega$ Winkelgeschwindigkeit | | $rad/s \equiv 1/s$ |
| *Momentanleistung* | $P = M\omega = 2\pi nM$ | 20 | W = J/s |
| | $n$ Drehzahl | | 1/s |
| *Mittlere Leistung* | $P = \dfrac{1}{t}\int_{\varphi_0}^{\varphi} M\,d\varphi$ | 21 | W |
| bei gleichmäßig beschleunigter Drehbewegung | $P = \frac{1}{2} M(\omega + \omega_0)$ | 22 | W |
| | $\omega_0$ Anfangswinkelgeschwindigkeit | | $rad/s \equiv 1/s$ |
| | $\omega$ Endwinkelgeschwindigkeit | | $rad/s \equiv 1/s$ |

## 8.4 Analogiebeziehungen zwischen Größen und Gleichungen der Translations- und der Rotationsbewegung

(Drehung um eine feste Achse)
Folgende Größen und Gleichungen entsprechen einander:

| *Translation* | | *Rotation* | |
|---|---|---|---|
| Weg | $s$ | Drehwinkel | $\varphi$ |
| Geschwindigkeit | $v = \frac{ds}{dt} \equiv \dot{s}$ | Winkelgeschwindigkeit | $\omega = \frac{d\varphi}{dt} \equiv \dot{\varphi}$ |
| | $v = \frac{s}{t}$ | | $\omega = \frac{\varphi}{t}$ |
| Beschleunigung | $a = \frac{dv}{dt} \equiv \dot{v} = \ddot{s}$ | Winkelbeschleunigung | $\alpha = \frac{d\omega}{dt} \equiv \dot{\omega} = \ddot{\varphi}$ |
| | $a = \frac{v - v_0}{t}$ | | $\alpha = \frac{\omega - \omega_0}{t}$ |
| Kraft | $F$ | Drehmoment | $M = Fr \sin(\boldsymbol{F}, \boldsymbol{r})$ |
| Masse | $m$ | Trägheitsmoment | $J = \int r^2\, dm$ |
| Impuls | $p = mv$ | Drehimpuls | $L = J\omega$ |
| Grundgesetz der Dynamik | $F = \frac{dp}{dt}$ | Grundgesetz der Dynamik | $M = \frac{dL}{dt}$ |
| | $F = ma$ | | $M = J\alpha$ |
| Kraftstoß | $\int F\, dt = m(v - v_0)$ | Drehmomentstoß | $\int M\, dt = J(\omega - \omega_0)$ |
| | $Ft = mv$ | | $Mt = J\omega$ |
| kinetische Energie | $E_k = \frac{1}{2} mv^2$ | Rotationsenergie | $E_{rot} = \frac{1}{2} J\omega^2$ |
| Arbeit | $W = \int F\, ds \cos(\boldsymbol{F}, d\boldsymbol{s})$ | Arbeit (Drehmoment parallel zur Drehachse) | $W = \int M\, d\varphi$ |
| | $W = Fs \cos(\boldsymbol{F}, \boldsymbol{s})$ | | $W = M\varphi$ |
| Leistung | $P = \frac{dW}{dt}$ | Leistung | $P = \frac{dW}{dt}$ |
| | $P = \frac{W}{t} = Fv$ | | $P = \frac{W}{t} = M\omega$ |

## B

1. Berechne das Massenträgheitsmoment einer Hantel bezüglich einer durch die Mitte der Hantelachse, senkrecht zu ihr verlaufenden Drehachse! (Radius der Kugeln $R$, Abstand der Kugeln $l$, Masse der Kugeln $m_K$, Masse der Hantelachse $m_A$). Benutze die oben angegebenen Beziehungen für die Trägheitsmomente einiger Körper!

   *Lösung:* Das Trägheitsmoment der Hantel setzt sich additiv zusammen aus dem Trägheitsmoment der Hantelachse (dünner Stab) und dem Trägheitsmoment der beiden Kugeln, deren Mittelpunkte von der Drehachse den Abstand $(l/2) + R$ haben. Nach dem Steinerschen Satz **8** ist daher das Trägheitsmoment *einer* Kugel bezüglich der Hanteldrehachse

   $J_1 = (2/5) m_K R^2 + m_K[(l/2) + R]^2.$

Das Trägheitsmoment der Hantelachse beträgt $J_2 = (1/12)m_A l^2$. Somit folgt für die Hantel

$$J = 2J_1 + J_2 = 2m_K\left[\frac{2}{5}R^2 + \left(\frac{l}{2} + R\right)^2\right] + \frac{1}{12}m_A l^2.$$

**2.** Nach welcher Zeit erreicht ein Schwungrad mit dem Massenträgheitsmoment 500 kg m² aus dem Stillstand eine Drehzahl von 480 min⁻¹, wenn a) ein konstantes Drehmoment von 3 000 N m wirkt; b) das Drehmoment zeitproportional so anwächst, daß es nach 1 min die Größe 1 200 N m erreicht hat? c) Wie groß sind kinetische Energie und Leistung des Schwungrades am Ende des Beschleunigungsvorgangs?

*Lösung:* a) Aus **12** folgt mit $\omega_0 = 0$ und $\omega = 2\pi n = 2\pi(480/60)\,\mathrm{s}^{-1} = 16\pi\,\mathrm{s}^{-1}$: $t_1 = J\omega/M \approx 8{,}4\,\mathrm{s}$. b) Für das Drehmoment gilt jetzt $M = ct$. Setzt man hier $M = 1\,200\,\mathrm{N\,m}$ und $t = 60\,\mathrm{s}$ ein, so folgt für die Konstante $c = 20\,\mathrm{N\,m/s}$. Die Bewegungsgleichung **10** lautet somit $ct = J\,\mathrm{d}\omega/\mathrm{d}t$ oder $ct\,\mathrm{d}t = J\,\mathrm{d}\omega$, woraus durch Integration folgt:

$$\frac{ct^2}{2} = J\omega \text{ und hieraus } t_2 = \sqrt{\frac{2J\omega}{c}} \approx 50{,}1\,\mathrm{s}.$$

c) Die kinetische Energie beträgt nach **19** $E_{\mathrm{rot}} \approx 0{,}63\,\mathrm{MJ}$, die Endleistung nach **20** im Fall a) $P = 3\,000 \cdot 16\pi\,\mathrm{W} = 150{,}8\,\mathrm{kW}$, im Fall b) $P = ct_2\omega \approx 50{,}4\,\mathrm{kW}$.

**3.** Zwei Schwungräder mit den Trägheitsmomenten $J_1$ und $J_2$ drehen sich gleichsinnig mit den Winkelgeschwindigkeiten $\omega_1$ und $\omega_2$. Durch eine Reibkupplung werden sie aneinander angekuppelt. a) Berechne die gemeinsame Winkelgeschwindigkeit $\omega$ der Schwungräder nach dem Ankuppeln! b) Wie ändert sich dabei die kinetische Energie des Systems? c) Wie müßte das Verhältnis $\omega_1{:}\omega_2$ sein, wenn nach dem Ankuppeln Stillstand eintreten soll? d) Wie groß ist im Fall c) die in Wärme umgewandelte Energie?

*Lösung:* a) Der Vorgang ist ein Analogon zum unelastischen Stoß (vgl. 6.2). Es gilt der Drehimpulserhaltungssatz, d. h., es ist mit **13**

$$J_1\omega_1 + J_2\omega_2 = (J_1 + J_2)\omega; \qquad \omega = \frac{J_1\omega_1 + J_2\omega_2}{J_1 + J_2},$$

in völliger Analogie zum Impulserhaltungssatz beim unelastischen Stoß. An die Stelle der Massen $m_1$ und $m_2$ und Geschwindigkeiten $v_1$ und $v_2$ der stoßenden Körper treten im Fall des »Drehstoßes« also die Trägheitsmomente und Winkelgeschwindigkeiten der rotierenden Körper. b) Demnach erhält man die Änderung der kinetischen Energie durch formale Übertragung der Gleichung **7** aus Abschnitt 6.2 zu

$$\Delta E_{\mathrm{rot}} = \frac{J_1 J_2}{2(J_1 + J_2)}(\omega_1 - \omega_2)^2.$$

c) Für $\omega = 0$ folgt aus a) $\omega_1{:}\omega_2 = -(J_2{:}J_1)$ mit $\omega_2 < 0$, d. h. gegensinnige Rotation. d) Im Fall c) wird die gesamte ursprünglich vorhandene Rotationsenergie des Systems in Wärme umgewandelt. Nach **19** ist daher die erzeugte Wärmemenge

$$Q = \tfrac{1}{2}J_1\omega_1^2 + \tfrac{1}{2}J_2\omega_2^2.$$

# MECHANIK DER DEFORMIERBAREN KÖRPER

## 9 Der deformierbare feste Körper

### 9.1 Dehnung, Scherung, Spannung. Hookesches Gesetz

| | | | |
|---|---|---|---|
| *Dehnung* (→ Bild) | $\varepsilon = \frac{\Delta l}{l_0} = \frac{l - l_0}{l_0}$ | 1 | 1 |
| | $\Delta l$ Längenänderung | | m |
| | $l_0$ Anfangslänge | | m |
| | $l$ Endlänge | | m |
| *Scherung* (→ Bild) | $\gamma = \frac{s}{l_0}$ | 2 | 1 |
| | $s$ Verschiebung | | m |

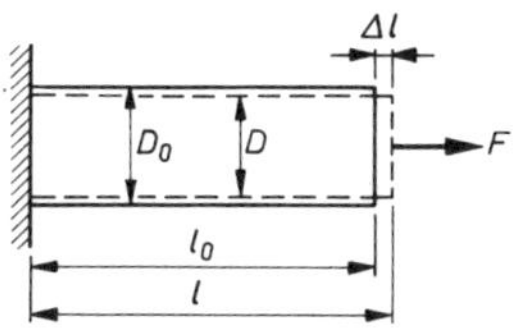


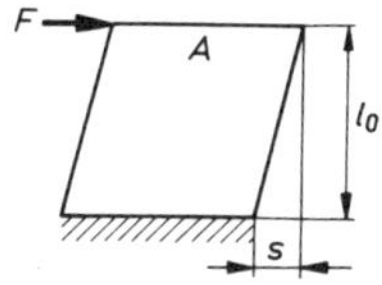


| | | | |
|---|---|---|---|
| *Spannung, Normalspannung* (→ Bild) | $\sigma = \frac{F}{A} \qquad \sigma = \frac{\mathrm{d}F}{\mathrm{d}A}$ | 3 | N/m² = Pa (Pascal) |
| | $F$ Kraft (Zug- oder Druckkraft) | | N |
| | $A$ Fläche, an der die Kraft senkrecht angreift | | m² |
| *Vorzeichendefinition:* | $\sigma > 0$ Zugspannung | | |
| | $\sigma < 0$ Druckspannung | | |
| *Schubspannung, Tangentialspannung* (→ Bild) | $\tau = \frac{F}{A} \qquad \tau = \frac{\mathrm{d}F}{\mathrm{d}A}$ | 4 | Pa |
| | $F$ Schubkraft | | N |
| | $A$ Fläche, an der die Kraft tangential angreift | | m² |
| *Hookesches Gesetz für Dehnung* | $\sigma = E\varepsilon \qquad \varepsilon = \alpha\sigma$ | 5 | |
| | $E$ Elastizitätsmodul (Materialkonstante) | | Pa |
| | $\alpha$ Dehnzahl (= $1/E$) | | 1/Pa |
| *Hookesches Gesetz für Scherung* | $\tau = G\gamma$ | 6 | Pa |
| | $G$ Schubmodul, Gleitmodul, Schermodul, Torsionsmodul (Materialkonstante) | | Pa |

*Hookesches Gesetz*
Dehnung (bzw. Scherung) und Spannung sind einander proportional.

Dieses Gesetz gilt nur für den Bereich der *elastischen* Verformung eines Körpers.

## 9.2 Elastische Materialkonstanten fester (isotroper) Stoffe

| | | | |
|---|---|---|---|
| *Elastizitätsmodul* | $E = \frac{\sigma}{\varepsilon}$ | **7** | Pa |
| | $\sigma$ Zugspannung **3** | | Pa |
| | $\varepsilon$ zugehörige elastische Dehnung **1** | | 1 |
| *Poissonsche Querkontraktionszahl* | $\nu = \frac{\varepsilon_q}{\varepsilon_l}$ | **8** | 1 |
| | $\varepsilon_q$ elastische Querdehnung (Querkürzung) eines Zugstabes (→ Bild in 9.1) | | 1 |
| | $\varepsilon_l$ elastische Längsdehnung des Zugstabes bei gleicher Zugspannung $\sigma$ | | 1 |
| *Schubmodul (Scher-, Gleit-, Torsionsmodul)* | $G = \frac{E}{2(1+\nu)}$ | **9** | Pa |
| *Kompressionsmodul* | $K = \frac{E}{3(1-2\nu)}$ | **10** | Pa |
| *Kompressibilität* | $\varkappa = \frac{1}{K} = \frac{3(1-2\nu)}{E}$ | **11** | 1/Pa |

## 9.3 Elastische Biegung eines Balkens

| | | | |
|---|---|---|---|
| *Differentialgleichung der Biegelinie (elastische Linie)* → Bild | $\frac{d^2y}{dx^2} = -\frac{M}{EI}$ | **12** | |
| | $x, y$ Koordinaten | | m |
| | $M$ Biegemoment an der betrachteten Stelle des Balkens | | N m |
| | $E$ Elastizitätsmodul | | Pa |

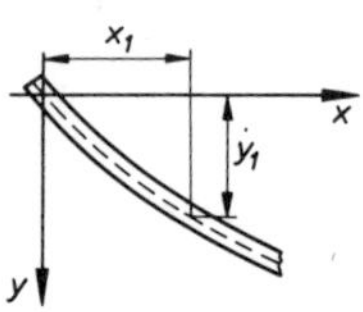


| | | | |
|---|---|---|---|
| *Äquatoriales Flächenmoment 2. Grades (Flächenträgheitsmoment) für den Balkenquerschnitt bezüglich einer Achse senkrecht zur x, y-Ebene durch die neutrale Faser* | $I = \int_{(A)} r^2 \, dA$ | **13** | $m^4$ |
| | $r$ Abstand des Flächenelements $dA$ von der Achse | | m |
| | $A$ Querschnittsfläche des Balkens | | $m^2$ |

| | | | |
|---|---|---|---|
| für rechteckigen Balkenquerschnitt | $I = \dfrac{bh^3}{12}$ | **14** | $\mathrm{m^4}$ |
| | $b$ Balkenbreite | | m |
| | $h$ Balkenhöhe | | m |
| *Maximale Durchbiegung (Biegungspfeil)* eines einseitig eingespannten Balkens der Länge $l$ | $y_{\max} = \dfrac{Fl^3}{3EI}$ | **15** | m |
| | $F$ Last am freien Balkenende | | N |
| eines beidseitig gelagerten Balkens bei gleichmäßig verteilter Belastung | $y_{\max} = \dfrac{5ql^4}{384\,EI} = \dfrac{5Fl^3}{192\,EI}$ | **16** | m |
| | $l$ Abstand der Auflager | | m |
| | $q$ gleichmäßig verteilte Last | | N/m |
| | $F$ Auflagerkraft in den Auflagern ($= ql/2$) | | N |

# B

**1.** Ein gerader Stahldraht (Querschnittsfläche 1 mm²) wird bei 25 °C an seinen Enden fest eingespannt. Welche Zugspannung und welche Zugkraft entsteht im Draht, wenn dieser auf 0 °C abgekühlt wird? (Die Wärmedehnung berechnet sich nach $\varepsilon = \alpha \Delta T$, vgl. 14.2; linearer Ausdehnungskoeffizient von Stahl $\alpha = 12 \cdot 10^{-6}\,\mathrm{K^{-1}}$; $E = 206$ GPa.)

*Lösung:* Nach dem Hookeschen Gesetz **5** ist die Zugspannung $\sigma = E\varepsilon = E\alpha\Delta T = 206 \cdot 10^9 \cdot 12 \cdot 10^{-6} \cdot 25\,\mathrm{Pa} = 61{,}8\,\mathrm{MPa}$. Aus **3** folgt als Zugkraft $F = \sigma A = 61{,}8\,\mathrm{N}$.

**2.** An einem Stahlseil (Länge $l_0 = 30{,}0$ m, Querschnittsfläche $A = 2{,}0\,\mathrm{cm^2}$, Dichte $\varrho = 7{,}85\,\mathrm{g/cm^3}$, Elastizitätsmodul $E = 206$ GPa) hängt ein Körper der Masse $m = 60{,}0$ kg. Um welchen Betrag $\Delta l$ ist das Seil gedehnt? Die Dehnung des Seiles infolge seiner Eigenmasse ist zu berücksichtigen.

*Lösung:* Ist $m_S$ die Seilmasse, so beträgt die Gewichtskraft eines Seilstückes der Länge $x$ (mit $g$ als Fallbeschleunigung) $m_S g x / l_0$ oder mit $m_S = \varrho l_0 A$ : $\varrho g A x$. Hinzu kommt an jeder Stelle des Seiles die durch den Körper hervorgerufene Gewichtskraft $mg$. Die Zugkraft an der Stelle $x$ des Seiles (mit $x = 0$ am unteren Seilende) ist also $F(x) = g(\varrho A x + m)$ und somit nach **3** die Zugspannung in der Höhe $x$ des Seiles über dem angehängten Körper $\sigma(x) = g(\varrho x + m/A)$. Sie erzeugt dort nach **5** die Dehnung

$$\varepsilon(x) = \frac{\sigma(x)}{E} = \frac{g}{E}\left(\varrho x + \frac{m}{A}\right).$$

Die Verlängerung des Seiles $\Delta l$ ergibt sich nun durch Summation aller Dehnungsbeträge über die gesamte Seillänge $l_0$:

$$\Delta l = \int_0^{l_0} \varepsilon(x)\,\mathrm{d}x = \frac{g}{E}\int_0^{l_0}\left(\varrho x + \frac{m}{A}\right)\mathrm{d}x = \frac{g l_0}{E}\left(\frac{\varrho l_0}{2} + \frac{m}{A}\right) \approx 0{,}6\,\mathrm{mm}.$$

**3.** Ein Balken mit rechteckigem Querschnitt (Breite $b$, Höhe $h$) wird an den Enden auf zwei Stützen a) flach, b) hochkant gelegt. Wie ist das Verhältnis der maximalen Durchbiegungen infolge der Eigenlast, wenn $b/h = 1/2$ ist?

*Lösung:* Nach **16** verhalten sich die Biegungspfeile $y_{max}$ umgekehrt wie die Flächenträgheitsmomente $I$ der Balkenquerschnitte. Nach **14** ist im Fall a) $I_{(a)} = hb^3/12$, im Fall b) $I_{(b)} = bh^3/12$. Es gilt also
$y_{max(a)} : y_{max(b)} = I_{(b)} : I_{(a)} = h^2 : b^2 = 4:1$.

# 10 Ruhende Flüssigkeiten und Gase

## 10.1 Druck, Schweredruck, Auftriebskraft

| | | | |
|---|---|---|---|
| *Druck in Flüssigkeiten und Gasen* | $p = \frac{F}{A} \qquad p = \frac{dF}{dA}$ | 1 | Pa (Pascal) = N/m² |
| | $F$ Druckkraft | | N |
| | $A$ Fläche, auf welche die Druckkraft senkrecht wirkt | | m² |
| *Statischer Druck* | $p = p_K + p_S$ | 2 | Pa |
| | $p_K$ Kolbendruck | | Pa |
| | $p_S$ Schweredruck | | Pa |
| *Grundgesetz der Hydraulik* (hydraulische Presse, → Bild) | $\frac{F_1}{F_2} = \frac{A_1}{A_2}$ | 3 | 1 |
| | $F_1$, $F_2$ Kräfte von Pumpen- und Preßkolben | | N |
| | $A_1$, $A_2$ Flächen von Pumpen- und Preßkolben | | m² |

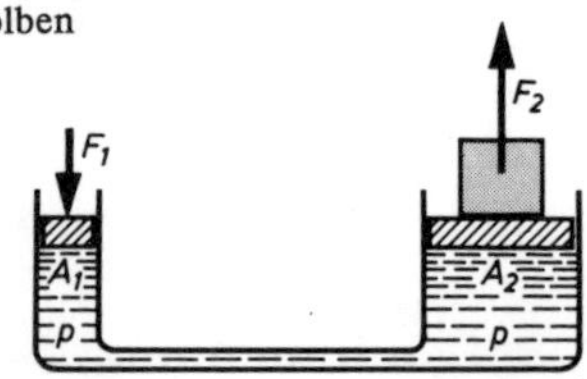


| | | | |
|---|---|---|---|
| *Schweredruck in Flüssigkeit, hydrostatischer Druck* | $p = \varrho g h$ | 4 | Pa |
| | $\varrho$ Dichte der Flüssigkeit | | kg/m³ |
| | $h$ Höhe der Flüssigkeitssäule | | m |
| | $g$ Fallbeschleunigung | | m/s² |
| *Schweredruck in Luft (Luftdruck), barometrische Höhenformel* | $p = p_0 e^{-\varrho_0 g h / p_0}$ | 5 | Pa |
| | $p = p_0 e^{-0{,}125\, h/\mathrm{km}}$ | 6 | Pa |
| | $p$ Luftdruck in der Höhe $h$ | | Pa |
| | $p_0$ Bodenwert des Luftdrucks | | Pa |
| | $\varrho_0$ Dichte der Luft bei 0 °C und 1 013,25 hPa | | kg/m³ |
| *Normalluftdruck* | $p_0 = 101\,325$ Pa $= 1\,013{,}25$ hPa | | |
| *Atmosphärische Druckdifferenz, Überdruck* | $p_e = p - p_{amb}$ | 7 | Pa |
| | $p$ absoluter Druck, gemessen vom absoluten Nulldruck (≙ 100 % Vakuum) | | Pa |

| | | | |
|---|---|---|---|
| | $p_{amb}$ umgebender Atmosphärendruck (Luftdruck) | | Pa |
| *Auftriebskraft* (der Schwerkraft entgegengerichtete, im Schwerpunkt der verdrängten Flüssigkeit angreifende Kraft) | $F_A = \varrho g V = F_G$ | **8** | N |
| | $\varrho$ Dichte der Flüssigkeit (Gas) | | kg/m³ |
| | $V$ Volumen der vom Körper verdrängten Flüssigkeit (Gas) | | m³ |
| | $F_G$ Gewichtskraft der verdrängten Flüssigkeit (Gas) | | N |
| *Gleichgewichtsbedingung für schwimmende Körper* | $F_A = F_G = F_{GK}$ | **9** | N |
| | $F_{GK}$ Gewichtskraft des Körpers | | N |

*Archimedisches Prinzip* **10**

Im Schwimmgleichgewicht ist die Gewichtskraft der vom teilweise eintauchenden Körper verdrängten Flüssigkeit gleich der Gewichtskraft des Körpers.

## 10.2 Zusammenhang zwischen Druck, Volumen und Dichte eines Gases

*Gesetz von Boyle-Mariotte* **11**

Kolbendruck und Volumen einer bestimmten Gasmenge sind bei gleicher Temperatur einander umgekehrt proportional:

$\frac{p_1}{p_2} = \frac{V_2}{V_1}$ oder $p_1 V_1 = p_2 V_2$, d. h. $pV = \text{const.}$

Wegen der Konstanz der Masse $m = \varrho_1 V_1 = \varrho_2 V_2$ ($\varrho$ Dichte) folgt hieraus:

$p_1/p_2 = \varrho_1/\varrho_2$, d. h., Druck und Dichte eines Gases sind bei gleicher Temperatur einander proportional. **12**

| | | | |
|---|---|---|---|
| *Kompressibilität* | $\varkappa = -\frac{1}{V}\frac{\Delta V}{\Delta p} \quad \varkappa = -\frac{1}{V}\frac{\mathrm{d}V}{\mathrm{d}p}$ | **13** | 1/Pa |
| *Isotherme Kompressibilität eines idealen Gases* | $\varkappa = \frac{1}{p}$ | **14** | 1/Pa |
| *Adiabatische Kompressibilität eines idealen Gases* | $\varkappa = \frac{1}{c_p/c_V}\frac{1}{p}$ | **15** | 1/Pa |
| | $c_p$, $c_V$ spezifische Wärmekapazitäten des Gases bei konstantem Druck und konstantem Volumen (vgl. 14.4) | | J/(kg K) |

## 10.3 Oberflächenspannung. Kapillarität

| | | | |
|---|---|---|---|
| *Oberflächenspannung, spezifische Oberflächenenergie* | $\sigma = \frac{F}{l} \quad \sigma = \frac{\Delta E}{\Delta A}$ | **16** | N/m = J/m² |

| | | | |
|---|---|---|---|
| | $F$ am Rand der Flüssigkeit parallel zur betreffenden Oberfläche angreifende Kraft (Haftkraft) | | N |
| | $l$ Randlänge | | m |
| | $\Delta E$ Energieänderung | | J |
| | $\Delta A$ Änderung der Flüssigkeitsoberfläche | | $m^2$ |
| *Überdruck (Kohäsionsdruck)* im Innern eines kugelförmigen Flüssigkeitstropfens | $p = \frac{2\sigma}{r}$ | **17** | Pa |
| | $r$ Radius | | m |
| im Innern einer Seifenblase | $p = \frac{4\sigma}{r}$ | **18** | Pa |
| *Kapillaritätsgesetz* (→ Bild) | $\sigma_{13} - \sigma_{23} = \sigma_{12} \cos \vartheta$ | **19** | |
| | $\sigma_{ij}$ $(i, j = 1, 2, 3)$ Grenzflächenspannungen | | N/m |
| | $\sigma_{13} - \sigma_{23}$ Haftspannung | | N/m |
| | $\sigma_{12}$ Oberflächenspannung | | N/m |
| | $\vartheta$ Randwinkel | | ° |
| benetzende Flüssigkeit: | $\sigma_{13} - \sigma_{23} > 0$ , d. h. $\vartheta < 90°$ | | |
| nichtbenetzende Flüssigkeit: | $\sigma_{13} - \sigma_{23} < 0$ , d. h. $\vartheta > 90°$ | | |

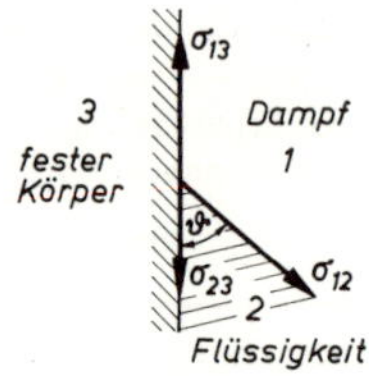


| | | | |
|---|---|---|---|
| *Steighöhe einer Flüssigkeit in einer Kapillare* | $h = \frac{2\sigma \cos \vartheta}{rg\varrho}$ | **20** | m |
| | $\sigma$ Oberflächenspannung $(= \sigma_{12})$ | | N/m |
| | $r$ Innenradius der Kapillare | | m |
| | $g$ Fallbeschleunigung | | $m/s^2$ |
| | $\varrho$ Dichte der Flüssigkeit | | $kg/m^3$ |
| Hebung des Meniskus: *(Kapillaraszension)* | $\vartheta < 90°$, $h > 0$ | | |
| Senkung des Meniskus: *(Kapillardepression)* | $\vartheta > 90°$, $h < 0$ | | |
| vollständige Benetzung: | $\vartheta = 0°$ | | |

## B

1. Ein quaderförmiger Körper aus Holz (Dichte $\varrho_K = 0{,}8\ kg/dm^3$) mit den Kantenlängen $a = 100$ cm, $b = 50$ cm und $c = 25$ cm wird unter der Wasseroberfläche festgehalten (Dichte des Wassers $\varrho_W = 1\ kg/dm^3$). a) Berechne die am Körper angreifende resultierende Kraft, die ihn nach oben treibt! b) Wie groß ist die Beschleunigung, mit der der Quader aufsteigt, wenn er losgelassen wird? (Fallbeschleunigung $g \approx 10\ m/s^2$)

*Lösung:* a) Die Kraft ergibt sich als Differenz von Auftriebskraft **8** $F_A = \varrho_W gabc$ und Gewichtskraft des Körpers $F_{GK} = m_K g = \varrho_K gabc$ zu

$$F = F_A - F_{GK} = (\varrho_W - \varrho_K)gabc = 250\ \text{N}.$$

b) Aus dem 2. Newtonschen Axiom $F = m_K a$ (vgl. 3.2) folgt für den Zeitpunkt unmittelbar nach Loslassen des Körpers als Beschleunigung $a = F/(\varrho_K abc) = 2{,}5\ \text{m/s}^2$.

**2.** Bei einem Ballonaufstieg verringert sich der Luftdruck gegenüber demjenigen in Höhe des Meeresspiegels auf die Hälfte. (Druck und Dichte der Luft in Meeresspiegelhöhe: $p_0 = 1\,013{,}25\ \text{hPa}$; $\varrho_0 = 1{,}293\ \text{kg/m}^3$; Fallbeschleunigung $g = 9{,}81\ \text{m/s}^2$.) a) Welche Höhe hat der Ballon erreicht? b) Wieviel Gas verliert der Ballon durch den Füllstutzen beim Aufstieg, wenn sein Volumen $V_0$ als unveränderlich und die Temperatur als konstant angenommen wird? c) Wie ändert sich der Auftrieb des Ballons bis zum Erreichen der vorgegebenen Höhe?

*Lösung:* a) Aus der barometrischen Höhenformel **5** folgt mit $p_0/p = 2$ für die erreichte Höhe

$$h = \frac{p_0}{\varrho_0 g} \ln 2 \approx 5{,}54\ \text{km (»Halbwertshöhe«)}.$$

b) Aus **11** erhält man $V = (p_0/p)V_0 = 2V_0$. Das Gas dehnt sich also auf das Doppelte seines ursprünglichen Volumens aus, d. h., die Hälfte entweicht nach außen. c) Da nach **12** die Dichte dem Druck proportional ist, fällt der Auftrieb **8** bis zur Halbwertshöhe $h$ auf die Hälfte ab.

**3.** An der Ausflußöffnung einer Pipette (Radius der Öffnung $R = 0{,}5\ \text{mm}$) bildet sich ein kugelförmiger Wassertropfen (Oberflächenspannung des Wassers $\sigma = 0{,}074\ \text{N/m}$; Dichte $\varrho_W = 1\ \text{kg/dm}^3$). Welchen Durchmesser kann der Tropfen maximal haben, bevor er abreißt?

*Lösung:* Im Grenzfall herrscht Gleichgewicht zwischen der Gewichtskraft des Tropfens $mg = 4\pi r^3 \varrho_W g/3$ und der durch die Oberflächenspannung bewirkten Haftkraft am Rand der Öffnung, welche sich aus **16** berechnet zu $\sigma l = \sigma \cdot 2\pi R$:

$$\frac{4}{3}\pi r^3 \varrho_W g = 2\pi R\sigma; \qquad D = 2r = 2\sqrt[3]{\frac{3R\sigma}{2\varrho_W g}} \approx 3{,}5\ \text{mm}.$$

# 11 Strömende Flüssigkeiten und Gase (Fluide)

## 11.1 Strömungsgesetze für ideale Fluide

*Ideale Flüssigkeit (ideales Gas):*
Flüssigkeit (Gas) ohne innere Reibung (nur angenähert realisierbares Modell)

| | | | |
|---|---|---|---|
| *Stromstärke, Volumenstrom* | $I = \frac{dV}{dt} \equiv \dot{V}$ | **1** | $\text{m}^3/\text{s}$ |
| bei über die Querschnittsfläche $A$ konstanter Strömungsgeschwindigkeit $v$ | $I = vA$ | **2** | $\text{m}^3/\text{s}$ |
| *Massenstromstärke* | $I_m = \frac{dm}{dt} \qquad I_m = \varrho v A$ | **3** | kg/s |
| | $\varrho$ Dichte des strömenden Mediums | | $\text{kg/m}^3$ |

*Massenstromdichte* $j_m = \frac{\mathrm{d}I_m}{\mathrm{d}A}$ $\quad j_m = \varrho v$ **4** kg/(m² s)

Vektor $\boldsymbol{j}_m = \varrho \boldsymbol{v}$

Für *inkompressible* Fluide ($\varrho$ = const) gilt die

> *Kontinuitätsgleichung* (→ Bild) **5**
> Verschieden große Querschnitte einer Stromröhre werden in gleichen Zeiten von gleichen Flüssigkeitsvolumina durchsetzt. Die Strömungsgeschwindigkeiten sind den Querschnittsflächen umgekehrt proportional:
> $I = \frac{V}{t} = vA = \text{const};\quad \frac{v_1}{v_2} = \frac{A_2}{A_1}$ oder $v_1 A_1 = v_2 A_2$.

*Bernoullische Gleichung* (Druckbilanz für das Innere einer Stromröhre; → Bild)

$$p + \frac{\varrho}{2} v^2 + \varrho g h = \text{const} = p_g \qquad \textbf{6} \text{ Pa}$$

$$p_1 + \frac{\varrho}{2} v_1^2 + \varrho g h_1 = p_2 + \frac{\varrho}{2} v_2^2 + \varrho g h_2 \qquad \textbf{7} \text{ Pa}$$

| | | |
|---|---|---|
| $p$ | statischer Druck | Pa |
| $v$ | Strömungsgeschwindigkeit | m/s |
| $h$ | Höhe über der Niveaulinie | m |
| $p_g$ | Gesamtdruck | Pa |

*Dynamischer Druck (Staudruck)* $p_D = \frac{1}{2} \varrho v^2$ **8** Pa

*Schweredruck* $p_S = \varrho g h$ **9** Pa

*Bernoullische Gleichung für eine horizontale Stromröhre* ($h_1 = h_2$)

$$p + \frac{\varrho}{2} v^2 = \text{const} = p_g \qquad \textbf{10} \text{ Pa}$$

$$p_1 + \frac{\varrho}{2} v_1^2 = p_2 + \frac{\varrho}{2} v_2^2 \qquad \textbf{11} \text{ Pa}$$

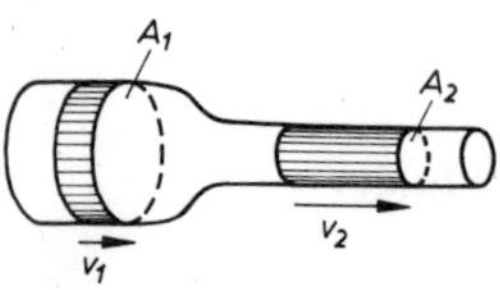


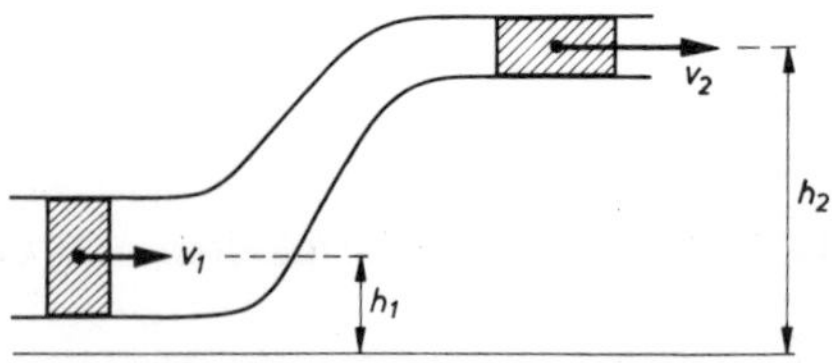


> *Bernoullische Gleichung*
> In einer horizontalen Strömung ist der Gesamtdruck, d. i. die Summe aus statischem Druck und dynamischem Druck (Staudruck), überall gleich.

*Ausströmgeschwindigkeit unter Wirkung der Schwerkraft* (theoretischer Wert) $v = \sqrt{2gh}$ **12** m/s

| | | |
|---|---|---|
| $h$ | Höhe des Flüssigkeitsspiegels über der Öffnung | m |
| $g$ | Fallbeschleunigung | m/s² |

*Ausströmgeschwindigkeit unter Wirkung eines Kolbendrucks* $v = \sqrt{\frac{2\Delta p}{\varrho}}$ **13** m/s²

| | | |
|---|---|---|
| $\Delta p$ | durch den Kolben hervorgerufener Überdruck | Pa |

| | | | |
|---|---|---|---|
| *Kraft gegen eine ebene Fläche* | $F = \varrho \dot{V} v \sin\alpha = \varrho A v^2 \sin\alpha$ | **14** | N |
| | $\dot{V}$ Volumenstrom 2 | | $m^3/s$ |
| | $v$ Strömungsgeschwindigkeit | | m/s |
| | $\alpha$ Winkel zwischen Strömungsrichtung und Fläche | | ° |
| *Rückstoßkraft* | | | |
| Strahl aus offenem Gefäß | $F = \varrho \dot{V} v_a = \varrho A v_a^2 = 2 \varrho g h A$ | **15** | N |
| | $v_a$ Ausflußgeschwindigkeit | | m/s |
| | $A$ Öffnungsquerschnitt | | $m^2$ |
| Strahl aus geschlossenem Gefäß oder Überdruckrohr | $F = \varrho \dot{V} v_a = \varrho A v_a^2 = 3 A \Delta p$ | **16** | N |
| | $\Delta p$ Differenz zwischen Innen- und Außendruck | | Pa |

## 11.2 Strömungsgesetze für reale Fluide. Laminare Strömung

*Reale Flüssigkeit (reales Gas):* Flüssigkeit (Gas) mit innerer Reibung

| | | | |
|---|---|---|---|
| *Innere Reibungskraft bei laminarer Strömung (Newtonsches Reibungsgesetz)* → Bild | $F_R = \eta A \frac{\Delta v}{\Delta h} \qquad F_R = \eta A \frac{dv}{dh}$ | **17** | N |
| | $A$ Fläche (z. B. der Platte im → Bild) | | $m^2$ |
| | $\Delta v/\Delta h$ bzw. $dv/dh$ Geschwindigkeitsgefälle in der Strömung | | 1/s |
| | $\eta$ dynamische Viskosität (Zähigkeit) | | Pa s = N s/$m^2$ |
| *Kinematische Viskosität (Zähigkeit)* | $\nu = \frac{\eta}{\varrho}$ | **18** | $m^2/s$ |
| | $\varrho$ Dichte | | kg/$m^3$ |
| *Stromstärke in engem Rohr (Gesetz von Hagen-Poiseuille)* | $I = \frac{\pi R^4 \Delta p}{8 \eta l}$ | **19** | $m^3/s$ |
| | $R$ Radius des Rohres | | m |
| | $l$ Länge des Rohres | | m |
| | $\Delta p$ Druckdifferenz zwischen den Rohrenden | | Pa |
| *Kraft auf laminar umströmte Kugel (Gesetz von Stokes)* | $F = 6 \pi \eta R v$ | **20** | N |
| | $R$ Radius der Kugel | | m |
| | $v$ Relativgeschwindigkeit zwischen Strömung und Kugel | | m/s |

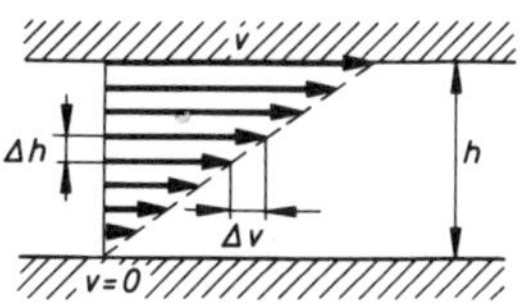


Für jeden Strömungskörper (Rohr, Kugel, Tragflügel usw.) bestimmter Abmessungen existiert bei vorgegebener Dichte und Viskosität des strömenden Mediums eine kritische Strömungsgeschwindigkeit $v$, bei deren Überschreitung die laminare in die mit Wirbelbildung verbundene *turbulente* Strömungsform umschlägt.

| | | | |
|---|---|---|---|
| *Kraft auf einen umströmten Körper (Strömungswiderstand)* | $F_W = c_W A \frac{\varrho v^2}{2}$ | 21 | N |
| | $c_W$ Widerstandszahl, Widerstandsbeiwert | | 1 |
| | $A$ größter, der Strömung entgegenstehender Querschnitt | | $m^2$ |
| | $v$ Strömungsgeschwindigkeit | | m/s |
| | $\varrho$ Dichte des strömenden Mediums | | $kg/m^3$ |
| *Reynolds-Zahl* | $Re = \frac{\varrho l v}{\eta}$ | 22 | 1 |
| | $v$ Relativgeschwindigkeit des strömenden Mediums zum Körper | | m/s |
| | $l$ für den Körper charakteristische Länge (z.B. Radius des Rohres oder der Kugel) | | m |
| | $\eta$ dynamische Viskosität | | Pa s |

*Ähnlichkeitsgesetz für Strömungen* **23**
Geometrisch ähnliche Körper (z. B. Original und Modell) erzeugen hydrodynamisch ähnliche Strömungen, wenn ihre Reynolds-Zahlen gleich sind: $\varrho_O l_O v_O / \eta_O = \varrho_M l_M v_M / \eta_M$.

| | | | |
|---|---|---|---|
| *Leistung bei Bewegung eines Körpers gegen eine Strömung mit konstanter Geschwindigkeit v* | $P = F_W v = \frac{1}{2} c_W A \varrho v^3$ | 24 | W |

## B

1. Ein horizontal liegendes Wasserleitungsrohr verengt sich vom Querschnitt $A_1$ auf $A_2 = A_1/2$. Mittels eines U-Rohr-Manometers wird zwischen den beiden Teilen des Rohres mit unterschiedlichem Querschnitt eine Druckdifferenz von 10 cm Wassersäule gemessen (statischer Druck). Wie groß sind die Strömungsgeschwindigkeiten in den beiden Querschnitten? ($g \approx 10\ m/s^2$)

   *Lösung:* Die Differenz der statischen Drücke berechnet sich aus der gemessenen Höhe der Wassersäule $\Delta h$ nach 10.1, Gleichung **4**, zu $\Delta p = \varrho g \Delta h$. Für dieselbe folgt aus der Bernoullischen Gleichung **11**

   $$\Delta p = p_1 - p_2 = \tfrac{1}{2}\varrho(v_2^2 - v_1^2) = \varrho g \Delta h.$$

   Setzt man hier nach der Kontinuitätsgleichung **5** $v_2 = v_1 A_1/A_2 = 2v_1$ ein, so folgt mit $\Delta h = 0{,}1$ m:

   $$v_1 = \sqrt{\frac{2g\Delta h}{3}} = 0{,}82\ m/s; \qquad v_2 = 2v_1 = 1{,}64\ m/s.$$

2. Die kritische Reynolds-Zahl für das Umschlagen von laminarer in turbulente Strömung in einem Rohr ist $Re = 1\,160$. Welches Volumen darf je Minute durch ein Wasserleitungsrohr vom Durchmesser $2r = 4$ cm strömen, damit der Strömungsvorgang noch als laminar angesehen werden kann? (Dynamische Viskosität von Wasser $\eta = 10^{-3}$ Pa s; Dichte $\varrho = 10^3\ kg/m^3$)

*Lösung:* Aus **22** folgt als kritische Strömungsgeschwindigkeit $v = \eta Re/(\varrho r) = 5{,}8$ cm/s. Mit **2** erhält man den zugehörigen Volumenstrom zu $V/t = \pi r^2 v = 7{,}29 \times 10^{-5}$ m³/s $= 4{,}37$ l/min.

3. Eine Kugel vom Radius $R = 3{,}0$ mm und der Dichte 2,5 g/cm³ durchfällt in einer Flüssigkeit mit der Dichte 0,90 g/cm³ eine Höhe von 30 cm in der Zeit von 2,0 s mit konstanter Geschwindigkeit. Berechne die dynamische Viskosität $\eta$ der Flüssigkeit (unter der Annahme laminarer Umströmung)! ($g = 9{,}81$ m/s²)

   *Lösung:* Auf die Kugel wirken drei Kräfte, die miteinander im Gleichgewicht stehen: die nach unten gerichtete Gewichtskraft der Kugel $F_{GK} = m_K g = \varrho_K V_K g$ einerseits und die nach oben gerichtete Auftriebskraft (vgl. 10.1) $F_A = m_{Fl} g = \varrho_{FL} V_K g$ und Reibungskraft **20** $F_R = 6\pi\eta R v$ andererseits:

   $$\varrho_K V_K g = \varrho_{Fl} V_K g + 6\pi\eta R v; \qquad V_K = \tfrac{4}{3}\pi R^3; \qquad v = \frac{s}{t}.$$

   Hieraus folgt

   $$\eta = \frac{2tgR^2(\varrho_K - \varrho_{Fl})}{9s} = 0{,}21 \text{ Pa s} \quad (= 210 \text{ cP}).$$

# KINETISCHE THEORIE DER WÄRME

## 12 Atome und Moleküle

### 12.1 Relative Atom- und Molekülmasse. Atomvolumen, Atomradius

| | |
|---|---|
| *Atomare Masseneinheit* | $\mathrm{u} = 1{,}660\,54 \cdot 10^{-27}\,\mathrm{kg}$ |

ist definiert als der 12. Teil der Masse eines Atoms des Kohlenstoffisotops C 12.

*Relative Atommasse* $$A_r = \frac{\mu_A}{\mathrm{u}}$$ **1** 1

$\mu_A$ Masse des Atoms — kg

*Relative Molekülmasse* $$M_r = \frac{\mu_M}{\mathrm{u}}$$ **2** 1

$\mu_M$ Masse des Moleküls — kg

$M_r$ ist die Summe der relativen Atommassen $A_r$ aller im Molekül vereinigten Atome.

*Scheinbares Atomvolumen* $$V' = \frac{M}{\varrho N_A}$$ **3** m³

$M$ molare Masse (s. 12.2) — kg/mol
$N_A$ Avogadro-Konstante (s. 12.2) — 1/mol
$\varrho$ Dichte — kg/m³

*Atomradius*

für Festkörper und Flüssigkeiten $$r \approx \sqrt[3]{\frac{3M}{4\pi\varrho N_A}}$$ **4** m

für Gase $$r \approx \frac{1}{2}\sqrt{\frac{M}{\sqrt{2}\,\pi N_A \Lambda \varrho}}$$ **5** m

$\Lambda$ mittlere freie Weglänge (s. 13.2) — m

### 12.2 Stoffmenge, molare Größen

*Stoffmenge* $n$ (Basisgrößenart) — mol (Mol)

kennzeichnet die Anzahl der Teilchen eines Systems.

> **1 mol** ist die Stoffmenge eines Systems, das so viele Teilchen (z. B. Atome, Moleküle, Ionen) enthält, wie Atome in 12 g des Kohlenstoffisotops C 12 enthalten sind. Es sind dies $6{,}022\,14 \cdot 10^{23}$ Teilchen.

Ist $N$ die Anzahl der Teilchen in einer bestimmten Stoffmenge $n$, so ist also die

*Molare Teilchenzahl (Avogadro-Konstante)* $$N_A = \frac{N}{n}$$ **6** 1/mol

$$N_A = 6{,}022\,14 \cdot 10^{23}\,\mathrm{mol}^{-1}$$ **7**

| | | | |
|---|---|---|---|
| *Molare Masse (Molmasse)* | $M = \frac{m}{n}$ | **8** | kg/mol |
| | $M = N_A \mu = A_r \cdot 10^{-3}$ kg/mol bzw. $= M_r \cdot 10^{-3}$ kg/mol | **9** | |
| | $m$ Masse | | kg |
| | $\mu$ Teilchenmasse | | kg |
| | $A_r$ relative Atommasse | | 1 |
| | $M_r$ relative Molekülmasse | | 1 |

Als *molare Masse* eines Stoffes ergeben sich so viel *Gramm*, wie dessen relative Atommasse bzw. relative Molekülmasse angibt.

| | | | |
|---|---|---|---|
| *Molares Volumen (Molvolumen)* | $V_m = \frac{V}{n}$ | **10** | $m^3$/mol |

Für das **ideale Gas** (vgl. 13.1) im Normzustand (d. h. bei 273,15 K ≙ 0 °C und Normdruck 1 013,25 hPa) erhält man als

| | | | |
|---|---|---|---|
| *Anzahl der Moleküle je Volumeneinheit (Loschmidt-Konstante)* | $N_L = 2{,}686\,8 \cdot 10^{25}\ m^{-3}$ | **11** | |
| *Molares Normvolumen des idealen Gases* | $V_{m0} = \frac{N_A}{N_L}$ | **12** | $m^3$/mol |
| | $V_{m0} = 22{,}414 \cdot 10^{-3}\ m^3/mol$ | | |
| *Dichte* | $\varrho = \frac{M}{V_m}$ | **13** | $kg/m^3$ |

**B**

Berechne die Anzahl der Atome, die in 1 $cm^3$ Eisen enthalten sind! (Relative Atommasse $A_r = 55{,}847$; Dichte $\varrho = 7{,}7 \cdot 10^3\ kg/m^3$). Stelle zuvor eine allgemeine Beziehung für die Anzahl der Atome in einem vorgegebenen Volumen eines bestimmten Stoffes auf!

*Lösung:* Aus **6** folgt für die Anzahl der Atome $N = nN_A$ und mit **8** $N = mN_A/M$; wegen $m = \varrho V$ wird schließlich $N = \varrho V N_A/M$. Mit der molaren Masse **9** $M = 55{,}847 \times 10^{-3}$ kg/mol und den übrigen Zahlenwerten erhält man $N \approx 8{,}3 \cdot 10^{22}$.

# 13 Gaskinetik

## 13.1 Maxwellsche Geschwindigkeitsverteilung

*Ideales Gas*

Modellgas, dessen Moleküle kein Eigenvolumen haben und keine Anziehungskräfte aufeinander ausüben.
Reale Gase verhalten sich annähernd wie ein ideales Gas, wenn ihre Temperatur weit über dem Kondensationspunkt liegt ($H_2$, $N_2$, $O_2$, Edelgase bei Zimmertemperatur).

| | | | |
|---|---|---|---|
| *Boltzmann-Konstante* (Naturkonstante) | $k = 1{,}3807 \cdot 10^{-23}$ J/K | **1** | |
| *Gaskonstante (molare, allgemeine)* | $R = N_A k$<br>$R = 8{,}3145$ J/(mol K) | **2** | |
| | $N_A$ Avogadro-Konstante (vgl. 12.2) | | 1/mol |
| *Spezielle Gaskonstante* (Stoffkonstante) | $R^* = \dfrac{R}{M}$ | **3** | J/(kg K) |
| | $M$ molare Masse | | kg/mol |
| *Maxwellsche Geschwindigkeitsverteilung* (Bruchteil $dN/N$ der Moleküle im Geschwindigkeitsintervall $dv$ um $v$) | $\dfrac{dN}{N} = \dfrac{4v^2}{\sqrt{\pi}}\left(\dfrac{\mu}{2kT}\right)^{3/2} e^{-\frac{\mu v^2}{2kT}}\, dv$ | **4** | 1 |
| | $N$ Gesamtzahl der Moleküle | | 1 |
| | $\mu$ Molekülmasse | | kg |
| | $T$ absolute Temperatur | | K |
| | $v$ Geschwindigkeit | | m/s |
| *Wahrscheinlichste (am häufigsten vorkommende) Geschwindigkeit* (→ Bild) | $\hat{v} = \sqrt{\dfrac{2kT}{\mu}} = \sqrt{\dfrac{2RT}{M}}$ | **5** | m/s |
| *Mittlere Geschwindigkeit* (→ Bild) | $\bar{v} = \sqrt{\dfrac{8kT}{\pi\mu}} = \sqrt{\dfrac{8RT}{\pi M}}$<br>$\bar{v} = 1{,}13\,\hat{v}$ | **6** | m/s |
| *Mittlere quadratische Geschwindigkeit* (Wurzel aus dem mittleren Geschwindigkeitsquadrat) | $\sqrt{\overline{v^2}} = \sqrt{\dfrac{3kT}{\mu}} = \sqrt{\dfrac{3RT}{m}}$<br>$\sqrt{\overline{v^2}} = 1{,}23\,\hat{v}$ | **7** | m/s |
| *Teilchenstromstärke auf bzw. durch eine Fläche A* | $\dot{N} = \dfrac{dN}{dt} = \dfrac{N\bar{v}A}{4V}$ | **8** | 1/s |
| | $V$ Volumen | | $m^3$ |
| *Massestrom* | $\dot{m} = \mu\dot{N} = \dfrac{M}{N_A}\dot{N}$ | **9** | kg/s |

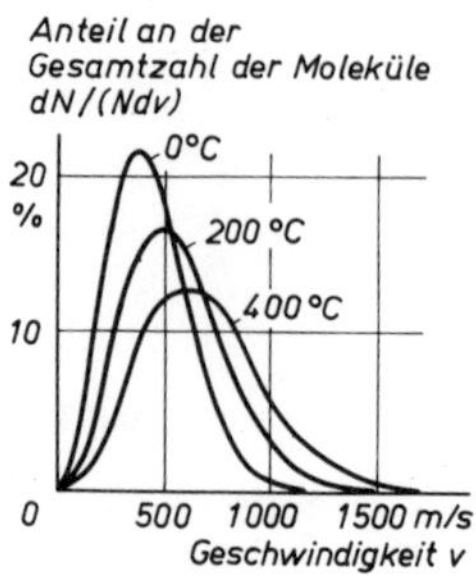


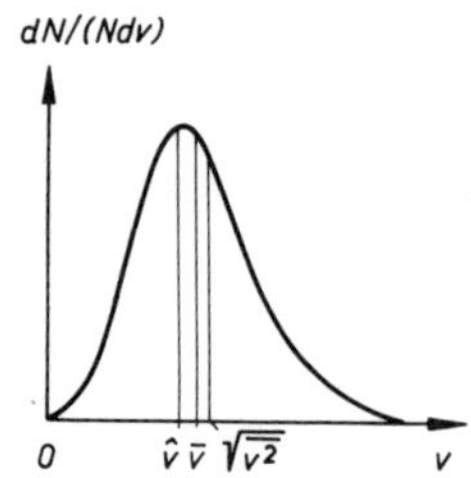

## 13.2 Stoßzahl und mittlere freie Weglänge

| | | | |
|---|---|---|---|
| *Stoßquerschnitt oder Wirkungsquerschnitt eines Moleküls* | $A_s = 4\pi r_0^2$ | **10** | m² |
| | $r_0$ Molekülradius | | m |
| *Mittlere Stoßzahl eines Moleküls je Zeiteinheit* | $z = 4\pi\sqrt{2}\ r_0^2 \frac{N}{V} v$ | **11** | 1/s |
| | $z = 4\pi\sqrt{2}\ r_0^2 \frac{N_A}{M} v$ | **12** | 1/s |
| | $z = \frac{1}{kT} 4\pi\sqrt{2}\ r_0^2\ vp$ | **13** | 1/s |
| | $z = \frac{1}{RT} 4\pi\sqrt{2}\ r_0^2\ N_A vp$ | **14** | 1/s |
| | $z = \frac{4\pi\sqrt{6}\ r_0^2\ N_A\ p}{MRT}$ | **15** | 1/s |
| | $v$ mittlere Geschwindigkeit **6** | | m/s |
| | $N$ Anzahl der Moleküle | | 1 |
| | $V$ Gasvolumen | | m³ |
| | $M$ Molmasse | | kg/mol |
| | $\varrho$ Dichte | | kg/m³ |
| | $p$ Druck | | Pa |
| | $N_A$ Avogadro-Konstante | | 1/mol |
| *Mittlere freie Weglänge* | $\Lambda = \frac{v}{z} = \frac{1}{4\pi\sqrt{2}\ r_0^2\ N/V}$ | **16** | m |
| | $\Lambda = \frac{kT}{4\pi\sqrt{2}\ r_0^2\ p}$ | **17** | m |
| | $\Lambda = \frac{\eta}{0{,}499\ v\varrho}$ | **18** | m |
| | $k$ Boltzmann-Konstante | | J/K |
| | $T$ Temperatur | | K |
| | $\eta$ dynamische Viskosität | | N s/m² |

## 13.3 Druck, innere Energie eines Gases. Gleichverteilungssatz

| | | | |
|---|---|---|---|
| *Gasdruck (Grundgleichung der kinetischen Gastheorie)* | $p = \frac{1}{3} \frac{N}{V} \mu \overline{v^2}$ | **19** | Pa |
| | $N$ Anzahl der Gasmoleküle | | 1 |
| | $V$ Gasvolumen | | m³ |
| | $\mu$ Molekülmasse | | kg |
| | $\overline{v^2}$ mittleres Geschwindigkeitsquadrat **7** | | (m/s)² |
| *Zustandsgleichung des idealen Gases* | $pV = NkT = \frac{1}{3} N\mu\overline{v^2}$ | **20** | |
| | $T$ Temperatur | | K |
| | $k$ Boltzmann-Konstante | | J/K |
| *Mittlere kinetische Energie eines Atoms eines einatomigen Gases* | $E_k = \frac{1}{2}\mu\overline{v^2} = \frac{3}{2} kT$ | **21** | J |
| | je Freiheitsgrad: | | |
| | $E_k = \frac{1}{2} kT$ | **22** | J |

*Freiheitsgrade*
kennzeichnen die voneinander unabhängigen Koordinaten, durch die der Bewegungszustand eines Körpers eindeutig festgelegt ist.

*Gleichverteilungssatz* **23**
Auf jeden Freiheitsgrad eines Moleküls (Translations-, Rotations- oder Oszillationsfreiheitsgrad) entfällt im Mittel die Energie $kT/2$.

| | | | |
|---|---|---|---|
| *Innere Energie* | $U = f \cdot \frac{1}{2} NkT = f \cdot \frac{1}{2} nRT$ | **24** | J |
| einatomige ideale Gase: $f = 3$ | $U = f \cdot \frac{1}{2} \frac{m}{M} RT = f \cdot \frac{1}{2} mR^*T$ | **25** | J |
| zweiatomige ideale Gase: $f = 5$ (ohne Oszillation) $f = 7$ (mit Oszillation) | $f$ Anzahl der Freiheitsgrade eines Moleküls | | 1 |
| drei- und mehratomige ideale Gase: $f = 6$ | $n$ Stoffmenge | | mol |
| | $m$ Masse des Gases | | kg |
| | $M$ molare Masse | | kg/mol |
| | $R$ Gaskonstante | | J/(mol K) |
| | $R^*$ spezielle Gaskonstante ($= R/M$) | | J/(kg K) |

### 13.4 Molare und spezifische Wärmekapazität

**Ideale Gase**

*Molare Wärmekapazität, Molwärme*

| | | | |
|---|---|---|---|
| bei konstantem Volumen | $C_{mV} = \frac{1}{n} \frac{dU}{dT} = f \cdot \frac{1}{2} R$ | **26** | J/(mol K) |
| bei konstantem Druck | $C_{mp} = \left(\frac{f}{2} + 1\right) R$ | **27** | J/(mol K) |
| *Spezifische Wärmekapazität* | | | |
| bei konstantem Volumen | $c_V = \frac{C_{mV}}{M} = \frac{1}{m} \frac{dU}{dT} = f \cdot \frac{1}{2} R^*$ | **28** | J/(kg K) |
| bei konstantem Druck | $c_p = \frac{C_{mp}}{M} = \left(\frac{f}{2} + 1\right) R^*$ | **29** | J/(kg K) |
| *Adiabatenexponent* | $\varkappa = \frac{c_p}{c_V} = \frac{f+2}{f}$ Bezeichnung der Größen wie in 13.3 | **30** | 1 |

**Feste Elemente** (z. B. Metalle) bei nicht zu tiefen Temperaturen

| | | | |
|---|---|---|---|
| *Molare Wärmekapazität, Molwärme* | $C_{mV} = 3R \approx 25$ J/(mol K) *(Regel von Dulong und Petit)* | **31** | |

## B

1. a) Wieviel Prozent aller Moleküle des Sauerstoffs (molare Masse $M = 32$ g) haben bei 20 °C eine Geschwindigkeit zwischen 245 und 255 m/s? b) Bei welcher Geschwindigkeit der $O_2$-Moleküle liegt bei dieser Temperatur das Maximum der Ge-

schwindigkeitsverteilung? c) Wieviel Prozent der Moleküle liegen im Geschwindigkeitsintervall $\pm 5$ m/s um das Maximum der Verteilung?

*Lösung:* a) In der Maxwellschen Verteilungsfunktion **4** für die Teilchengeschwindigkeiten haben wir zu setzen $v = 250$ m/s (Mittelwert des Geschwindigkeitsintervalls) und für die Intervallbreite $\mathrm{d}v = 10$ m/s. Da nicht die Teilchenmasse $\mu$, sondern die molare Masse $M$ gegeben ist, setzen wir $\mu/k = N_A \mu/(N_A k) = M/R$ (nach 12.2 und 13.1). Mit $T = 293{,}15$ K und den übrigen Zahlenwerten folgt aus **4** $\mathrm{d}N/N = 1{,}57\,\%$. b) Das Maximum der Verteilung liegt bei der am häufigsten vorkommenden Geschwindigkeit, welche sich nach **5** ergibt zu $\hat{v} = 390{,}30$ m/s. c) Mit $v = 390{,}30$ m/s und $\mathrm{d}v = 100$ m/s folgt $\mathrm{d}N/N = 2{,}13\,\%$.

**2.** In einem Gefäß mit der maximalen Ausdehnung 20 cm befindet sich Stickstoff (Molekülradius $r_0 = 1{,}89 \cdot 10^{-10}$ m) unter normalem Atmosphärendruck ($p = 1\,013{,}25$ hPa) bei 20 °C. a) Wie groß ist die mittlere freie Weglänge $\Lambda$ der Stickstoffmoleküle? b) Wieviel Zusammenstöße erleidet ein Molekül beim einmaligen Durchqueren des Gefäßes? c) Auf welchen Wert müßte man den Gasdruck mindestens reduzieren, damit ein Molekül unterwegs keinen Zusammenstoß erleidet?

*Lösung:* a) Die mittlere freie Weglänge berechnet sich direkt aus **17** zu $\Lambda = 6{,}29 \times 10^{-8}$ m. b) Die Zahl der Zusammenstöße beträgt $0{,}2\text{ m}/\Lambda = 3{,}18 \cdot 10^6$. c) Wir haben jetzt zu setzen $\Lambda_1 = 0{,}2$ m; durch Umstellung von **17** nach dem Druck ergibt sich damit $p_1 = 3{,}2 \cdot 10^{-2}$ Pa.

**3.** Zum Bedampfen von Gegenständen mit Silber (relative Atommasse $A_r = 108$) wird in einem Ofen bei der Temperatur $T = 1315$ K Silber verdampft (Dampfdruck $p = 1{,}33$ Pa), welches durch eine Öffnung in der Ofenwand (Fläche $A = 1{,}00\text{ mm}^2$) als Atomstrahl ins Vakuum austritt und auf den Gegenstand trifft. Wie groß sind Teilchenstromstärke $\dot{N}$ und Massenstrom $\dot{m}$ in der Öffnung? (Hinweis: Verwende zur Berechnung der Teilchenzahldichte $N/V$ die Zustandsgleichung **20**.)

*Lösung:* Zur Berechnung von $\dot{N}$ nach **8** benötigen wir zum einen die mittlere Geschwindigkeit **6** der Silberatome; man erhält $\bar{v} = 507{,}73$ m/s. Zum anderen folgt aus **20** $N/V = p/(kT) = 7{,}33 \cdot 10^{19}\text{ m}^{-3}$. Damit wird $\dot{N} = 9{,}30 \cdot 10^{15}$ Teilchen/s und nach **9** $\dot{m} = 1{,}67 \cdot 10^{-9}$ kg/s.

**4.** Berechne die molaren und spezifischen Wärmekapazitäten bei konstantem Volumen und konstantem Druck sowie den Adiabatenexponenten von Stickstoff (relative Atommasse $A_r = 14{,}0067$)!

*Lösung:* Das Stickstoffmolekül ist zweiatomig und hat demzufolge die molare Masse $M = 2\,A_r\text{ g/mol} = 28{,}0134 \cdot 10^{-3}$ kg/mol. Zweiatomige Moleküle besitzen 5 Freiheitsgrade, drei der Translation und zwei der Rotation (Hantelmodell). Nach **26** und **27** erhält man als molare Wärmekapazitäten mit $f = 5$: $C_{mV} = 20{,}78$ J/(mol K) und $C_{mp} = 29{,}10$ J/(mol K) und hieraus wegen $c = C_m/M$ die spezifischen Wärmekapazitäten $c_V = 0{,}742$ kJ/(kg K) und $c_p = 1{,}039$ kJ/(mol K). Der Adiabatenexponent folgt damit nach **30** zu $\varkappa = 1{,}40$.

# THERMODYNAMIK

## 14 Temperatur, thermische Ausdehnung. Wärmemenge

### 14.1 Temperatur

| | | | |
|---|---|---|---|
| *Temperatur (thermodynamische, absolute)* | $T$ (Basisgrößenart) | | K (Kelvin) |

Zustandsgröße, die ein Maß für die Intensität der Wärmebewegung der Teilchen eines makroskopischen Systems darstellt.

> Das **Kelvin** ist der 273,16te Teil der Temperatur des Tripelpunktes von Wasser.

| | | | |
|---|---|---|---|
| *Celsius-Temperatur* | $\vartheta = T - 273{,}15\,\text{K}$ | 1 | °C (Grad Celsius) |
| *Temperaturdifferenz* | $\Delta\vartheta = \Delta T$ | 2 | K |

Temperaturdifferenzen haben in der Kelvin-Skale und in der Celsius-Skale gleiche Beträge.

### 14.2 Thermische Ausdehnung von festen Körpern und Flüssigkeiten

**Längenausdehnung (lineare Ausdehnung)**

| | | | |
|---|---|---|---|
| *Längenänderung* | $\Delta l = \alpha l_0 \Delta T$ | 3 | m |
| | $l_0$ Ausgangslänge | | m |
| | $\Delta T$ Temperaturänderung | | K |
| *Längen- (linearer thermischer) Ausdehnungskoeffizient* (Stoffkenngröße) | $\alpha = \frac{1}{l_0}\frac{\Delta l}{\Delta T}$ | 4 | 1/K |
| *Dehnung* | $\varepsilon = \frac{\Delta l}{l_0} = \alpha \Delta T$ | 5 | 1 |
| *Endlänge* | $l = l_0(1 + \alpha \Delta T)$ | 6 | m |

**Volumenausdehnung (kubische Ausdehnung)**

| | | | |
|---|---|---|---|
| *Volumenänderung* | $\Delta V = \beta V_0 \Delta T$ | 7 | $m^3$ |
| | $V_0$ Ausgangsvolumen | | $m^3$ |
| *Volumen- (kubischer) Ausdehnungskoeffizient* (Stoffkenngröße) | $\beta = \frac{1}{V_0}\frac{\Delta V}{\Delta T} \approx 3\alpha$ | 8 | 1/K |
| *Endvolumen* | $V = V_0(1 + \beta \Delta T)$ | 9 | $m^3$ |
| *Enddichte* | $\varrho = \frac{\varrho_0}{1 + \beta \Delta T}$ | 10 | $kg/m^3$ |
| | $\varrho_0$ Dichte bei Anfangstemperatur | | $kg/m^3$ |
| | $\varrho$ Dichte bei Endtemperatur | | $kg/m^3$ |

## 14.3 Thermische Ausdehnung des idealen Gases. Zustandsgleichung

### Ausdehnung der Gase bei konstantem Druck

| | | | |
|---|---|---|---|
| *1. Gesetz von Gay-Lussac* (erste Form) | $V = V_0(1 + \beta\vartheta)$ | **11** | $m^3$ |
| | $\vartheta$ Celsius-Temperatur | | °C |
| | $V_0$ Gasvolumen bei 0 °C | | $m^3$ |
| | $V$ Gasvolumen bei der Temperatur $\vartheta$ | | $m^3$ |

| | |
|---|---|
| *Volumenausdehnungskoeffizient des idealen Gases* | $\beta = \frac{1}{273{,}15\ \text{K}} = 0{,}003\,661\ \text{K}^{-1}$ |

| | | | |
|---|---|---|---|
| *1. Gesetz von Gay-Lussac* (zweite Form) | $\frac{V_1}{V_2} = \frac{T_1}{T_2}$ | **12** | 1 |
| | $T$ absolute Temperatur | | K |
| | $V_1$, $V_2$ Gasvolumina bei $T_1$ und $T_2$ | | $m^3$ |

### Druckänderung der Gase bei konstantem Volumen

| | | | |
|---|---|---|---|
| *2. Gesetz von Gay-Lussac* (erste Form) | $p = p_0(1 + \gamma\vartheta)$ | **13** | Pa |
| | $p_0$ Gasdruck bei 0 °C | | Pa |
| | $p$ Gasdruck bei der Temperatur $\vartheta$ | | Pa |

| | |
|---|---|
| *Druck- oder Spannungskoeffizient des idealen Gases* | $\gamma = \beta = \frac{1}{273{,}15\ \text{K}} = 0{,}003\,661\ \text{K}^{-1}$ |

| | | | |
|---|---|---|---|
| *2. Gesetz von Gay-Lussac* (zweite Form) | $\frac{p_1}{p_2} = \frac{T_1}{T_2}$ | **14** | 1 |
| | $p_1$, $p_2$ Gasdrücke bei $T_1$ und $T_2$ | | Pa |

### Allgemeine Zustandsgleichung

kennzeichnet die gegenseitige Abhängigkeit der Zustandsgrößen *Druck, Volumen* und *Temperatur* für eine bestimmte Menge idealen Gases.

| | | | |
|---|---|---|---|
| *Zustandsgleichung* (erste Form) | $\frac{p_1 V_1}{T_1} = \frac{p_2 V_2}{T_2}$ | **15** | |
| | Index *1*: Ausgangszustand | | |
| | Index *2*: Endzustand der Zustandsänderung des Gases | | |

Für 1 mol idealen Gases im Normzustand ($p_0 = 1\,013{,}25$ hPa, $T_0 = 273{,}15\ \text{K} \mathrel{\hat{=}} 0\ °\text{C}$) ist $V_{m0} = 22{,}414 \cdot 10^{-3}\ \text{m}^3/\text{mol}$ (*molares Normvolumen* des idealen Gases, vgl. 12.2), und es gilt

$$\frac{pV_m}{T} = \frac{p_0 V_{m0}}{T_0} = R = 8{,}314\ \text{J/(mol K)}$$

| | | | |
|---|---|---|---|
| | $R$ Gaskonstante (molare) | | J/(mol K) |
| | $V_m$ Molvolumen des Gases | | $m^3$/mol |
| *Zustandsgleichung* (zweite Form) | $pV_m = RT$ für 1 mol des Gases | **16** | |
| | $pV = nRT$ für die Stoffmenge $n$ des Gases | **17** | |

$pV = mR^*T$ **18**

für die Gasmasse $m$

*Spezielle Gaskonstante* (Stoffkonstante)

$R^* = R/M$ **19** J/(kg K)

$M$ molare Masse kg/mol

*Spezielle Gaskonstante für Gasgemische (mittlere Gaskonstante)*

$$R^* = \frac{m_1 R_1^* + m_2 R_2^* + \ldots}{m_1 + m_2 + \ldots}$$ **20** J/(kg K)

$m_i$ Massenanteile der verschiedenen Gase kg

$R_i^*$ zugehörige spezielle Gaskonstanten J/(kg K)

**Abhängigkeit der Gasdichte von Druck und Temperatur**

*Dichte*

$$\varrho = \varrho_0 \frac{pT_0}{p_0 T}$$ **21** kg/m³

$\varrho_0$ Dichte des Gases im Normzustand kg/m³

$T_0$ Normtemperatur (273,15 K) K

$p_0$ Normdruck (1 013,25 hPa) Pa

Für *Luft* gilt:

$$\frac{\varrho}{\text{kg/m}^3} = \frac{1{,}293\,2\ p/\text{hPa}}{1\,013{,}25\,(1 + 0{,}003\,67\ \vartheta/°\text{C})}$$

$\vartheta$ Celsius-Temperatur °C

## 14.4 Wärmemenge, spezifische Wärmekapazität

*Wärmemenge (Wärmeenergie)* $Q$ J (Joule)

kennzeichnet die Energie der Molekularbewegung, die von einem Körper höherer Temperatur auf einen Körper tieferer Temperatur übergeht.

*Zu- oder abgeführte Wärmemenge*

$\Delta Q = cm\Delta T$ **22** J

$\mathrm{d}Q = cm\,\mathrm{d}T$ **23** J

$m$ Masse des Körpers kg

$\Delta T$ bzw. $\mathrm{d}T$ Temperaturänderung des Körpers K

*Spezifische Wärmekapazität* (Stoffkenngröße)

$$c = \frac{1}{m}\frac{\Delta Q}{\Delta T} \qquad c = \frac{1}{m}\frac{\mathrm{d}Q}{\mathrm{d}T}$$ **24** J/(kg K)

kennzeichnet die einem Kilogramm eines Stoffes zuzuführende Wärmemenge, um dessen Temperatur um 1 Kelvin zu erhöhen.

*Spezifische Wärmekapazität des idealen Gases* (s. 13.4)

bei konstantem Volumen

$$c_V = \frac{1}{m}\frac{\Delta U}{\Delta T}$$ **25** J/(kg K)

bei konstantem Druck

$$c_p = \frac{1}{m}\frac{\Delta H}{\Delta T} = c_V + \frac{R}{M}$$ **26** J/(kg K)

$R$ Gaskonstante J/(mol K)

$M$ molare Masse kg/mol

| | | | |
|---|---|---|---|
| *Innere Energie* | $U = mc_V T$ | | J |
| *Enthalpie* (vgl. 15.1) | $H = mc_p T$ | **27** | J |
| *Wärmekapazität des Körpers* | $C = \frac{\Delta Q}{\Delta T} = mc$ | **28** | J/K |

kennzeichnet die zu seiner Erwärmung um 1 K erforderliche Wärmemenge.

| | | | |
|---|---|---|---|
| *Molare Wärmekapazität, Molwärme* (für ideale Gase vgl. 13.4) | $C_m = Mc$ | **29** | J/(mol K) |
| *Umwandlungswärme bei Phasenumwandlungen* | $Q = mq$ | **30** | J |
| | $q$ spezifische Umwandlungswärme | | J/kg |

## 14.5 Kalorimetrie

*Richmannsche Mischungsregel* **31**

für zwei Körper der Anfangstemperaturen $\vartheta_1$ und $\vartheta_2 < \vartheta_1$ und der Mischungstemperatur $\vartheta_M$:

| | |
|---|---|
| *Abgegebene Wärmemenge = aufgenommene Wärmemenge* | $c_1 m_1 (\vartheta_1 - \vartheta_M) = c_2 m_2 (\vartheta_M - \vartheta_2)$ |

Oder mit **27**:

| | |
|---|---|
| *Enthalpie des einen Körpers + Enthalpie des anderen Körpers = Enthalpie beider Körper* | $H_1 + H_2 = H$<br>$c_1 m_1 \vartheta_1 + c_2 m_2 \vartheta_2 = (c_1 m_1 + c_2 m_2)\, \vartheta_M$ |

Bezeichnung der Größen wie in 14.4

| | | | |
|---|---|---|---|
| *Mischungstemperatur* | $\vartheta_M = \frac{c_1 m_1 \vartheta_1 + c_2 m_2 \vartheta_2}{c_1 m_1 + c_2 m_2}$ | **32** | °C |
| *Mischungstemperatur für n Körper* | $\vartheta_M = \frac{\sum c_i m_i \vartheta_i}{\sum c_i m_i}$<br>$i = 1, 2, \ldots, n$ | **33** | °C |
| *Kalorimeter-Formel* zur Bestimmung der spezifischen Wärmekapazität eines Stoffes | $c = \frac{(c_W m_2 + C)(\vartheta_M - \vartheta_2)}{m_1 (\vartheta_1 - \vartheta_M)}$ | **34** | J/(kg K) |
| | $c_W$ spezifische Wärmekapazität des Wassers | | J/(kg K) |
| | $C$ Wärmekapazität des Kalorimeters (Wasserwert) | | J/K |
| | $m_1$ Masse des zu untersuchenden Stoffes | | kg |
| | $\vartheta_1$ Temperatur des Stoffes | | °C |
| | $m_2$ Masse des Wassers | | kg |
| | $\vartheta_2$ Temperatur des Wassers | | °C |

Auftretende Phasenumwandlungen sind durch die entsprechenden Umwandlungswärmen **30** zu berücksichtigen (s. Beispiel 4).

1. Ein dünnwandiger Stahlring (Elastizitätsmodul $E = 2{,}06 \cdot 10^5$ MPa; Zerreißfestigkeit $\sigma_B = 675$ MPa; linearer Ausdehnungskoeffizient $\alpha = 1{,}2 \cdot 10^{-5}\,K^{-1}$) soll auf eine Welle vom Durchmesser $D = 40{,}000$ mm aufgeschrumpft werden. Dabei soll die in dem Ring auftretende Zugspannung den Wert $\sigma = 0{,}3\,\sigma_B$ nicht überschreiten. Wie groß muß der Innendurchmesser $D_0$ des kalten Ringes vor dem Aufschrumpfen und wie groß die Mindest-Temperaturdifferenz $\Delta T$ zwischen Ring und Welle sein, damit sich der Ring aufschrumpfen läßt? (Der Ring ist wie ein gerader Stab zu behandeln.)

   *Lösung:* Der Umfang des kalten Ringes $U_0 = \pi D_0$ muß durch Erwärmen auf den Umfang der Welle $U = \pi D$ gebracht werden, d.h., es muß $U = U_0(1 + \alpha\Delta T)$ oder $D = D_0(1 + \alpha\Delta T)$ (nach **6**) gelten. Dabei ergibt sich der Betrag der erforderlichen Dehnung **5** des Ringes $\varepsilon = \alpha\Delta T$ aus der maximal zulässigen Spannung $\sigma$ nach dem Hookeschen Gesetz $\sigma = E\varepsilon$ (vgl. 9.1) zu $\varepsilon = \sigma/E = 0{,}3\,\sigma_B/E = \alpha\Delta T$, womit aus obiger Gleichung folgt

   $$D_0 = \frac{D}{1 + 0{,}3\,\sigma_B/E} \approx (1 - 0{,}3\,\sigma_B/E)D = 39{,}961\text{ mm}.$$

   Zum anderen erhält man $\Delta T = 0{,}3\,\sigma_B/(\alpha E) \approx 82$ K.

2. Eine Stahlflasche enthält bei 25 °C Sauerstoff von 15 MPa Überdruck. Wie ändert sich der Druck, wenn die Flasche auf −10 °C abgekühlt wird?

   *Lösung:* Da das Gasvolumen konstant bleibt, ist für die Berechnung der Druckänderung die Zustandsgleichung **14** heranzuziehen, in die für $p_1$ der absolute Druck, d.h. einschließlich des äußeren Luftdruckes (≈0,1 MPa), einzusetzen ist. Damit erhält man

   $$p_2 = p_1 T_2/T_1 = 15{,}1 \cdot 263{,}15/298{,}15\text{ MPa} = 13{,}33\text{ MPa},$$

   entsprechend 13,23 MPa Überdruck.

3. Berechne die Masse der Luft in einem Zimmer der Abmessungen 5,00 m × 4,00 m × 3,00 m bei 20 °C und 1000 hPa Luftdruck! Die Luft besteht aus rund 79 Volumen-% Stickstoff und 21 % Sauerstoff (Dichten von $N_2$ und $O_2$ bei 0 °C und 1013,25 hPa: $\varrho(N_2) = 1{,}251$ kg/m³; $\varrho(O_2) = 1{,}429$ kg/m³; molare Massen: $M(N_2) = 28{,}013 \cdot 10^{-3}$ kg/mol; $M(O_2) = 31{,}999 \cdot 10^{-3}$ kg/mol).

   *Lösung:* Die Massenanteile der beiden Gase in der Luft sind gemäß $m = \varrho V$, wenn wir diese auf das Volumen 1 m³ beziehen: $m_1 = 0{,}79 \cdot 1{,}251$ kg $= 0{,}988$ kg $N_2$ und $m_2 = 0{,}21 \cdot 1{,}429$ kg $= 0{,}300$ kg $O_2$. Die speziellen Gaskonstanten berechnen sich nach **19** zu $R_1^* = R/M = 296{,}81$ J/(kg K) für $N_2$ und entsprechend $R_2^* = 259{,}83$ J/(kg K) für $O_2$. Damit ergibt sich nach **20** die spezielle Gaskonstante für Luft zu $R^* = 288{,}20$ J/(kg K).
   Aus der allgemeinen Zustandsgleichung **18** folgt nun mit $V = 60{,}00$ m³, $T = 293{,}15$ K und $p = 10^5$ Pa für die Masse der Luft:

   $$m = pV/(R^*T) = 71\text{ kg}.$$

4. Eine bestimmte Menge Eis [$m_E = 100$ g; spezifische Wärmekapazität $c_E = 2{,}09$ kJ/(kg K); spezifische Schmelzwärme $q = 332$ kJ/kg] wird in siedendes Wasser gebracht [$m_W = 500$ g; $c_W = 4{,}19$ kJ/(kg K)]. Als Mischungstemperatur wird $\vartheta_M = 69$ °C ermittelt. Als Kalorimeter dient ein Thermosgefäß, dessen Wärmekapazität zu vernachlässigen ist. Welche Temperatur hatte das Eis?
   *Lösung:* Die vom Eis aufgenommene Wärmemenge ist gleich der vom Wasser abgegebenen Wärmemenge. Erstere besteht aus drei Anteilen: Nach **22** $c_E m_E(\vartheta_0 - \vartheta_E)$ zum Erwärmen des Eises auf die Schmelztemperatur $\vartheta_0$, $m_E q$ zum Schmelzen des

Eises (nach **30**) und $c_W m_E(\vartheta_M - \vartheta_0)$ zur Erwärmung des geschmolzenen Eises auf die Mischungstemperatur $\vartheta_M$. Die vom siedenden Wasser (Siedetemperatur $\vartheta_S$) abgegebene Wärmemenge beträgt $c_W m_W(\vartheta_S - \vartheta_M)$. Nach dem Energiesatz gilt also:

$$c_E m_E(\vartheta_0 - \vartheta_E) + m_E q + c_W m_E(\vartheta_M - \vartheta_0) = c_W m_W(\vartheta_S - \vartheta_M)$$

$$\vartheta_E = \frac{1}{c_E m_E}[m_E q + c_W m_E(\vartheta_M - \vartheta_0) - c_W m_W(\vartheta_S - \vartheta_M)] + \vartheta_0 .$$

Mit $\vartheta_0 = 0\,°C$, $\vartheta_S = 100\,°C$ folgt hieraus $\vartheta_E = -14\,°C$.

# 15 Hauptsätze der Thermodynamik

## 15.1 Ausdehnungsarbeit, innere Energie, Enthalpie und Entropie eines Gases

*Äußere Arbeit, Ausdehnungsarbeit, Volumenarbeit*

$$dW = -p\,dV; \quad W = -\int_{V_1}^{V_2} p\,dV \qquad \textbf{1}\ \text{J}$$

$p$ Gasdruck — Pa
$V$ Gasvolumen — m³
$V_2 > V_1$: $W < 0$ (Expansion)
$V_2 < V_1$: $W > 0$ (Kompression)

*Innere Energie des idealen Gases*

$$dU = c_V m\,dT; \quad U = c_V m T \qquad \textbf{2}\ \text{J}$$

$m$ Gasmasse — kg
$c_V$ spezifische Wärmekapazität bei konstantem Volumen — J/(kg K)
$T$ Temperatur — K

> Die *innere Energie* kennzeichnet die in einem Körper als potentielle und kinetische Energie der Atome oder Moleküle enthaltene Energie. Sie ist eine *Zustandsgröße* (s. 13.3 und 13.4).

*Spezifische innere Energie*

$$u = \frac{U}{m} \qquad u = c_V T \qquad \textbf{3}\ \text{J/kg}$$

*Enthalpie*

$$H = U + pV \qquad \textbf{4}\ \text{J}$$

> Die *Enthalpie* ist die Summe aus innerer Energie und Volumenarbeit. Sie ist eine *Zustandsgröße*. Die Enthalpiezunahme kennzeichnet die Wärmemenge, die einem Körper (einer Gasmenge) bei konstantem Druck zugeführt wird.

*Spezifische Enthalpie*

$$h = \frac{H}{m} \qquad \textbf{5}\ \text{J/kg}$$

*Enthalpie des idealen Gases*

$$H = c_p m T \qquad \textbf{6}\ \text{J}$$

$c_p$ spezifische Wärmekapazität bei konstantem Druck — J/(kg K)

*Entropie (Änderung)*

$$dS = \frac{dQ}{T}; \qquad dS = \frac{dU + p\,dV}{T} \qquad \textbf{7}\ \text{J/K}$$

$$\Delta S = S_2 - S_1 = \int_1^2 \frac{dQ}{T} \qquad \textbf{8}\ \text{J/K}$$

| | | |
|---|---|---|
| $Q$ | Wärmemenge (Wärmeenergie), *reversibel* ausgetauscht | J |
| $T$ | Temperatur | K |
| $S_1, S_2$ | Entropien im Anfangs- und Endzustand | J/K |

> Die *Entropie* ist eine *Zustandsgröße.* Ihre (positive) Änderung $S_2 - S_1$ ist ein Maß für die Irreversibilität eines Vorgangs (s. 15.4 und 15.5).

*Spezifische Entropie* $$s = \frac{S}{m}$$ **9** J/(kg K)

Für das *ideale Gas* gilt: $$\mathrm{d}S = c_V m \frac{\mathrm{d}T}{T} + \frac{mR}{M}\frac{\mathrm{d}V}{V}$$ **10** J/K

$$\Delta S = c_V m \ln\frac{T_2}{T_1} + \frac{mR}{M}\ln\frac{V_2}{V_1}$$ **11** J/K

| | | |
|---|---|---|
| $M$ | molare Masse | kg/mol |
| $R$ | Gaskonstante | J/(mol K) |

## 15.2 Erster Hauptsatz (Energiesatz)

> *Prinzip von der Erhaltung der Energie* (*Robert Mayer*, 1842):
> In einem abgeschlossenen System bleibt der gesamte Energievorrat, also die Summe aus Wärmeenergie, mechanischer oder anderer Energie, stets konstant.

Ein *abgeschlossenes* System tauscht mit der Umgebung (mit anderen Systemen) weder Wärme noch Arbeit noch Stoff aus.

> *Satz von der Unmöglichkeit eines Perpetuum mobile 1. Art:*
> Es gibt keine Maschine, welche Arbeit verrichtet, ohne die Energie aus einer äußeren Quelle zu schöpfen.

> *Erster Hauptsatz* $\mathrm{d}U = \mathrm{d}Q + \mathrm{d}W$ **12**
> Die Änderung der inneren Energie eines Systems ($\mathrm{d}U$) ergibt sich als Summe aus der ihm von außen teils in Form von Wärme ($\mathrm{d}Q$), teils durch Verrichtung mechanischer oder anderweitiger Arbeit ($\mathrm{d}W$) zu- oder abgeführten Energie.

*Vorzeichenregelung:*
Jede *zugeführte* Energiemenge (gleichgültig in welcher Form) wird *positiv*, jede dem System *entzogene* (vom System *abgegebene*) Energie *negativ* gezählt.

*Erster Hauptsatz für Gase* $$\mathrm{d}U = \mathrm{d}Q - p\,\mathrm{d}V;\quad \Delta U = Q - \int_{V_1}^{V_2} p\,\mathrm{d}V$$ **13** J

> Die Änderung der inneren Energie eines Gases ist gleich der Differenz aus zugeführter Wärmemenge und vom Gas verrichteter Ausdehnungsarbeit.

*Erster Hauptsatz für das ideale Gas* $$\mathrm{d}Q = mc_V\mathrm{d}T + p\,\mathrm{d}V$$ **14** J

für offene Systeme (Gleichdruckprozeß) $$\mathrm{d}Q = \mathrm{d}H - V\mathrm{d}p;\quad \Delta H = Q + \int_{V_1}^{V_2} V\mathrm{d}p$$ **15** J

Bezeichnung der Größen wie in 15.1

## 15.3 Zustandsänderungen des idealen Gases

*Zustandsgrößen*
Größen, die makroskopisch meßbar sind und einen thermischen Gleichgewichtszustand charakterisieren (Druck, Volumen, Temperatur, Dichte, innere Energie, Entropie, Enthalpie).

*Bezeichnungen der nachfolgend vorkommenden Größen*

| | | | | | |
|---|---|---|---|---|---|
| $p$ | Druck | $\mathrm{Pa} = \mathrm{N/m^2}$ | $c_p$, $c_V$ | spezifische Wärmekapazitäten bei konstantem Druck und konstantem Volumen | J/(kg K) |
| $V$ | Volumen | $\mathrm{m^3}$ | $Q$ | Wärmeenergie | J |
| $T$ | Temperatur | K | $U$ | innere Energie | J |
| $R$ | Gaskonstante | J/(mol K) | $W$ | mechanische Arbeit | J |
| $m$ | Masse | kg | $S$ | Entropie | J/K |
| $M$ | molare Masse | kg/mol | | | |
| $\varkappa$ | Adiabatenexponent ($c_p/c_V$, s. 13.4) | 1 | | | |

Index *1*: Ausgangszustand
Index *2*: Endzustand

**Isochore Zustandsänderung** (→ Bild)

| | | | | |
|---|---|---|---|---|
| *Kennzeichen* | $V = \mathrm{const}$<br>$\mathrm{d}V = 0$<br>$\mathrm{d}W = 0$ | $(V_2 = V_1)$ | | |
| *Zustandsgleichung* | $\frac{p_1}{T_1} = \frac{p_2}{T_2}$ | | **16** | |
| *Erster Hauptsatz* | $\mathrm{d}U = \mathrm{d}Q$ | $\Delta U = Q$ | **17** | J |
| *Zu- bzw. abgeführte Wärmemenge* | $\mathrm{d}Q = c_V m\,\mathrm{d}T$ | $Q = c_V m(T_2 - T_1)$ | **18** | J |
| *Abgegebene bzw. verrichtete Arbeit* | $\mathrm{d}W = 0$ | $W = 0$ | **19** | J |
| *Entropieänderung* | $\mathrm{d}S = c_V m \frac{\mathrm{d}T}{T}$ | $\Delta S = c_V m \ln \frac{T_2}{T_1}$ | **20** | J/K |
| | $\mathrm{d}S = c_V m \frac{\mathrm{d}p}{p}$ | $\Delta S = c_V m \ln \frac{p_2}{p_1}$ | **21** | J/K |

**Isobare Zustandsänderung** (→ Bild)

| | | | | |
|---|---|---|---|---|
| *Kennzeichen* | $p = \mathrm{const}$<br>$\mathrm{d}p = 0$ | $(p_2 = p_1)$ | | |
| *Zustandsgleichung* | $\frac{V_1}{T_1} = \frac{V_2}{T_2}$ | | **22** | |
| *Erster Hauptsatz* | $\mathrm{d}U = \mathrm{d}Q + \mathrm{d}W$ | $\Delta U = Q + W$ | **23** | J |
| *Zu- bzw. abgeführte Wärmemenge* | $\mathrm{d}Q = c_p m\,\mathrm{d}T$ | $Q = c_p m(T_2 - T_1)$ | **24** | J |
| *Abgegebene bzw. verrichtete Arbeit* | $\mathrm{d}W = -p\,\mathrm{d}V$ | $W = p(V_1 - V_2)$ | **25** | J |
| | $\mathrm{d}W = -\frac{mR}{M}\,\mathrm{d}T$ | $W = \frac{mR}{M}(T_1 - T_2)$ | **26** | J |

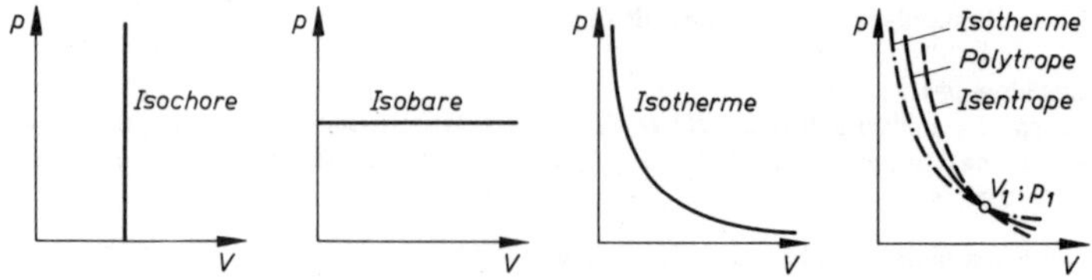


*Entropieänderung*

$$\mathrm{d}S = c_p m \frac{\mathrm{d}T}{T} \qquad \Delta S = c_p m \ln \frac{T_2}{T_1}$$ **27** J/K

$$\mathrm{d}S = c_p m \frac{\mathrm{d}V}{V} \qquad \Delta S = c_p m \ln \frac{V_2}{V_1}$$ **28** J/K

**Isotherme Zustandsänderung** (→ Bild)

*Kennzeichen*

$$T = \text{const} \qquad (T_2 = T_1)$$
$$\mathrm{d}T = 0$$
$$\mathrm{d}U = 0$$

*Zustandsgleichung*

$$p_1 V_1 = p_2 V_2 = \frac{mRT}{M}$$ **29**

*Erster Hauptsatz*

$$\mathrm{d}Q = -\mathrm{d}W \qquad Q = -W$$ **30** J

*Zu- bzw. abgeführte Wärmemenge*

$$\mathrm{d}Q = p\,\mathrm{d}V = \frac{mRT}{M} \frac{\mathrm{d}V}{V}$$ **31** J

$$Q = \frac{mRT}{M} \ln \frac{V_2}{V_1} = \frac{mRT}{M} \ln \frac{p_1}{p_2}$$ **32** J

$$Q = p_1 V_1 \ln \frac{V_2}{V_1} = p_1 V_1 \ln \frac{p_1}{p_2}$$ **33** J

*Abgegebene bzw. verrichtete Arbeit*

$$\mathrm{d}W = -\mathrm{d}Q \qquad W = -Q$$ **34** J

*Entropieänderung*

$$\mathrm{d}S = \frac{mR}{M} \frac{\mathrm{d}V}{V} \qquad \Delta S = \frac{mR}{M} \ln \frac{V_2}{V_1}$$ **35** J/K

$$\mathrm{d}S = -\frac{mR}{M} \frac{\mathrm{d}p}{p} \qquad \Delta S = \frac{mR}{M} \ln \frac{p_1}{p_2}$$ **36** J/K

**Adiabatische (isentrope) Zustandsänderung** (→ Bild)

*Kennzeichen*

$$\mathrm{d}Q = 0$$

*Zustandsgleichungen (Poissonsche Gleichungen)*

$$p_1 V_1^{\varkappa} = p_2 V_2^{\varkappa}$$ **37**

$$\frac{T_1}{T_2} = \left(\frac{V_2}{V_1}\right)^{\varkappa - 1}$$ **38**

$$\frac{T_1}{T_2} = \left(\frac{p_1}{p_2}\right)^{\frac{\varkappa - 1}{\varkappa}}$$ **39**

*Erster Hauptsatz*

$$\mathrm{d}U = \mathrm{d}W \qquad \Delta U = W$$ **40** J

*Zu- bzw. abgeführte Wärmemenge*

$$\mathrm{d}Q = 0 \qquad Q = 0$$ **41** J

| | | | |
|---|---|---|---|
| *Abgegebene bzw. verrichtete Arbeit* | $\mathrm{d}W = c_V m \,\mathrm{d}T \qquad W = c_V m (T_2 - T_1)$ | **42** | J |
| | $\mathrm{d}W = \frac{mR\,\mathrm{d}T}{M(\varkappa - 1)}$ | **43** | J |
| | $W = \frac{mR}{M(\varkappa - 1)} (T_2 - T_1)$ | | |
| *Entropieänderung* | $\mathrm{d}S = 0 \qquad \Delta S = 0$ | **44** | J/K |

**Polytrope Zustandsänderung** (→ Bild)

| | | | |
|---|---|---|---|
| *Kennzeichen* | $dQ \neq 0$ | | |
| *Erster Hauptsatz* | $\mathrm{d}U = \mathrm{d}Q + \mathrm{d}W \qquad \Delta U = Q + W$ | **45** | J |

Als *Zustandsgleichung* sowie für die *Arbeit* gelten die Gleichungen der adiabatischen (isentropen) Zustandsänderung, wenn anstelle des Adiabatenexponenten $\varkappa$ der *Polytropenexponent* $k$ gesetzt wird.

| | | | |
|---|---|---|---|
| Es gilt: | $1 < k < \varkappa$ | | 1 |
| *Zu- bzw. abgeführte Wärmemenge* | $\mathrm{d}Q = c_V m \frac{k - \varkappa}{k - 1} \mathrm{d}T$ | **46** | J |
| | $Q = c_V m \frac{k - \varkappa}{k - 1} (T_2 - T_1)$ | **47** | J |
| *Entropieänderung* | $\mathrm{d}S = c_V m \frac{k - \varkappa}{k - 1} \frac{\mathrm{d}T}{T}$ | **48** | J/K |
| | $\Delta S = c_V m \frac{k - \varkappa}{k - 1} \ln \frac{T_2}{T_1}$ | **49** | J/K |

## 15.4 Carnot-Prozeß. Kältemaschine und Wärmepumpe

*Kreisprozeß*
Bei einem Kreisprozeß erfolgen mehrere Zustandsänderungen nacheinander so, daß der ursprüngliche Zustand wieder erreicht wird. Alle periodisch arbeitenden Wärmekraftmaschinen führen Kreisprozesse aus.

*Reversible und irreversible Prozesse*
- Reversibler Prozeß: Vorgang, der umkehrbar ist, ohne daß irgendwo in der Umgebung Veränderungen zurückbleiben (z. B. Bewegungen der Mechanik ohne Reibung).
- Irreversibler Prozeß: Vorgang, der *nicht* umkehrbar ist, ohne daß irgendwo in der Umgebung Veränderungen zurückbleiben.

Irreversibel sind z. B. alle mit *Reibung* verbundenen Vorgänge.

**Carnot-Prozeß** (idealer Kreisprozeß; → Bild: *A-B-C-D-A*)

*Bedingungen:* Ideales Gas; quasistatische Führung des Prozesses (reversibel ablaufend mit infinitesimalen Temperaturdifferenzen beim Wärmeaustausch)

| | | | |
|---|---|---|---|
| *Thermischer Wirkungsgrad des Carnot-Prozesses* | $\eta_C = \left\lvert \frac{W}{Q_1} \right\rvert = \frac{Q_1 + Q_2}{Q_1} = \frac{T_1 - T_2}{T_1}$ | **50** | 1 |

(Maximalwert bei gegebenen Temperaturen $T_1$ und $T_2$)

($W < 0$; $Q_1 > 0$; $Q_2 < 0$)

| | | |
|---|---|---|
| $T_1$ | höhere Temperatur | K |
| $T_2$ | tiefere Temperatur | K |
| $Q_1$ | bei der Temperatur $T_1$ aufgenommene Wärmemenge | J |
| $Q_2$ | bei der Temperatur $T_2$ abgegebene Wärmemenge (Verlustwärme) | J |
| $W$ | gewonnene mechanische Arbeit (Nutzenergie) | J |

> Der Wirkungsgrad einer beliebigen Wärmekraftmaschine ist stets kleiner als derjenige der Carnot-Maschine $\eta_C$.

**Linksläufiger Carnot-Prozeß** (→ Bild: *A-D-C-B-A*)

*Leistungszahl der Kältemaschine*

$$\varepsilon_K = \left|\frac{Q_2}{W}\right| = \frac{T_2}{T_1 - T_2}$$ 51 1

*Leistungszahl der Wärmepumpe*

$$\varepsilon_W = \left|\frac{Q_1}{W}\right| = \frac{T_1}{T_1 - T_2} > 1$$ 52 1

($W > 0$; $Q_1 < 0$; $Q_2 > 0$)

| | | |
|---|---|---|
| $Q_1$ | bei der höheren Temperatur $T_1$ abgegebene Wärmemenge | J |
| $Q_2$ | bei der tieferen Temperatur $T_2$ aufgenommene Wärmemenge | J |
| $W$ | verrichtete mechanische Arbeit | J |

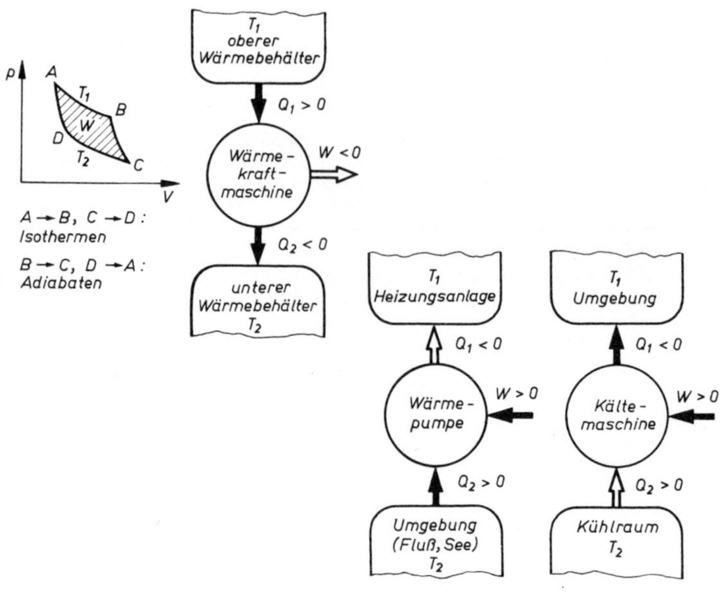

## 15.5 Zweiter Hauptsatz (Entropiesatz)

*Zweiter Hauptsatz* **53**

In einem abgeschlossenen System verlaufen alle Vorgänge so, daß die Entropie nicht abnimmt. Bei irreversiblen Prozessen wächst sie, bei reversiblen Prozessen bleibt sie konstant:

$$\Delta S = S_2 - S_1 = \int_1^2 \frac{\mathrm{d}Q}{T} \geqq 0 .$$

*Oder:*

Es gibt keine periodisch arbeitende Maschine, die nichts weiter leistet, als einem Wärmebehälter Wärme zu entziehen und diese in mechanische Energie umzusetzen.

## 15.6 Exergie und Anergie

*Exergie* ($E_E$) ist größtmöglicher, in *technische Arbeit* $\int_{p_1}^{p_2} V \mathrm{d}p$ umwandelbarer Anteil der Energie.

*Anergie* ($E_A$) ist verbleibender, nicht nutzbarer Energierest.

*Energie* $\qquad E = E_E + E_A$ **54 J**

*1. Hauptsatz der Thermodynamik*

In einem abgeschlossenen System bleibt bei allen Prozessen die Summe aus Exergie und Anergie konstant.

*2. Hauptsatz der Thermodynamik*

In einem abgeschlossenen System bleiben bei reversiblen Prozessen Exergie und Anergie konstant, bei irreversiblen Prozessen wird Exergie in Anergie umgewandelt. Anergie kann nicht in Exergie umgewandelt werden.

# B

1. Luft (molare Masse $M = 29 \cdot 10^{-3}$ kg/mol) wird von einem Kompressor bei Atmosphärendruck ($p_1 \approx 1\,000$ hPa) und bei der Temperatur $T = 294$ K angesaugt und isotherm auf den Druck $p_2 = 3{,}5$ MPa komprimiert. Welche Wärmemenge $Q$ muß je Kilogramm komprimierter Luft an das Kühlwasser abgegeben werden, und wie groß ist die vom Kompressor zu verrichtende Arbeit?

   *Lösung:* Nach **32** ist die bei einer isothermen Kompression abgeführte Wärmemenge, bezogen auf die Masseeinheit des Gases:

   $$\frac{Q}{m} = -\frac{RT}{M} \ln \frac{p_2}{p_1} = -300 \text{ kJ/kg} .$$

   Die verrichtete Arbeit ist nach **34** $W/m = -Q/m = 300$ kJ/kg .

2. 1,0 m³ Luft von 300 K soll bei Atmosphärendruck (1 000 hPa) auf 600 K erwärmt werden. Berechne a) das Endvolumen, b) die zuzuführende Wärmemenge, c) die Ausdehnungsarbeit und d) die Änderung der inneren Energie der Luft! (Adiabatenexponent der Luft $\varkappa = 1{,}4$)

*Lösung:* Es handelt sich um eine isobare Zustandsänderung. Daher folgt a) für das Endvolumen aus **22** $V_2 = V_1 T_2/T_1 = 2{,}0\,\text{m}^3$. b) Die zuzuführende Wärmemenge erhält man aus **24**. Setzt man in diese Beziehung die aus der Zustandsgleichung $pV_1 = m(R/M)T_1$ (s. 14.3, Gl. **18/19**) ermittelte Masse $m$ ein und substituiert weiterhin $R/M = c_p - c_V$ sowie $c_p/c_V = \varkappa$ (vgl. 14.4 und 13.4), so erhält man nach einigen Umformungen

$$Q = \frac{\varkappa}{\varkappa - 1} \frac{pV_1}{T_1} (T_2 - T_1) = 350\,\text{kJ}.$$

c) Die Ausdehnungsarbeit ist nach **25** $W = -100\,\text{kJ}$. d) Nach dem 1. Hauptsatz **23** ist die Zunahme der inneren Energie $\Delta U = 250\,\text{kJ}$.

**3.** Bei einem Dieselmotor wird im Kompressionstakt die im Zylinder angesaugte Luft ($\vartheta = 20\,°\text{C}$; $p_1 = 1\,000\,\text{hPa}$) durch den Kolben auf 1/13 des Ausgangsvolumens zusammengedrückt. Wie groß sind Druck und Temperatur im Zylinder am Ende der Kompressionsphase? (Adiabatenexponent der Luft $\varkappa = 1{,}4$)

*Lösung:* Der Vorgang kann als adiabatische Zustandsänderung beschrieben werden. Für den Druck erhalten wir daher nach **37**

$$p_2 = (V_1/V_2)^\varkappa p_1 = 13^{1,4} \cdot 0{,}1\,\text{MPa} = 3{,}63\,\text{MPa}$$

und für die Zündtemperatur nach **38**

$$T_2 = (V_1/V_2)^{\varkappa - 1} T_1 = 817{,}8\,\text{K}\ (\triangleq 544{,}7\,°\text{C}).$$

**4.** Ein Haus mit $100\,\text{m}^2$ Wohnfläche soll durch eine Kleinwärmepumpe beheizt werden, die 70 % der Leistungszahl erreicht. Es ist dazu ein Wärmestrom $\dot{Q}_1 = 80\,\text{MJ/h}$ bei 80 °C erforderlich. Als Wärmereservoir steht Erdwärme von 5 °C zur Verfügung. Wie groß muß die Antriebsleistung der Wärmepumpe je Quadratmeter Wohnfläche sein?

*Lösung:* Nach **52** ist die Leistungszahl der Wärmepumpe $\varepsilon_W = 353{,}15/75 = 4{,}7$ und ihr effektiver Wert $\varepsilon'_W = 0{,}70 \cdot \varepsilon_W = 3{,}3$. Mit dem Wärmestrom $\dot{Q}_1 = Q_1/t$ und der Leistung $P = W/t$ kann die Leistungszahl **52** auch $\varepsilon'_W = \dot{Q}_1/P$ geschrieben werden, woraus folgt $P = 24{,}24\,\text{MJ/h} = 6{,}73\,\text{kW}$, je Quadratmeter Wohnfläche also $\approx 70\,\text{W}$.

**5.** Ein glühendes Stück Eisen der Masse $m = 1\,\text{kg}$ und der Temperatur $\vartheta_1 = 800\,°\text{C}$ [spezifische Wärmekapazität $c = 470\,\text{J/(kg K)}$] läßt man in Luft von $\vartheta_2 = 20\,°\text{C}$ abkühlen. Berechne die Entropieänderung des Eisens und der umgebenden Luft sowie die des Gesamtsystems Eisen plus Luft!

*Lösung:* Die Entropieänderung des Eisens ist nach **8** mit $\text{d}Q = cm\,\text{d}T$:

$$\Delta S_\text{E} = \int_{T_1}^{T_2} \frac{cm\,\text{d}T}{T} = cm \ln \frac{T_2}{T_1} = -609{,}9\,\text{J/K}.$$

Die Entropie des Eisens nimmt also ab. Die umgebende Luft nimmt die vom Eisen abgegebene Wärmemenge $Q = cm(T_1 - T_2)$ bei der konstanten Temperatur $T_2$ auf; ihre Entropie vergrößert sich um

$$\Delta S_\text{L} = \frac{Q}{T_2} = \frac{cm(T_1 - T_2)}{T_2} = +1\,250{,}6\,\text{J/K}.$$

Um die Reversibilität eines Vorgangs beurteilen zu können, muß die Entropieänderung des (abgeschlossenen) Gesamtsystems berechnet werden. Diese ergibt sich als Summe der Entropieänderungen aller beteiligten Körper, im vorliegenden Fall also zu

$$\Delta S = \Delta S_\text{E} + \Delta S_\text{L} = 640{,}7\,\text{J/K} > 0,$$

d.h., der Prozeß (Abkühlungsvorgang) ist nach dem 2. Hauptsatz **53** irreversibel.

# 16 Reale Gase. Phasenumwandlungen

## 16.1 Van-der-Waalssche Zustandsgleichung. Kritische Größen realer Gase

*Van-der-Waalssche Zustandsgleichung* (→ Bild)

$$\left(p + \frac{n^2}{V^2} a\right)(V - nb) = nRT \quad 1$$

$$\left(p + \frac{m^2}{M^2 V^2} a\right)\left(V - \frac{m}{M} b\right) = \frac{m}{M} RT \quad 2$$

| | | |
|---|---|---|
| $p$ | Gasdruck | Pa |
| $V$ | Gasvolumen | $m^3$ |
| $n$ | Stoffmenge | mol |
| $m$ | Gasmasse | kg |
| $M$ | molare Masse des Gases | kg/mol |
| $R$ | Gaskonstante | J/(mol K) |
| $T$ | Temperatur | K |
| $a, b$ | Van-der-Waals-Konstanten | Pa $m^6/mol^2$, $m^3/mol$ |

*Kritische Temperatur*

$$T_k = \frac{8a}{27bR} \quad 3 \text{ K}$$

Oberhalb von $T_{kr}$ ist eine Verflüssigung des Gases auch durch Druckerhöhung nicht möglich.

*Kritischer Druck*

$$p_k = \frac{a}{27b^2} \quad 4 \text{ Pa}$$

kennzeichnet den Dampfdruck bei der kritischen Temperatur.

*Kritisches Volumen*

$$V_k = 3nb \quad 5 \text{ m}^3$$

kennzeichnet zusammen mit dem kritischen Druck $p_k$ den kritischen Punkt ($K$) im $p,V$-Diagramm auf der zu $T_k$ gehörigen Isotherme (→ Bild).

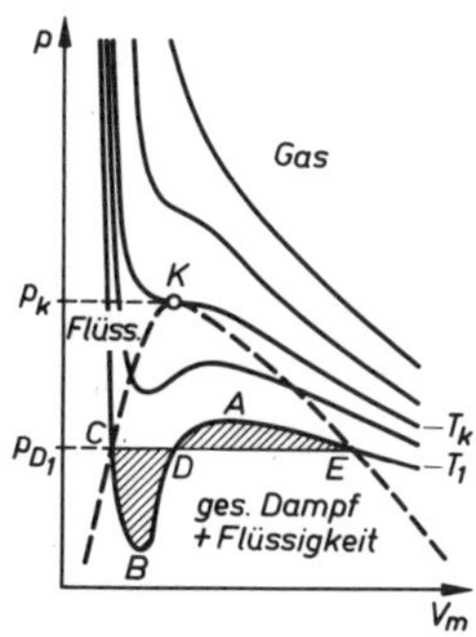


## 16.2 Phasenumwandlungen (Schmelzen, Verdampfen). Luftfeuchte

> *Phase*
> Homogenes, durch Trennflächen abgegrenztes Zustandsgebiet innerhalb eines inhomogenen Stoffsystems.

*Beispiel:* Eis, flüssiges Wasser, Wasserdampf.

*Phasenumwandlungen*

in einem Stoffsystem sind mit Energieaufnahme bzw. -abgabe verbunden: *Umwandlungsenergie* (z. B. Schmelzwärme, Verdampfungswärme).

| | | | |
|---|---|---|---|
| *Spezifische Schmelzwärme* | $s = \dfrac{Q}{m}$ | **6** | J/kg |
| *Spezifische Verdampfungswärme* | $r = \dfrac{Q}{m}$ | **7** | J/kg |
| | $m$ Masse | | kg |
| | $Q$ zum Schmelzen bzw. Verdampfen erforderliche Wärmeenergie | | J |

**Gleichungen von Clausius und Clapeyron**

| | | | |
|---|---|---|---|
| *Anstieg der Schmelzdruckkurve* $p_S(T)$ | $\dfrac{\mathrm{d}p_S}{\mathrm{d}T} = \dfrac{s}{(v_{Fl} - v_F)T}$ | **8** | |
| | $p_S$ Schmelzdruck | | Pa |
| | $T$ Temperatur | | K |
| | $v_{Fl}$, $v_F$ spezifische Volumina (= $V/m$) von Flüssigkeit und Festkörper | | $m^3/kg$ |
| *Anstieg der Dampfdruckkurve (Sättigungskurve)* $p_D(T)$ | $\dfrac{\mathrm{d}p_D}{\mathrm{d}T} = \dfrac{r}{(v_D - v_{Fl})\,T}$ | **9** | |
| | $p_D$ Dampfdruck (Sättigungsdruck) | | Pa |
| | $v_D$ spezifisches Volumen des gesättigten Dampfes | | $m^3/kg$ |

*Tripelpunkt* im $p, T$-Diagramm (Zustandsdiagramm, → Bild):
Druck und Temperatur, bei denen alle drei Phasen (fest, flüssig, gasförmig) nebeneinander im thermodynamischen Gleichgewicht existieren können.

Zustandsdiagramm (schematisch):
*a* Dampfdruckkurve
*b* Schmelzkurve
*c* Sublimationskurve

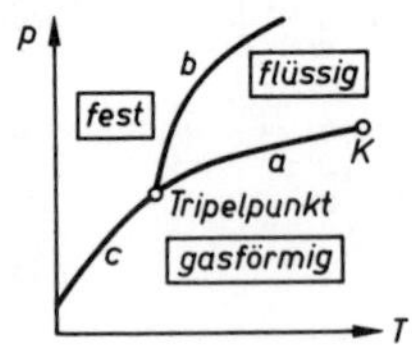


*Thermodynamisches Gleichgewicht* liegt vor, wenn (bei festen Nebenbedingungen) im System keine Zustandsänderungen mehr auftreten.

| | | | |
|---|---|---|---|
| *Gibbssches Phasengesetz* (gültig für den Gleichgewichtszustand) | $F = K + 2 - P$ | **10** | |
| | $F$ Anzahl der frei wählbaren Zustandsgrößen (Freiheitsgrade) | | 1 |
| | $K$ Anzahl unabhängiger Bestandteile (Komponenten) des Stoffes | | 1 |
| | $P$ Anzahl der Phasen | | 1 |

Für einen reinen Stoff (z. B. Wasser) ist $K = 1$, und es gilt:

| | | | |
|---|---|---|---|
| | $F = 3 - P$ | **11** | 1 |
| *Tripelpunkt* ($P = 3$): | $F = 0$ | | 1 |

**Luftfeuchte**

*Absolute Luftfeuchte* $f = \frac{m_D}{V}$ **12** kg/m³

$m_D$ Masse des Wasserdampfes kg
$V$ Luftvolumen m³

*Relative Luftfeuchte* $\varphi = \frac{f}{f_{max}}$ **13** 1

kennzeichnet das Verhältnis der absoluten Luftfeuchte zu der bei der jeweiligen Temperatur maximal möglichen absoluten Luftfeuchte, dem *Sättigungsgrad* $f_{max}$.

> *Taupunkt*
> Temperatur, auf welche die Luft abgekühlt werden muß, damit die relative Luftfeuchte 100 % beträgt.

**B**

Unter dem Druck $p = 1013$ hPa schmilzt Blei bei der Temperatur $\vartheta = 327$ °C. Berechne, wie groß die Schmelzwärme des Bleis bei dieser Temperatur ist, wenn sich bei einer Erhöhung des äußeren Druckes um $\Delta p = 1013$ hPa die Schmelztemperatur um $\Delta\vartheta = 0{,}008$ K erhöht und das Blei durch den Schmelzprozeß sein Volumen um 3,4 % vergrößert (Dichte von Blei am Schmelzpunkt $\varrho = 11{,}3 \cdot 10^3$ kg/m³).

*Lösung:* Nach **8** berechnet sich die spezifische Schmelzwärme zu

$$s = T(v_{Fl} - v_F)\,(\mathrm{d}p/\mathrm{d}T).$$

Das spezifische Volumen der festen Phase ist $v_F = V_F/m = 1/\varrho$. Für die Volumenänderung folgt damit

$$\Delta v = v_{Fl} - v_F = 0{,}034\, v_F = 0{,}034/\varrho = 3 \cdot 10^{-6}\ \mathrm{m^3/kg}.$$

Im Hinblick auf die geringfügige Temperaturänderung kann in der obigen Beziehung der Differentialquotient durch den Quotienten $\Delta p/\Delta T$ ersetzt werden, und man erhält als spezifische Schmelzwärme

$$s = T\Delta v \frac{\Delta p}{\Delta T} = 22{,}8\ \mathrm{kJ/kg}.$$

# 17 Wärmeübertragung

Die nachfolgenden Gesetzmäßigkeiten beziehen sich ausschließlich auf *stationäre* (d. h. zeitlich konstant erfolgende) Wärmetransportvorgänge.

## 17.1 Wärmeleitung

*Übertragene Wärmemenge* (durch ebene Wand) $Q = \lambda \frac{At\Delta T}{l}$ **1** J

$\lambda$ Wärmeleitfähigkeit W/(m K), J/(m h K)
$A$ Querschnittsfläche m²
$t$ Zeit s, h
$\Delta T$ Temperaturdifferenz K
$l$ Länge (Wärmeweg) m

| | | |
|---|---|---|
| *Wärmeleitwiderstand* | $R_\lambda = \frac{1}{\lambda}\frac{l}{A}$ | **2** K/W |
| für eine mehrschichtige ebene Wand ($n$ Schichten) | $R_\lambda = \frac{1}{A}\left(\frac{l_1}{\lambda_1} + \frac{l_2}{\lambda_2} + \ldots + \frac{l_n}{\lambda_n}\right)$ | **3** K/W |
| *Wärmestrom* | $\Phi = \frac{\mathrm{d}Q}{\mathrm{d}t} \qquad \Phi = \frac{Q}{t} = \frac{\Delta T}{R_\lambda}$ | **4** J/s = W |
| *Wärmestromdichte* | $j_\lambda = \frac{\mathrm{d}\Phi}{\mathrm{d}A} \qquad j_\lambda = \frac{\Phi}{A}$ | **5** W/m² |
| *Differentialgleichung der Wärmeleitung* | $j_\lambda = -\lambda \,\mathrm{grad}\, T$ | **6** W/m² |

## 17.2 Wärmeübergang

| | | |
|---|---|---|
| *Übergehende Wärmemenge* (→ Bild) | $Q = \alpha A t \Delta T$ | **7** J |
| | $\alpha$ Wärmeübergangskoeffizient | W/(m² K), J/(m² h K) |
| | $A$ Übergangsfläche | m² |
| | $\Delta T$, $t$ vgl. 17.1 | |
| *Wärmeübergangswiderstand* | $R_\alpha = \frac{1}{\alpha A}$ | **8** K/W |
| *Wärmestrom* | $\Phi = \frac{\Delta T}{R_\alpha}$ | **9** J/s = W |

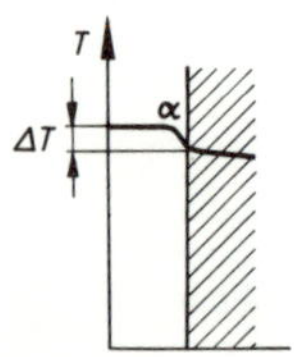


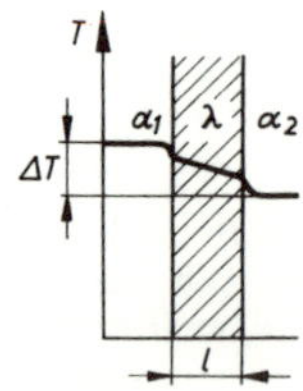


## 17.3 Wärmedurchgang

| | | |
|---|---|---|
| *Hindurchgehende Wärmemenge* (→ Bild) | $Q = k A t \Delta T$ | **10** J |
| | $k$ Wärmedurchgangskoeffizient | W/(m² K) |
| | $A$, $\Delta T$, $t$ vgl. 17.1 | |
| *Wärmedurchgangswiderstand* | $R_k = \frac{1}{kA}$ | **11** K/W |
| für eine einschichtige Wand | $R_k = R_{\alpha 1} + R_{\alpha 2} + R_\lambda$ | **12** K/W |
| | $\frac{1}{k} = \frac{1}{\alpha_1} + \frac{1}{\alpha_2} + \frac{l}{\lambda}$ | **13** m² K/W |
| *Wärmestrom* | $\Phi = \frac{\Delta T}{R_k}$ | **14** J/s = W |

**B**

Ein Warmwasserspeicher von 30 dm² Oberfläche und einer Wanddicke von 5 mm soll bei einer Raumtemperatur von 25 °C Wasser von 90 °C speichern. Die Wärmeübergangskoeffizienten $\alpha$ sind innen 1 164 W/(m$^2$ K), außen 5,8 W/(m$^2$ K). Die Wärmeleitfähigkeit des Wandmaterials ist $\lambda = 0{,}93$ W/(m K). Berechne den Wärmedurchgangskoeffizienten $k$ und die mittlere Heizleistung, die zur Aufrechterhaltung der Temperaturdifferenz erforderlich ist!

*Lösung:* Der Wärmedurchgang besteht aus zwei Wärmeübergängen und einem Wärmeleitungsvorgang. Nach **13** errechnet sich $k$ zu

$$k = \left(\frac{1}{\alpha_i} + \frac{1}{\alpha_a} + \frac{l}{\lambda}\right)^{-1} = 5{,}6\ \mathrm{W/(m^2\,K)}\,.$$

Die mittlere Heizleistung ist der Quotient aus der Wärmemenge, die durch Wärmedurchgang verlorengeht, und der Zeit, nach **10** also

$$P = \frac{Q}{t} = kA\,(\vartheta_i - \vartheta_a) \approx 110\ \mathrm{W}\,.$$

# ELEKTRODYNAMIK

## 18 Elektrisches Feld

### 18.1 Kraftwirkungen des elektrischen Feldes auf Ladungen und Dipole. Feldstärke, Potential, Spannung

| | | |
|---|---|---|
| *Ladung* (Elektrizitätsmenge) | $Q$, $q$ (Probeladung) | As = C (Coulomb) |

> Die *elektrische Ladung* ist eine *Erhaltungsgröße*. Innerhalb eines abgeschlossenen Systems können Ladungen eines Vorzeichens allein nicht erzeugt werden, vielmehr bleibt die Summe aus positiven und negativen Ladungen stets konstant.

| | | |
|---|---|---|
| *Elementarladung* (Naturkonstante) | $e = 1{,}602\,18 \cdot 10^{-19}\,\mathrm{C}$ | |

| | | | |
|---|---|---|---|
| *Kraft auf eine Probeladung q im elektrischen Feld* (Vektor) | $\boldsymbol{F} = q\boldsymbol{E}$ | 1 | N |
| *Elektrische Feldstärke* (Vektor) → Bild | $\boldsymbol{E} = \dfrac{\boldsymbol{F}}{q}$ | 2 | V/m |

kennzeichnet die Kraft, die in einem elektrischen Feld auf eine Probeladung von der Größe der Ladungseinheit (1 C) wirkt. Ihre Richtung ist gleich der Kraftrichtung auf eine *positive* Ladung.

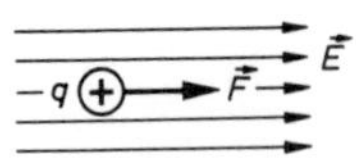


| | | | |
|---|---|---|---|
| *Kraft zwischen zwei Punktladungen (geladenen Kugeln), Coulombsches Gesetz* | $\boldsymbol{F} = \dfrac{1}{4\pi\varepsilon_r\varepsilon_0}\,\dfrac{Q_1Q_2}{r^2}\,\dfrac{\boldsymbol{r}}{r}$ | 3 | N |
| $\boldsymbol{F}$ ist Kraft auf $Q_2$ | $Q_1$, $Q_2$ Ladungen (vorzeichenbehaftet einzusetzen) | | C = As |
| $\boldsymbol{F} \uparrow\uparrow \boldsymbol{r}$: Abstoßung | $\boldsymbol{r}$ Vektor von $Q_1$ nach $Q_2$ | | m |
| $\boldsymbol{F} \uparrow\downarrow \boldsymbol{r}$: Anziehung | $r$ Abstand der Punktladungen (Kugelmittelpunkte) | | m |
| | $\boldsymbol{r}/r$ Einheitsvektor in Richtung $\boldsymbol{r}$ | | 1 |
| | $\varepsilon_r$ Dielektrizitätszahl, s. 18.4 (im Vakuum ist $\varepsilon_r = 1$) | | 1 |

| | | |
|---|---|---|
| *Elektrische Feldkonstante* (Naturkonstante) | $\varepsilon_0 = 8{,}854\,19 \cdot 10^{-12}\,\mathrm{As/(V\,m)}$ | |

| | | | |
|---|---|---|---|
| *Kraft zwischen zwei geladenen Platten (Plattenkondensator)* | $F = \frac{1}{2}\,\varepsilon_r\varepsilon_0 E^2 A = \frac{1}{2}\,EDA$ | 4 | N |
| | $A$ Plattenfläche | | $\mathrm{m^2}$ |
| | $D$ elektrische Verschiebung (vgl. 18.2) | | $\mathrm{C/m^2}$ |

| | | | |
|---|---|---|---|
| *Elektrisches Dipolmoment* (Vektor) | $\boldsymbol{p} = Q\boldsymbol{l}$<br>$Q$ Punktladung $(>0)$<br>$\boldsymbol{l}$ Vektor von der negativen zur positiven Dipolladung (Dipolachse) | **5** | C m = A s m<br>C = A s<br>m |
| *Drehmoment auf einen elektrischen Dipol in einem homogenen elektrischen Feld* (Vektor) | $\boldsymbol{M} = \boldsymbol{p} \times \boldsymbol{E} \qquad M = pE \sin \alpha$<br>$\alpha$ Winkel zwischen der Dipolachse und der Richtung des elektrischen Feldes | **6** | N m<br>° |
| *Elektrische Feldstärke in der Umgebung einer Punktladung Q* | $\boldsymbol{E} = \frac{1}{4\pi\varepsilon_r\varepsilon_0} \frac{Q}{r^2} \frac{\boldsymbol{r}}{r}$ | **7** | V/m |
| Betrag | $E = \frac{\lvert Q \rvert}{4\pi\varepsilon_r\varepsilon_0 r^2}$<br>(im Vakuum ist $\varepsilon_r = 1$) | **8** | V/m |
| *Elektrische Feldstärke im homogenen Feld (Plattenkondensator)* | $E = \frac{U}{d}$<br>$U$ Spannung (s. u.)<br>$d$ Plattenabstand | **9** | V/m<br>V<br>m |
| *Arbeit gegen die Feldkraft beim Verschieben der Probeladung q zwischen $P_0$ und P* | $W = -q \int_{P_0}^{P} \boldsymbol{E} \cdot \mathrm{d}\boldsymbol{r} = qU$<br>$\mathrm{d}\boldsymbol{r}$ infinitesimaler Verschiebungsvektor | **10** | J<br>m |
| *Elektrische Spannung (Potentialdifferenz) zwischen $P_0$ und P* | $U = \frac{W}{q} = -\int_{P_0}^{P} \boldsymbol{E} \cdot \mathrm{d}\boldsymbol{r} = \varphi - \varphi_0$ | **11** | V (Volt) |
| *Elektrisches Potential im Feldpunkt P* | $\varphi = -\int_{\infty}^{P} \boldsymbol{E} \cdot \mathrm{d}\boldsymbol{r}$ | **12** | V |
| im Abstand $r$ von einer Punktladung $Q$ bzw. vom Mittelpunkt einer geladenen Kugel | $\varphi = \frac{Q}{4\pi\varepsilon_r\varepsilon_0 r}$<br>$(r > \text{Kugelradius})$ | **13** | V |

Bezugspunkt $P_0$ ist hierbei das willkürlich im Unendlichen festgelegte *Nullpotential* $\varphi_0(\infty) = 0$ (Normierung des Potentials).

| | | | |
|---|---|---|---|
| *Potentielle Energie der Ladung q im Punkt P* | $E_p = -q \int_{\infty}^{P} \boldsymbol{E} \cdot \mathrm{d}\boldsymbol{r} = q\varphi$ | **14** | J |
| im Abstand $r$ von einer Punktladung $Q$ bzw. vom Mittelpunkt einer geladenen Kugel | $E_p = \frac{qQ}{4\pi\varepsilon_r\varepsilon_0 r}$<br>$(r > \text{Kugelradius})$ | **15** | J |

## 18.2 Elektrischer Fluß, elektrische Verschiebung. Energiedichte

| | | | |
|---|---|---|---|
| *Elektrischer Fluß, Verschiebungsfluß* | $\Psi = Q = \varepsilon_0 EA$<br>$Q$ auf einer Leiteroberfläche $A$ durch Influenz gebundene elektrische Ladung | **16** | C = A s<br>C |

| | | | |
|---|---|---|---|
| | $E$ elektrische Feldstärke im Vakuum | | V/m |
| | $\varepsilon_0$ elektrische Feldkonstante | | C/(V m) |
| *Flächenladungsdichte* | $\sigma = \frac{\mathrm{d}Q}{\mathrm{d}A} \qquad \sigma = \frac{Q}{A}$ | 17 | C/m² |
| *Elektrische Flußdichte, elektrische Verschiebung* | $D = \frac{\mathrm{d}\Psi}{\mathrm{d}A} = \frac{\mathrm{d}Q}{\mathrm{d}A} \qquad D = \frac{\Psi}{A} = \frac{Q}{A}$ | 18 | C/m² |

Auf der Oberfläche eines Leiters ist der Betrag der elektrischen Verschiebung $D$ gleich der Flächenladungsdichte $\sigma$.

| | | | |
|---|---|---|---|
| *Elektrische Flußdichte, elektrische Verschiebung* (Vektor) | $\boldsymbol{D} = \varepsilon_r \varepsilon_0 \boldsymbol{E}$ | 19 | C/m² |
| | $\varepsilon_r$ Dielektrizitätszahl, vgl. 18.4 (im Vakuum ist $\varepsilon_r = 1$) | | 1 |
| *Elektrischer Fluß durch eine beliebige Fläche A* | $\Psi = \int_{(A)} \boldsymbol{D} \cdot \mathrm{d}\boldsymbol{A}$ | 20 | C |
| *Gesamtverschiebungsfluß durch eine geschlossene Fläche $A_0$* | $\Psi_0 = \oint_{(A_0)} \boldsymbol{D} \cdot \mathrm{d}\boldsymbol{A} = \sum Q_i$ | 21 | C |

ist gleich der Summe der von der Fläche eingeschlossenen Ladungen $Q_i$ als Quellen (bzw. Senken) des elektrischen Feldes.

| | | | |
|---|---|---|---|
| *Energiedichte des elektrischen Feldes* | $w_e = \frac{\mathrm{d}E_e}{\mathrm{d}V} = \frac{1}{2} \boldsymbol{E} \cdot \boldsymbol{D} = \frac{1}{2} \varepsilon_r \varepsilon_0 E^2$ | 22 | J/m³ |
| | $E_e$ elektrische Feldenergie, vgl. 18.4 | | J |
| | $V$ Volumen | | m³ |

## 18.3 Elektrische Polarisation. Elektrisierung

| | | | |
|---|---|---|---|
| *Influenziertes molekulares Dipolmoment* (Vektor) | $\boldsymbol{p} = \alpha \boldsymbol{E}_0$ | 23 | A s m |
| | $\boldsymbol{E}_0$ Feldstärke des äußeren elektrischen Feldes | | V/m |
| | $\alpha$ elektrische Polarisierbarkeit der Moleküle des Dielektrikums | | A s m²/V = F m² |
| *Elektrische Polarisation* (Vektor) | $\boldsymbol{P} = \frac{N}{V} \boldsymbol{p} = n \boldsymbol{p}$ | 24 | C/m² |
| | $n$ Dipoldichte (Anzahl der Dipole $N$ je Volumen $V$) | | 1/m³ |
| | $\boldsymbol{P} = \boldsymbol{D} - \boldsymbol{D}_0 = \chi_e \varepsilon_0 \boldsymbol{E} = \frac{\varepsilon_r - 1}{\varepsilon_r} \varepsilon_0 \boldsymbol{E}_0$ | 25 | C/m² |
| | $\boldsymbol{E}_0$ elektrische Feldstärke im Vakuum | | V/m |
| | $\boldsymbol{E}$ elektrische Feldstärke im Dielektrikum ($= \boldsymbol{E}_0 / \varepsilon_r$) | | V/m |

| | | | |
|---|---|---|---|
| | $\boldsymbol{D}$ elektrische Verschiebung im Dielektrikum bei der Feldstärke $\boldsymbol{E}$ $(= \varepsilon_r \varepsilon_0 \boldsymbol{E})$ | | C/m² |
| | $\boldsymbol{D}_0$ elektrische Verschiebung im Vakuum bei der Feldstärke $\boldsymbol{E}$ $(= \varepsilon_0 \boldsymbol{E})$ | | C/m² |
| *Dielektrizitätszahl, relative Dielektrizitätskonstante* (Stoffwert) | $\varepsilon_r = \frac{E_0}{E}$ | **26** | 1 |

kennzeichnet das Verhältnis der Beträge der elektrischen Feldstärken im Vakuum ($E_0$) und im Dielektrikum ($E$) bei gleicher elektrischer Verschiebung $D = Q/A$.

| | | | |
|---|---|---|---|
| *Elektrische Suszeptibilität* (Stoffwert) | $\chi_e = \varepsilon_r - 1$ | **27** | 1 |
| *Elektrisierung* (Vektor) | $\boldsymbol{E}_P = \frac{\boldsymbol{P}}{\varepsilon_0} = \chi_e \boldsymbol{E}$ | **28** | V/m |

kennzeichnet die zum Vektor der elektrischen Polarisation **25** gehörige elektrische Feldstärke.

## 18.4 Kapazität, Kondensator. Elektrische Feldenergie

| | | | |
|---|---|---|---|
| *Kapazität* (Definition) | $C = \frac{Q}{U}$ | **29** | C/V = F (Farad) |

kennzeichnet die Ladung $Q$, die bei gegebener Spannung $U$ in einer Leiteranordnung (Kondensator) gespeichert ist.

| | | | |
|---|---|---|---|
| *Kapazität des leeren Plattenkondensators* (Bemessungsgleichung) | $C_0 = \frac{\varepsilon_0 A}{d}$ | **30** | F |
| | $A$ Plattenfläche | | m² |
| | $d$ Plattenabstand | | m |
| | $\varepsilon_0$ elektrische Feldkonstante | | C/(V m) |
| *Kapazität des stoffgefüllten Plattenkondensators* | $C = \frac{\varepsilon_r \varepsilon_0 A}{d}$ | **31** | F |
| *Dielektrizitätszahl, relative Dielektrizitätskonstante* (Stoffwert) | $\varepsilon_r = \frac{C}{C_0} > 1$ | **32** | 1 |
| *Dielektrizitätskonstante* (homogenes Dielektrikum) | $\varepsilon = \varepsilon_r \varepsilon_0$ | **33** | C/(V m) |

tritt in allen Gleichungen an die Stelle von $\varepsilon_0$, wenn bei den betrachteten Vorgängen das Dielektrikum zu berücksichtigen ist.

| | | | |
|---|---|---|---|
| *Elektrische Feldenergie* | $E_e = \frac{1}{2} QU = \frac{1}{2} CU^2$ | **34** | J |
| *Kapazität einer Kugel in einem Dielektrikum* | $C = 4\pi \varepsilon_r \varepsilon_0 R$ | **35** | F |
| | $R$ Kugelradius (im Vakuum ist $\varepsilon_r = 1$) | | m |

*Gesamtkapazitäten (Ersatzkapazitäten) C*

| | Reihenschaltung | Parallelschaltung |
|---|---|---|
| Schaltbild | 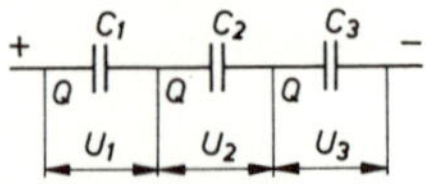 | 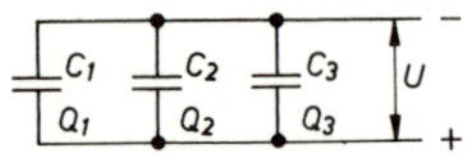 |
| | Jeder Kondensator hat gleiche Ladung. | An jedem Kondensator liegt die gleiche Spannung. |
| Gleichung | $\frac{1}{C} = \frac{1}{C_1} + \frac{1}{C_2} + \ldots + \frac{1}{C_n}$ | $C = C_1 + C_2 + \ldots + C_n$ |
| | $U_m : U_n = C_n : C_m$ | $Q_m : Q_n = C_m : C_n$ |

# B

1. Welches ist der kleinste Abstand, bis zu dem sich ein beim radioaktiven Zerfall des Poloniums entstehendes $\alpha$-Teilchen dem Kern eines Goldatoms annähern kann, wenn es sich mit der Geschwindigkeit $v = 1{,}6 \cdot 10^7$ m/s auf ihn zu bewegt? Welchen Wert erreicht die Abstoßungskraft im Punkt der größten Annäherung? [Masse des $\alpha$-Teilchens $m_\alpha = 6{,}645 \cdot 10^{-27}$ kg; Ladung des $\alpha$-Teilchens $q = 2e$ mit der Elementarladung $e = 1{,}602 \cdot 10^{-19}$ C; Ladung des Au-Kerns $Q = Ze$ mit der Ordnungszahl $Z = 79$; $\varepsilon_0 = 8{,}854 \cdot 10^{-12}$ C/(V m)]

   *Lösung:* Beim Anlauf des $\alpha$-Teilchens gegen den Au-Kern wird seine gesamte kinetische Energie $m_\alpha v^2/2$ aufgebraucht; sie ist beim kleinsten Kernabstand $r_{\min}$ gleich dem Gewinn an potentieller Energie **15** $2Ze^2/(4\pi\varepsilon_0 r_{\min})$. Durch Gleichsetzen beider Energien erhält man

   $$r_{\min} = \frac{Ze^2}{\pi\varepsilon_0 m_\alpha v^2} = 4{,}3 \cdot 10^{-14}\,\text{m}.$$

   Mit diesem Wert erhält man aus dem Coulombschen Gesetz **3** für den Betrag der maximalen Abstoßungskraft

   $$F_{\max} = \frac{2Ze^2}{4\pi\varepsilon_0 r_{\min}^2} \approx 20\,\text{N}.$$

2. Welche Arbeit muß beim Heranführen einer Punktladung $q = 2 \cdot 10^{-8}$ C aus dem Unendlichen zu einem Punkt verrichtet werden, der 1 cm von der Oberfläche einer Kugel mit dem Radius $R = 1$ cm und einer Flächenladungsdichte $\sigma = 10^{-5}$ C/m² entfernt ist? ($\varepsilon_r = 1$)

   *Lösung:* Die Gesamtladung der Kugel ist nach **17**

   $$Q = 4\pi R^2 \sigma = 1{,}26 \cdot 10^{-8}\,\text{C}.$$

   Die zu verrichtende Arbeit ist wegen **10** und **14** gleich der dann vorhandenen potentiellen Energie der Punktladung, welche sich nach **15** mit $r = 2$ cm zu $E_p = W = 1{,}13 \cdot 10^{-4}$ J berechnet.

3. Ein Elektron erlangt in einem Plattenkondensator beim Durchlaufen des Weges von einer Platte zur anderen eine Geschwindigkeit von $3{,}25 \cdot 10^7$ m/s. Der Plattenabstand beträgt $d = 5$ mm, die Plattenfläche $A = 1$ dm². Gesucht sind a) der Potentialunterschied zwischen den Platten, b) die elektrische Feldstärke im Innern des Kondensators, c) die auf das Elektron wirkende Kraft, d) die Beschleunigung des

Elektrons, e) die Flächendichte der Ladung auf den Kondensatorplatten, f) die Energiedichte des elektrischen Feldes, g) die Anziehungskraft der Kondensatorplatten, h) die Kapazität des Kondensators. (Ruhmasse des Elektrons $m_e = 9{,}11 \times 10^{-31}$ kg; Elementarladung $e = 1{,}602 \cdot 10^{-19}$ C)

*Lösung:* Die beim Durchlaufen des Plattenabstandes vom Elektron aufgenommene kinetische Energie $m_e v^2/2$ ist gleich der Arbeit zur Überwindung der Potentialdifferenz (Spannung) $U$, mit $|q| = e$ nach **10** also gleich $eU$. Daraus folgt a) $U = m_e v^2/(2e) = 3$ kV. b) Aus **9** folgt damit für die Feldstärke $E = 600$ kV/m. c) Die Kraft auf das Elektron ist nach **1** $F_e = eE = 9{,}6 \cdot 10^{-14}$ N, woraus sich wegen $F_e = m_e a$ d) die Beschleunigung des Elektrons zu $a = 1{,}05 \cdot 10^{17}$ m/s² berechnet. e) Die Flächenladungsdichte der Kondensatorplatten **17** ist nach **18** gleich der elektrischen Verschiebung $D$, die sich aus $E$ nach **19** mit $\varepsilon_r = 1$ zu $\sigma = D = \varepsilon_0 E = 5{,}3 \times 10^{-6}$ C/m berechnet. f) Die Energiedichte des elektrischen Feldes wird somit nach **22** $w_e = 1{,}6$ J/m³ und g) die Kraft zwischen den Kondensatorplatten nach **4** $F = 0{,}016$ N. h) Die Kapazität ist nach **30** $C_0 = 1{,}8 \cdot 10^{-11}$ F = 18 pF.

**4.** Gesucht ist die Kapazität der Erdkugel (Radius 6 380 km). Um wieviel ändert sich das Potential der Erdkugel, wenn man ihr eine Ladung von 1 C überträgt?

*Lösung:* Die Kapazität berechnet sich nach **35** mit $\varepsilon_r = 1$ zu $C_E = 7{,}1 \cdot 10^{-4}$ F (= 710 µF). Das Potential ändert sich gemäß **29** um $\Delta U = \Delta Q/C = 1\,400$ V.

**5.** Zwischen die Platten eines Kondensators, in dem sich Vakuum befindet, werde eine Platte aus einem Dielektrikum geschoben, deren Dicke kleiner ist als der Abstand der Kondensatorplatten. Zeige, daß die elektrische Verschiebung $D$ bei ungeänderter Aufladung des Kondensators stetig durch die Grenzfläche Vakuum/Dielektrikum hindurchgeht!

*Lösung:* Die Feldstärke im leeren Kondensator sei $E_0$. Dann ist die elektrische Verschiebung im leeren Teil des Kondensators nach **19** wegen $\varepsilon_r = 1$: $D_0 = \varepsilon_0 E_0$. Im Dielektrikum hingegen ist die Feldstärke nach **26** $E = E_0/\varepsilon_r$. Damit wird die elektrische Verschiebung im Dielektrikum mit **19**

$$D = \varepsilon_r \varepsilon_0 E = \varepsilon_r \varepsilon_0 \frac{E_0}{\varepsilon_r} = \varepsilon_0 E_0 = D_0 .$$

**6.** An einem Plattenkondensator (Plattenabstand $d = 8$ mm) liege eine konstante Spannung von $U = 2\,500$ V an. Zwischen die Kondensatorplatten wird eine Glasplatte von 4 mm Dicke eingeführt ($\varepsilon_{rG} = 7{,}5$). Berechne die Feldstärke und den Spannungsabfall im verbleibenden Luftraum ($\varepsilon_{rL} \approx 1$)!

*Lösung:* Wie in Beispiel **5** gezeigt, gilt für die elektrische Verschiebung in Luft und in Glas $D_L = D_G$, d.h. $\varepsilon_{rL} E_L = \varepsilon_{rG} E_G$ oder mit $\varepsilon_{rL} = 1$ $E_G = E_L/\varepsilon_{rG}$. Mit **9** erhalten wir die Gesamtspannung als Summe der Spannungsabfälle in Luft und in Glas zu

$$U = E_L d_L + E_G d_G = E_L d_L + \frac{E_L d_G}{\varepsilon_{rG}} = E_L \left( d_L + \frac{d_G}{\varepsilon_{rG}} \right)$$

oder mit $d_L = d_G = 4$ mm :

$$E_L = \frac{U}{d_L + \dfrac{d_G}{\varepsilon_{rG}}} = 551{,}5 \text{ V/mm} ; \; U_L = E_L d_L = 2\,206 \text{ V} .$$

# 19 Gleichstrom

## 19.1 Elektrische Stromstärke, elektrischer Widerstand. Ohmsches Gesetz

| | | | |
|---|---|---|---|
| *Elektrische Stromstärke* | $I = \frac{\mathrm{d}Q}{\mathrm{d}t}$ (Basisgrößenart) | 1 | A (Ampere) |
| bei konstanter Stromstärke (Gleichstrom) | $I = \frac{Q}{t}$ | 2 | A |
| | $Q$ elektrische Ladung | | C = A s |
| | $t$ Zeit | | s |

kennzeichnet die in vorgegebener Zeit durch einen Leiterquerschnitt transportierte elektrische Ladung.

> Das **Ampere** ist die Stärke eines zeitlich unveränderlichen elektrischen Stromes durch zwei geradlinige, parallele, unendlich lange Leiter von vernachlässigbarem Querschnitt, die einen Abstand von 1 m haben und zwischen denen die durch den Strom magnetisch hervorgerufene Kraft im Vakuum je 1 m Länge der Doppelleitung $2 \cdot 10^{-7}$ N beträgt.

| | | | |
|---|---|---|---|
| *Elektrische Stromdichte* | $j = \frac{\mathrm{d}I}{\mathrm{d}A}$ | 3 | $\mathrm{A/m^2}$ |
| bei konstanter Stromstärke über den Leiterquerschnitt $A$ | $j = \frac{I}{A}$ | 4 | $\mathrm{A/m^2}$ |

Die Stromdichte ist ein Vektor in der Bewegungsrichtung *positiver* Ladungsträger.

| | | | |
|---|---|---|---|
| *Elektrischer Widerstand* | $R = \frac{U}{I}$ | 5 | V/A = Ω (Ohm) |
| *Widerstand eines Drahtes* (Bemessungsgleichung) | $R = \varrho \frac{l}{A}$ | 6 | Ω |
| | $\varrho$ spezifischer elektrischer Widerstand (Stoffwert) | | Ω m, Ω $\mathrm{mm^2/m}$ |
| | $l$ Länge des Leiters | | m |
| | $A$ Querschnitt des Leiters | | $\mathrm{m^2}$ |
| *Leitwert* | $G = \frac{I}{U} = \frac{1}{R}$ | 7 | A/V = S (Siemens) |
| *Elektrische Leitfähigkeit* (Stoffwert) | $\varkappa = \frac{1}{\varrho}$ | 8 | S/m |

**Temperaturabhängigkeit des spezifischen Widerstandes**

| | | | |
|---|---|---|---|
| *Spezifischer Widerstand nach Temperaturänderung* | $\varrho = \varrho_0 [1 + \alpha \Delta T + \beta (\Delta T)^2]$ | 9 | |
| | $\varrho_0$ spezifischer Widerstand bei einer bestimmten Bezugstemperatur (Ausgangswert) | | Ω m, Ω $\mathrm{mm^2/m}$ |
| | $\Delta T$ Temperaturänderung | | K |
| | $\alpha, \beta$ Temperaturkoeffizienten | | 1/K bzw. $1/\mathrm{K^2}$ |
| Für kleine Werte $\Delta T$: | $\varrho \approx \varrho_0 (1 + \alpha \Delta T)$ | | |

**Ohmsches Gesetz**

*Ohmsches Gesetz* (integrale Form) $U = RI \qquad R = \text{const}$ **10**

$U$ Spannungsabfall am stromdurchflossenen Widerstand $R$ — V

ist ein Spezialfall des allgemeinen funktionalen Zusammenhangs $U(I)$ für einen konstanten Widerstand und ist gültig für metallische und elektrolytische Leiter.

*Ohmsches Gesetz* (differentiale Form) $\boldsymbol{j} = \varkappa \boldsymbol{E} \qquad \boldsymbol{E} = \varrho \boldsymbol{j}$ **11**

$\boldsymbol{j}$ Stromdichte (Vektor) — $A/m^2$

$\boldsymbol{E}$ elektrische Feldstärke (Vektor) — V/m

## 19.2 Kirchhoffsche Gesetze. Strom- und Spannungsteilung. Widerstandsmessung

*1. Kirchhoffsches Gesetz (Knotenpunktsatz)* → Bild

Für jeden Verzweigungspunkt (Knotenpunkt) ist die Summe der zufließenden Ströme gleich der Summe der abfließenden Ströme:

$$\sum I_{zu} = \sum I_{ab}. \qquad \textbf{12}$$

Im Bild ist $I_1 + I_2 = I_3 + I_4 + I_5$

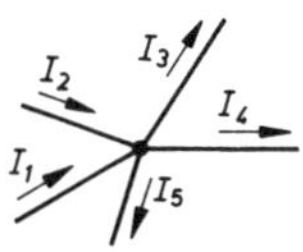


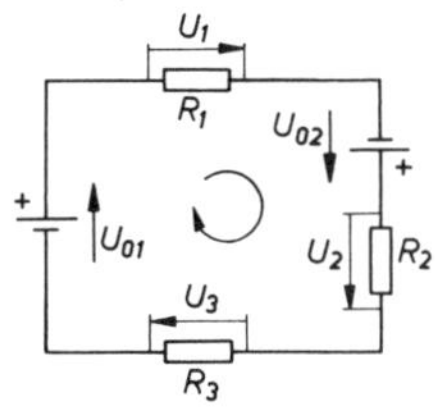


*2. Kirchhoffsches Gesetz (Maschensatz)* → Bild

Für jeden geschlossenen Kreis (Masche) eines Netzes von linearen Leitern ist die Summe der Spannungsabfälle an den Widerständen gleich der Summe der Urspannungen der Spannungsquellen:

$$\sum_i I_i R_i = \sum_j U_{0j}. \qquad \textbf{13}$$

Es muß ein **Umlaufsinn** festgelegt werden, in dem die Masche durchlaufen wird. Spannungsabfälle werden dann positiv gezählt, wenn Stromrichtung und Umlaufsinn der Masche übereinstimmen; Urspannungen sind positiv, wenn der Umlaufsinn vom Minus- zum Pluspol der Spannungsquelle führt, anderenfalls negativ.

**Widerstandsmessung**

*Spannungsrichtige Schaltung* → Bild a)

$$R = \frac{U}{I - \dfrac{U}{R_{iV}}} \qquad \textbf{14} \quad \Omega$$

$R_{iV}$ Innenwiderstand des Spannungsmessers — Ω

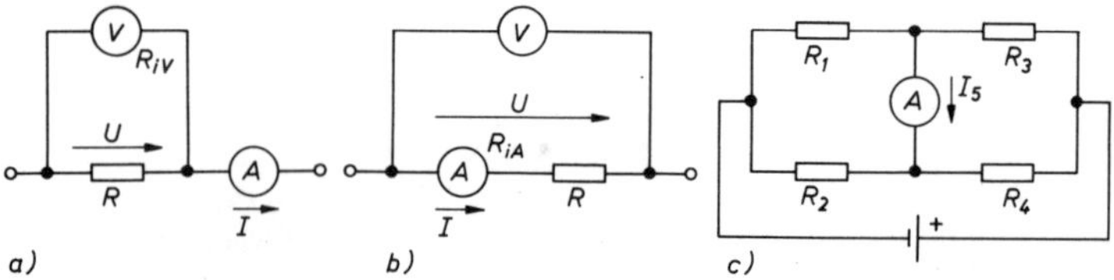


| | | | |
|---|---|---|---|
| Für $R_{iV} \gg R$: | $R \approx \dfrac{U}{I}$ | | |
| *Stromstärkerichtige Schaltung* → Bild b) | $R = \dfrac{U}{I} - R_{iA}$ | 15 | Ω |
| | $R_{iA}$ Innenwiderstand des Strommessers | | Ω |
| Für $R_{iA} \ll R$: | $R \approx \dfrac{U}{I}$ | | |
| *Wheatstonesche Brückenschaltung* → Bild c) | $\dfrac{R_1}{R_2} = \dfrac{R_3}{R_4}$ wenn der Brückenstrom über das Galvanometer $I_5 = 0$ (Abgleichbedingung) | 16 | |

*Spannung, Stromstärke, Ersatzwiderstand (-leitwert) bei Reihen- und Parallelschaltung von Widerständen*

| | Reihenschaltung | Parallelschaltung |
|---|---|---|
| *Schaltbild* | 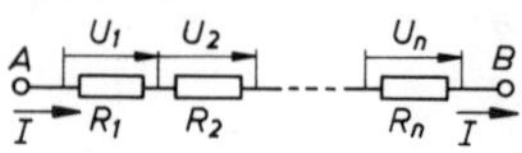  | 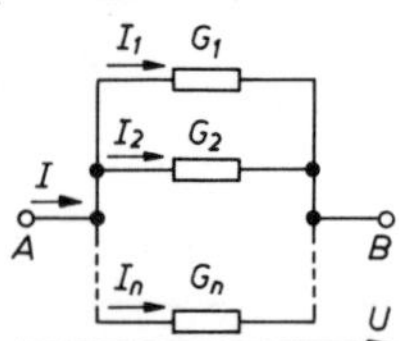  |
| *Spannung* | $U_{AB} = U_1 + U_2 + \ldots + U_n$<br>Gesamtspannung = Summe der Teilspannungen<br>*Spannungsteilerregel:*<br>$U_i : U_j = R_i : R_j$<br>Die Teilspannungen sind proportional den entsprechenden Teilwiderständen. | $U_1 = U_2 = \ldots = U_n = U_{AB}$<br>Der Spannungsabfall ist an allen Widerständen gleich. |
| *Stromstärke* | $I_1 = I_2 = \ldots = I_n = I$<br>Die Stromstärke ist in allen Widerständen gleich. | $I = I_1 + I_2 + \ldots + I_n$<br>Gesamtstromstärke = Summe der Teilstromstärken<br>*Stromteilerregel:*<br>$I_i : I_j = R_j : R_i$<br>Die Teilstromstärken sind umgekehrt proportional den entsprechenden Teilwiderständen. |

| | | |
|---|---|---|
| *Widerstand* | $R = R_1 + R_2 + \ldots + R_n;\quad R > R_i$ | $\frac{1}{R} = \frac{1}{R_1} + \frac{1}{R_2} + \ldots + \frac{1}{R_n};\quad R < R_i$ |
| *Leitwert* | $\frac{1}{G} = \frac{1}{G_1} + \frac{1}{G_2} + \ldots + \frac{1}{G_n};\quad G < G_i$ | $G = G_1 + G_2 + \ldots + G_n;\quad G > G_i$ |

*Meßbereichserweiterung von Strom- und Spannungsmesser*
($n$-fache Erweiterung, $R_1$ Widerstand des Meßgerätes)

| | Spannungsmesser | Strommesser |
|---|---|---|
| Schaltbild | 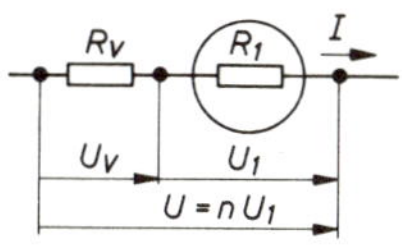  | 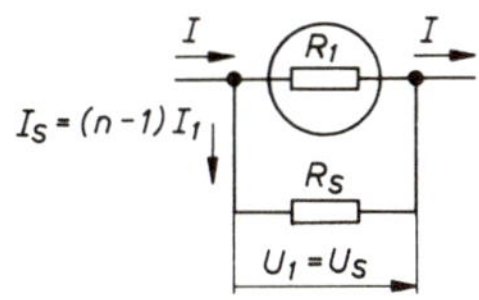  |
| Es wird benötigt: | Vorwiderstand $R_V$ | Parallelwiderstand (Shunt) $R_S$ |
| Gleichung | $R_V = (n-1)R_1$ | $R_S = \frac{R_1}{n-1}$ |

## 19.3 Energie und Leistung von Gleichströmen

| | | | |
|---|---|---|---|
| *Elektrische Energie, elektrische Arbeit* | $W = UIt$ | **17** | V A s = W s = J; kWh |
| | $U$ (konstante) Spannung | | V |
| | $I$ (konstante) Stromstärke | | A |
| | $t$ Zeit | | s |

ist die vom Strom erzeugte (an einem Widerstand umgesetzte) Wärmeenergie.

| | | | |
|---|---|---|---|
| *Elektrische Leistung, Wärmeleistung des Stromes (Wirkleistung)* | $P = UI$ | **18** | VA = W, kW |
| | $P = RI^2 = \frac{U^2}{R}$ | **19** | |
| | $R$ Widerstand | | $\Omega$ |

**B**

1. Bei einer Widerstandsbestimmung durch gleichzeitige Strom- und Spannungsmessung (spannungsrichtige Schaltung → Bild) sei $U = 10$ V und $I = 1$ mA. Der Innenwiderstand des Voltmeters betrage $R_{iV} = 200\ \text{k}\Omega$. Um welchen Betrag weicht der Widerstandswert vom wahren Wert ab, wenn der durch das Voltmeter fließende Strom unberücksichtigt bleibt?

   *Lösung:* Für den unbekannten Widerstand $R$ gilt nach dem Ohmschen Gesetz 5 $R = U/I = 10\ \text{k}\Omega$. Da aber ein Teil des Stromes, $I_V = U/R_{iV}$, durch das Voltmeter und nicht durch den Widerstand fließt, gilt für den korrigierten Wert gemäß **14**

$$R_{korr} = \frac{U}{I - I_V} = \frac{U}{I - (U/R_{iV})} = 10{,}53\ \text{k}\Omega .$$

   Die Abweichung beträgt also 5,3 %.

2. Ein zunächst unbelasteter Spannungsteiler $R_S = 200\,\Omega$ (→ Bild) wird durch Zuschalten eines Arbeitswiderstandes $R_A = 100\,\Omega$ belastet. a) In welchem Verhältnis stehen die Ausgangsspannungen $U_A$ des belasteten und des unbelasteten Spannungsteilers bei Mittelstellung des Abgriffs ($R_1 = R_2 = R_S/2$)? b) Berechne die jeweilige Stromstärke, wenn die Spannung der Spannungsquelle $U = 24$ V beträgt!

*Lösung:* a) Im Leerlauf (ohne Belastung) beträgt die Stromstärke durch den Spannungsteiler nach **10** $I = U/R_S = U/(R_1 + R_2)$ und damit die Spannung am Abgriff

$$U_A = IR_2 = \frac{UR_2}{R_1 + R_2} = \frac{U}{2} = 12\text{ V}.$$

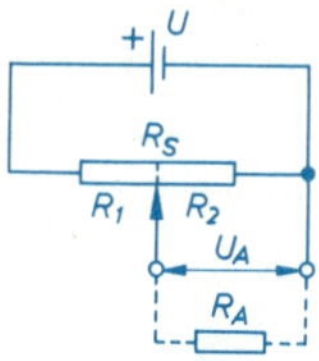


Mit Belastung tritt an die Stelle von $R_2$ der kleinere Widerstand $R_2' = R_2R_A/(R_2 + R_A)$ (Parallelschaltung von $R_2$ und $R_A$; s. Tabelle). Somit ist jetzt die Stromstärke $I' = U/(R_1 + R_2')$ und damit die Ausgangsspannung

$$U_A' = I'R_2' = \frac{U}{R_1 + \frac{R_2R_A}{R_2 + R_A}} \; \frac{R_2R_A}{R_2 + R_A} = \frac{U}{1 + \frac{R_1(R_2 + R_A)}{R_2R_A}} = \frac{U}{3} = 8\text{ V}.$$

b) Die Stromstärken durch den Spannungsteiler im Leerlauf und mit Belastung sind (s. o.):

$$I = \frac{U}{R_S} = 120\text{ mA}; \qquad I' = \frac{U}{R_1 + \frac{R_2R_A}{R_2 + R_A}} = 160\text{ mA}.$$

3. Leite für den belasteten Spannungsteiler das im obigen Beispiel 2 für die Ausgangsspannung $U_A'$ erhaltene Ergebnis mit Hilfe der Kirchhoffschen Gesetze her! Berechne darüber hinaus die Ströme durch die Teilwiderstände $R_1$ und $R_2$ des Spannungsteilers sowie die Spannungsabfälle an ihnen!

*Lösung:* Legt man die Richtung der Ströme durch die Widerstände $R_1$, $R_2$ und $R_A$ im Bild von links nach rechts und den Umlaufsinn der Maschen im mathematisch positiven Sinn fest, so erhält man für die obere und untere Masche sowie für einen der beiden Knoten (z. B. den Abgriff auf $R_S$) nach **12** und **13** das Gleichungssystem

$$R_1I_1 + R_2I_2 = U$$

$$R_AI_A - R_2I_2 = 0$$

$$I_1 - I_2 - I_A = 0.$$

Durch Auflösen nach $I_A$ erhält man

$$I_A = \frac{U}{R_A + \frac{R_1(R_2 + R_A)}{R_2}} = 80\text{ mA}.$$

Damit folgt für den Spannungsabfall an $R_A$:

$$U_A' = R_AI_A = \frac{U}{1 + \frac{R_1(R_2 + R_A)}{R_2R_A}} = 8\text{ V} \quad \text{(wie in Beispiel 2)}.$$

Weiterhin erhält man aus obigem Gleichungssystem unter Verwendung des Ergebnisses für $I_A$:

$$I_1 = \left(1 + \frac{R_A}{R_2}\right) I_A = 160\,\text{mA}; \qquad I_2 = I_1 - I_A = \frac{R_A}{R_2} I_A = 80\,\text{mA};$$

$$U_1 = R_1 I_1 = 16\,\text{V}; \qquad U_2 = R_2 I_2 = R_A I_A = U'_A = 8\,\text{V}.$$

**4.** Ein elektrisches Gerät mit einer Nennleistung $P_N = 2\,\text{kW}$ bei einer Nennspannung von $U_N = 220\,\text{V}$ wird über eine Kupferleitung von $2{,}5\,\text{mm}^2$ Querschnitt (spezifischer Widerstand $\varrho_{Cu} = 0{,}0178\,\Omega\,\text{mm}^2/\text{m}$) und 125 m Länge an eine Spannungsquelle mit $U = 220\,\text{V}$ angeschlossen (→ Bild). Berechne a) den Leitungswiderstand, b) den Gerätewiderstand, c) die Stromstärke und d) die Nutzleistung am Gerät!

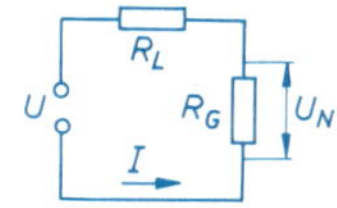


*Lösung:* a) Mit der Länge der Anschlußleitung $l = 250\,\text{m}$ (Hin- und Rückleitung) errechnet sich der Leitungswiderstand nach **6** zu $R_L = \varrho_{Cu} l/A = 1{,}78\,\Omega$. $R_L$ wirkt wie ein Vorschaltwiderstand. b) Der Gerätewiderstand folgt aus **19** zu $R_G = U_N^2/P_N = 24{,}2\,\Omega$. c) Als Stromstärke erhält man nach **10** $I = U/(R_G + R_L) = 8{,}47\,\text{A}$ und d) als Nutzleistung des Gerätes nach **19** $P_G = R_G I^2 = 1\,730\,\text{W}$.

# 20 Leitungsvorgänge in Festkörpern, Flüssigkeiten und im Vakuum

## 20.1 Elektronentheoretische Deutung des elektrischen Stromes. Hall-Effekt

| | | | |
|---|---|---|---|
| *Beweglichkeit von Ladungsträgern (Elektronen, Ionen)* | $\mu = \frac{v}{E}$ | **1** | $\text{m}^2/(\text{V s})$ |
| | $v$ Geschwindigkeit der Ladungsträger | | m/s |
| | $E$ elektrische Feldstärke | | V/m |
| *Elektrische Leitfähigkeit bei unipolarer Leitung (Elektronenleitung)* | $\varkappa = en\mu$ | **2** | $\text{S/m} = 1/(\Omega\,\text{m})$ |
| | $e$ Elementarladung | | $\text{C} = \text{A s}$ |
| | $n = N/V$ Konzentration der Ladungsträger (Elektronendichte) = Anzahl der Ladungsträger je Volumeneinheit | | $1/\text{m}^3$ |
| *Elektronendichte eines Metalls* (Näherungsformel) | $n = \frac{\varrho N_A}{M}$ | **3** | $1/\text{m}^3$ |
| | $\varrho$ Dichte | | $\text{kg/m}^3$ |
| | $M$ molare Masse | | kg/mol |
| | $N_A$ Avogadro-Konstante | | 1/mol |
| *Elektrische Leitfähigkeit bei bipolarer Leitung (Ionenleitung)* | $\varkappa = zen(\mu_A + \mu_K)$ | **4** | $\text{S/m} = 1/(\Omega\,\text{m})$ |
| | $z$ Wertigkeit der Ionen | | 1 |
| | $\mu_A$ Beweglichkeit der Anionen | | $\text{m}^2/(\text{V s})$ |
| | $\mu_K$ Beweglichkeit der Kationen | | $\text{m}^2/(\text{V s})$ |

| | | | |
|---|---|---|---|
| *Elektrische Stromstärke* | | | |
| Elektronenleitung | $I = envA = en\mu EA$ | **5** | A |
| Ionenleitung | $I = zen(\mu_A + \mu_K)EA$ | **6** | A |
| | $A$ Leiterquerschnitt | | m² |
| *Elektrische Stromdichte (Ohmsches Gesetz)* | | | |
| Elektronenleitung | $j = en\mu E = \varkappa E$ | **7** | A/m² |
| Ionenleitung | $j = zen(\mu_A + \mu_K)E = \varkappa E$ | **8** | A/m² |
| *Wiedemann-Franzsches Gesetz* | $\frac{\lambda}{\varkappa} = LT$ | **9** | V²/K |
| | $\lambda$ Wärmeleitfähigkeit des Metalls | | W/(m K) |
| | $T$ absolute Temperatur | | K |
| *Lorentz-Zahl* | $L = \frac{\pi^2}{3}\left(\frac{k}{e}\right)^2 = 2{,}45 \cdot 10^{-8}\ V^2/K^2$ | | |
| | $k$ Boltzmann-Konstante | | J/K |

> *Wiedemann-Franzsches Gesetz*
> Für eine vorgegebene Temperatur sind Wärmeleitfähigkeit und elektrische Leitfähigkeit der Metalle einander proportional.

**Hall-Effekt** zur Messung der Beweglichkeit $\mu$ von Ladungsträgern (→ Bild)

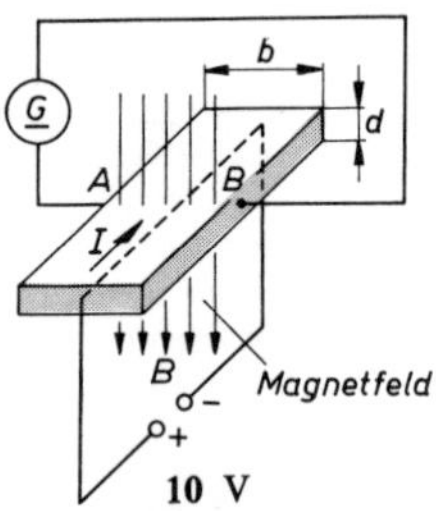


| | | | |
|---|---|---|---|
| *Hall-Spannung* für nichtferromagnetische Stoffe mit überwiegender Elektronen- oder Defektelektronenleitung | $U_H = R_H \frac{BI}{d}$ | **10** | V |
| | $B$ magnetische Induktion des äußeren Magnetfeldes | | T = V s/m² |
| | $I$ elektrische Stromstärke | | A |
| | $d$ Dicke des Leiterplättchens | | m |
| *Hall-Konstante* | $R_H = \frac{1}{en} = \frac{\mu}{\varkappa}$ | **11** | m³/C = m³/(A s) |

Bei ferromagnetischen Stoffen ist die Hall-Spannung von der Magnetisierung abhängig; sie wird mit zunehmender Magnetisierung größer.

## 20.2 Elektrolyse. Faradaysche Gesetze

| | | | |
|---|---|---|---|
| *Masse des elektrolytisch abgeschiedenen Stoffes* | $m = kIt = kQ$ | **12** | kg |
| | $I$ Stromstärke | | A |
| | $t$ Zeit | | s |
| | $Q$ transportierte Ladung | | C = A s |

| | | | |
|---|---|---|---|
| *Elektrochemisches Äquivalent* | $k = \frac{M}{zF}$ | 13 | kg/C = kg/(A s) |
| | $M$ molare Masse | | kg/mol |
| | $z$ Ionenwertigkeit | | 1 |

| | | |
|---|---|---|
| *Faraday-Konstante* | $F = N_A e$ <br> $F = 96\,485{,}3$ C/mol (A s/mol) | 14 |

| | | |
|---|---|---|
| | $N_A$ Avogadro-Konstante | 1/mol |
| | $e$ Elementarladung | C = A s |

Die *Faraday-Konstante* gibt diejenige elektrische Ladung an, die bei der elektrolytischen Abscheidung von 1 mol eines einwertigen Stoffes durch den Elektrolyten transportiert wird.

> *1. Faradaysches Gesetz* **15**
>
> Die elektrolytisch abgeschiedenen Massen sind der Stromstärke und der Stromdauer proportional:
>
> $m = kIt.$

> *2. Faradaysches Gesetz* **16**
>
> Die elektrochemischen Äquivalente verschiedener chemischer Elemente verhalten sich wie deren Äquivalentmassen (Quotienten aus molarer Masse und Wertigkeit):
>
> $k_1 : k_2 = (M_1/z_1) : (M_2/z_2).$

## 20.3 Thermische Elektronenemission. Photoeffekt

| | | | |
|---|---|---|---|
| *Stromdichte der emittierten Elektronen (Richardson-Gleichung)* | $j = aT^2 e^{-W_A/(kT)}$ | 17 | A/m² |
| | $a = 120{,}4 \cdot 10^4$ A/(m² K²) (theoretischer Maximalwert) | | |
| | $T$ Temperatur | | K |
| | $W_A$ Austrittsarbeit der Elektronen aus dem Metall | | J, eV |
| | $k$ Boltzmann-Konstante | | J/K |
| *Energiebilanz beim äußeren lichtelektrischen Effekt (Photoeffekt), Einsteinsche Gleichung* | $hf = W_A + \frac{1}{2} m_e v^2$ | 18 | J, eV |
| | $f$ Frequenz des auftreffenden Lichts | | Hz = 1/s |
| | $m_e$ Masse des Elektrons | | kg |
| | $v$ Geschwindigkeit der ausgelösten Photoelektronen | | m/s |

| | |
|---|---|
| *Plancksches Wirkungsquantum* | $h = 6{,}626\,08 \cdot 10^{-34}$ J s |

# B

1. Mit welcher Geschwindigkeit bewegen sich die Elektronen bei der Stromstärke 10 A durch einen Kupferdraht von 1 mm² Querschnitt? ($e = 1{,}6 \cdot 10^{-19}$ C; Dichte

von Kupfer $\varrho = 8{,}93 \cdot 10^3$ kg/m³; molare Masse $M = 63{,}546 \cdot 10^{-3}$ kg/mol; $N_A = 6{,}02 \times 10^{23}$ mol$^{-1}$).

*Lösung:* Aus **3** errechnet sich die Elektronendichte der Leitungselektronen in Kupfer zu $n = 8{,}46 \cdot 10^{28}$ m$^{-3}$. Damit folgt aus **5**

$$v = \frac{I}{enA} = 0{,}74 \text{ mm/s}.$$

2. Gesucht ist der elektrische Widerstand einer mit Luft gefüllten Röhre mit einer Länge von 84 cm und einer Querschnittsfläche von 5 mm². Im Gleichgewicht befinden sich in 1 cm³ Luft $10^7$ Ionenpaare. Die Ionen sind einwertig, ihre Beweglichkeiten sind $\mu_A = 1{,}8 \cdot 10^{-4}$ m²/(V s) und $\mu_K = 1{,}3 \cdot 10^{-4}$ m²/(V s).

   *Lösung:* Nach **4** berechnet sich mit der Ladungsträgerdichte $n = 10^7/(10^{-6}\,\text{m}^3) = 10^{13}/\text{m}^3$ und $z = 1$ die elektrische Leitfähigkeit der Luft zu $\varkappa = 5 \cdot 10^{-10}/(\Omega\text{m})$; ihr reziproker Wert ist der spezifische Widerstand $\varrho = 1/\varkappa = 2 \cdot 10^9\,\Omega\,\text{m}$. Damit wird der elektrische Widerstand der Luftsäule nach 19.1, Gleichung **6**, $R = \varrho l/A = 3{,}4 \times 10^{14}\,\Omega$.

3. Die Reaktion zur Bildung von Wasser aus Wasserstoff und Sauerstoff erfolgt nach der Reaktionsgleichung

   $$2H_2 + O_2 \rightarrow 2\,H_2O,$$

   wobei für die zwei Mol gebildeten Wassers eine Wärmemenge von $5{,}75 \cdot 10^5$ J freigesetzt wird. Wie groß muß die elektrische Spannung mindestens sein, um eine Zerlegung des Wassers durch Elektrolyse zu erreichen?

   *Lösung:* Die zum Abscheiden der Masse $m$ eines Stoffes bei der Elektrolyse notwendige Energie ist nach 19.3, Gleichung **17**, unter Berücksichtigung von **12** und **13**

   $$W = UIt = \frac{Um}{k} = \frac{zFUm}{M}.$$

   Um 2 mol Wasser zu zerlegen, d.h., um 4 g Wasserstoff abzuscheiden, ist eine Energie von $5{,}75 \cdot 10^5$ J erforderlich. Wir haben also $m = 4$ g und $W = 5{,}75 \cdot 10^5$ J zu setzen. Mit $M = 1$ g und $z = 1$ (für atomaren Wasserstoff) erhält man aus obiger Gleichung $U = 1{,}5$ V.

4. Als spezifische thermische Elektronenemission einer Wolframkatode wird bei der Temperatur $T = 2500$ K eine Stromdichte von $j = 2{,}84 \cdot 10^3$ A/m² gemessen. Berechne die Austrittsarbeit der Elektronen! (Emissionskonstante in der Richardson-Gleichung $a = 60 \cdot 10^4$ A/(m² K²); Boltzmann-Konstante $k = 1{,}38 \cdot 10^{-23}$ J/K)

   *Lösung:* Durch Umstellung der Gleichung **17** erhält man mit den Zahlenangaben als Austrittsarbeit $W_A = 7{,}26 \cdot 10^{-19}$ J $= 4{,}54$ eV.

# 21 Magnetisches Feld

## 21.1 Kraftwirkungen des Magnetfeldes auf magnetische Pole und Dipole. Feldstärke, magnetisches Moment

| | | |
|---|---|---|
| *Magnetischer Fluß, magnetische Polstärke* | $\Phi$ | Wb = V s (Weber) |

kennzeichnet die Gesamtheit der von einem (einzeln nicht vorkommenden) Magnetpol ausgehenden magnetischen Feldlinien (Kraftlinien).

| | | | |
|---|---|---|---|
| *Kraft auf einen Magnetpol der Polstärke $\Phi$ im Magnetfeld* (Vektor) | $\boldsymbol{F} = \Phi \boldsymbol{H}$ | 1 | N |
| | $\boldsymbol{H}$ magnetische Feldstärke (Vektor) | | A/m |
| *Magnetische Feldstärke* (Vektor) | $\boldsymbol{H} = \dfrac{\boldsymbol{F}}{\Phi}$ | 2 | A/m |
| *Kraft zwischen zwei (punktförmig gedachten) Magnetpolen (2. Coulombsches Gesetz)* $\boldsymbol{F}$ ist Kraft auf $\Phi_2$; $\boldsymbol{F} \uparrow\uparrow \boldsymbol{r}$: Abstoßung; $\boldsymbol{F} \uparrow\downarrow \boldsymbol{r}$: Anziehung | $\boldsymbol{F} = \dfrac{1}{4\pi\mu_r\mu_0} \dfrac{\Phi_1 \Phi_2}{r^2} \dfrac{\boldsymbol{r}}{r}$ | 3 | N |
| | $\Phi_1$, $\Phi_2$ Polstärken (Nordpol $> 0$, Südpol $< 0$) | | Wb = V s |
| | $\boldsymbol{r}$ Vektor von $\Phi_1$ nach $\Phi_2$ | | m |
| | $r$ Abstand der beiden Pole | | m |
| | $\boldsymbol{r}/r$ Einheitsvektor in Richtung $\boldsymbol{r}$ | | 1 |
| | $\mu_r$ Permeabilitätszahl, s. 21.4 (im Vakuum ist $\mu_r = 1$) | | |
| *Magnetische Feldkonstante* | $\mu_0 = 4\pi \cdot 10^{-7}$ V s/(A m) $= 1{,}2566 \cdot 10^{-6}$ V s/(A m) | | |
| *Tragkraft eines Magneten* | $F = \frac{1}{2} \mu_0 H^2 A = \frac{1}{2} HBA$ | 4 | N |
| | $A$ Querschnittsfläche eines Magnetpols | | $m^2$ |
| | $B$ magnetische Induktion im Luftspalt (vgl. 21.2) | | T = V s/$m^2$ |
| *Magnetisches Moment, Dipolmoment* (Vektor) | $\boldsymbol{m} = \Phi \boldsymbol{l} \qquad (\Phi > 0)$ | 5 | Wb m = V s m |
| | $\boldsymbol{l}$ Vektor vom Südpol zum Nordpol des magnetischen Dipols (Dipolachse) | | m |
| *Drehmoment auf einen magnetischen Dipol in einem homogenen Magnetfeld* (Vektor) | $\boldsymbol{M} = \boldsymbol{m} \times \boldsymbol{H} \qquad M = mH \sin\alpha$ | 6 | N m |
| | $\alpha$ Winkel zwischen Feldrichtung und magnetischem Moment | | ° |

## 21.2 Magnetische Flußdichte (magnetische Induktion). Energiedichte des magnetischen Feldes

| | | | |
|---|---|---|---|
| *Magnetische Flußdichte, magnetische Induktion* | $B = \dfrac{d\Phi}{dA} \qquad B = \dfrac{\Phi}{A}$ | 7 | Wb/$m^2$ = T (Tesla) |
| | $\Phi$ magnetischer Fluß | | Wb = V s |
| | $A$ Fläche | | $m^2$ |
| *Vektor der magnetischen Induktion* | $\boldsymbol{B} = \mu_r \mu_0 \boldsymbol{H}$ | 8 | T |
| | $\mu_r$ Permeabilitätszahl | | 1 |
| | $\mu_0$ magnetische Feldkonstante (im Vakuum ist $\mu_r = 1$) | | V s/(A m) |
| *Magnetischer Fluß durch eine beliebige Fläche A* | $\Phi = \int_{(A)} \boldsymbol{B} \cdot d\boldsymbol{A}$ | 9 | Wb = V s |
| *Magnetischer Fluß durch eine geschlossene Fläche $A_0$* | $\Phi = \oint_{(A_0)} \boldsymbol{B} \cdot d\boldsymbol{A} = 0$ | 10 | Wb = V s |
| | (Bedingung für die *Quellenfreiheit des **B**-Feldes*) | | |

| | | | |
|---|---|---|---|
| *Energiedichte des magnetischen Feldes* | $w_m = \frac{dE_m}{dV} = \frac{1}{2}\boldsymbol{H} \cdot \boldsymbol{B} = \frac{1}{2}\mu_r\mu_0 H^2$ | **11** | J/m³ |
| | $E_m$ magnetische Feldenergie, vgl. 22.2 | | J |
| | $V$ Volumen | | m³ |

## 21.3 Magnetfeld stationärer elektrischer Ströme. Durchflutungsgesetz. Magnetischer Kreis

| | | | |
|---|---|---|---|
| *Magnetische Feldstärke* | | | |
| in der Umgebung eines geraden (dünnen) Stromleiters (→ Bild) | $H = \frac{I}{2\pi r}$ | **12** | A/m |
| | $I$ elektrische Stromstärke | | A |
| | $r$ senkrechter Abstand des betrachteten Feldpunktes vom Leiter | | m |
| im Innern einer langgestreckten Zylinderspule oder Ringspule (→ Bild) | $H = \frac{NI}{l}$ | **13** | A/m |
| | $N$ Windungszahl | | 1 |
| | $l$ Länge der Spule | | m |
| in einer kurzen Zylinderspule | $H = \frac{NI}{\sqrt{4r_W^2 + l^2}}$ | **14** | A/m |
| | $r_W$ Windungsradius | | m |
| *Magnetisches Moment* | | | |
| einer stromdurchflossenen Zylinderspule (Luftspule) | $m = \mu_0 NIA$ | **15** | Wb m = V s m |
| | $A$ Windungsfläche | | m² |
| | $\mu_0$ magnetische Feldkonstante | | V s/(A m) |
| eines Kreisstromes ($N = 1$) | $m = \mu_0 IA$ | **16** | Wb m = V s m |
| *Magnetische Spannung* | | | |
| zwischen den Punkten $P_1$ und $P_2$ des (inhomogenen) Magnetfeldes $\boldsymbol{H}$ (→ Bild) | $U_m = \int_{P_1}^{P_2} \boldsymbol{H} \cdot d\boldsymbol{r}$ | **17** | A |
| | $d\boldsymbol{r}$ vektorielles Linienelement zwischen $P_1$ und $P_2$ | | m |
| in einer langgestreckten Zylinderspule oder Ringspule (homogenes Magnetfeld) | $U_m = Hl = NI$ | **18** | A |

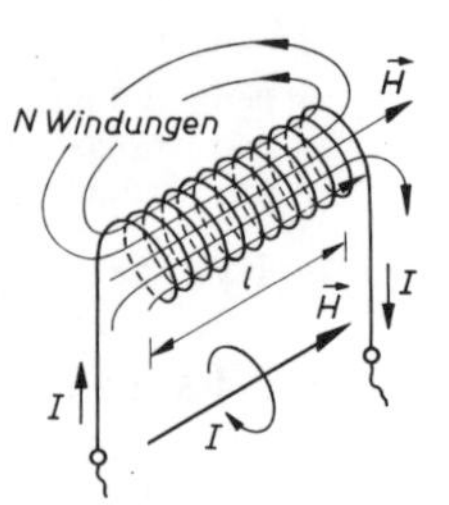


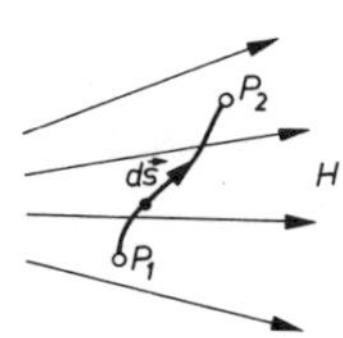

*Durchflutungsgesetz* $\oint\limits_{(C)} \boldsymbol{H} \cdot \mathrm{d}\boldsymbol{r} = \sum I = \int\limits_{(A)} \boldsymbol{j} \cdot \mathrm{d}\boldsymbol{A}$ **19** A

Die magnetische Spannung längs der Randlinie ($C$) einer Fläche ($A$) *(magnetische Randspannung)* ist gleich der Summe aller durch diese Fläche hindurchtretenden Ströme *(elektrische Durchflutung).*

$\boldsymbol{j}$ Vektor der Stromdichte — $\mathrm{A/m^2}$

Für konstante Feldstärke $H$ längs der Randlinie (Länge $s$) der durchfluteten Fläche gilt: $Hs = \sum I$ **20** A

**Magnetischer Kreis**

*Ohmsches Gesetz des magnetischen Kreises* $U_\mathrm{m} = \Phi R_\mathrm{m} \qquad U_\mathrm{m} = Hl = NI$ **21** A

$\Phi$ magnetischer Fluß — Wb = V s

$l$ Länge (→ Bild: magnetischer Kreis) — m

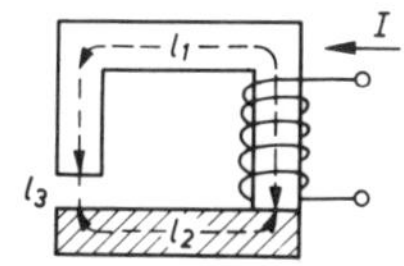


*Magnetischer Widerstand* $R_\mathrm{m} = \dfrac{l}{\mu_\mathrm{r}\mu_0 A}$ **22** A/Wb = A/(V s)

$\mu_\mathrm{r}$ Permeabilitätszahl des Stoffes (im Vakuum ist $\mu_\mathrm{r} = 1$) — 1

*Magnetischer Leitwert* $\Lambda = \dfrac{1}{R_\mathrm{m}}$ **23** V s/A = H (Henry)

Magnetischer Kreis (→ Bild) mit unterschiedlichen Querschnitten $A_i$ und Luftspalt (Reihenschaltung magnetischer Widerstände):

*Magnetischer Fluß* $\Phi = \mathrm{const}$ **24** Wb = V s

in allen Teilen des Kreises einschl. Luftspalt

*Magnetische Widerstände der Teilabschnitte $l_i$* $R_{\mathrm{m}i} = \dfrac{l_i}{\mu_\mathrm{r}\mu_0 A_i}$ **25** A/(V s)

(im Luftspalt ist $\mu_\mathrm{r} = 1$)

*Magnetischer Gesamtwiderstand* $R_\mathrm{m} = \sum R_{\mathrm{m}i}$ **26** A/(V s)

*Magnetische Spannung des Kreises* $U_\mathrm{m} = NI = \sum H_i l_i = \Phi \sum R_{\mathrm{m}i} = \Phi R_\mathrm{m}$ **27** A

## 21.4 Stoffe im Magnetfeld. Magnetische Polarisation, Magnetisierung

*Magnetische Flußdichte (Induktion) im Stoff* (Vektor) $\boldsymbol{B} = \mu_\mathrm{r}\mu_0 \boldsymbol{H}$ **28** Wb/m² = T (Tesla)

$\mu_\mathrm{r}$ Permeabilitätszahl (s. u.) — 1

$\mu_0$ magnetische Feldkonstante — V s/(A m)

$\boldsymbol{H}$ magnetische Feldstärke (Vektor) — A/m

*Magnetische Polarisation* (Vektor)

$$J = \frac{N}{V}\, m = nm$$ **29** Wb/m² = T

$m$ Vektor des magnetischen Dipolmoments (vgl. 5) — Wb m = V s m

$n$ Dipoldichte (Anzahl der magnetischen Dipole je Volumeneinheit $N/V$) — 1/m³

$$J = B - B_0 = \chi_m \mu_0 H$$ **30** Wb/m² = T

$$J = \frac{\mu_r - 1}{\mu_r}\, \mu_0 H_0$$ **31**

$H_0$ Feldstärke im Vakuum — A/m

$H$ Feldstärke im Stoff ($= H_0/\mu_r$) — A/m

$B$ Flußdichte im Stoff bei der Feldstärke $H$ ($= \mu_r \mu_0 H$) — T

$B_0$ Flußdichte im Vakuum bei der Feldstärke $H$ ($= \mu_0 H$) — T

*Permeabilitätszahl, relative Permeabilität* (Stoffwert)

$$\mu_r = \frac{H_0}{H}$$ **32** 1

kennzeichnet das Verhältnis der Beträge der magnetischen Feldstärken im Vakuum ($H_0$) und im Stoff ($H$) bei gleicher Flußdichte $B = \Phi/A$.

*Absolute Permeabilität* (homogener Stoff)

$$\mu = \mu_r \mu_0$$ **33** V s/(A m)

tritt in allen Gleichungen an die Stelle von $\mu_0$, wenn bei den betrachteten Vorgängen der Stoff im Magnetfeld zu berücksichtigen ist.

*Magnetische Suszeptibilität* (Stoffwert)

$$\chi_m = \mu_r - 1$$ **34** 1

*Magnetisierung* (Vektor)

$$M = \frac{J}{\mu_0} = \chi_m H$$ **35** A/m

kennzeichnet die zum Vektor der magnetischen Polarisation **30** gehörige magnetische Feldstärke.

**Magnetisches Verhalten der Stoffe**

*Diamagnetisch:* $\mu_r < 1$ $\chi_m < 0$
geringe Schwächung von $B$; $M \uparrow\downarrow H$
(Cu, Ag, Au u.a.)

*Paramagnetisch:* $\mu_r > 1$ $\chi_m > 0$
geringe Verstärkung von $B$; $M \uparrow\uparrow H$
(Al, Sn, Pt, Luft)

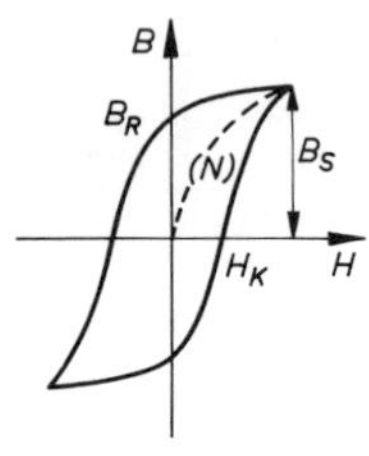


*Ferromagnetisch:* $\mu_r \gg 1$ $\chi_m \gg 1$
sehr hohe Verstärkung von $B$ und starke Magnetisierung $M$ (Fe, Ni, Co); $\mu_r$ bzw. $\chi_m$ und damit $B$, $J$ und $M$ sind Funktionen von $H$ (→ Bild): *Hysteresisschleife;* $H_K$ Koerzitivfeldstärke, $B_R$ Remanenz, $B_S$ Sättigungsinduktion, (N) Neukurve

## 21.5 Kraftwirkungen des magnetischen Feldes auf stromdurchflossene Leiter. Lorentz-Kraft

| | | | |
|---|---|---|---|
| *Kraft auf einen geraden Stromleiter im Magnetfeld* | $\boldsymbol{F} = I\boldsymbol{l} \times \boldsymbol{B}$ | **36** | N |
| Stromleiter senkrecht zum Magnetfeld | $F = IlB$ | **37** | N |
| | $I$ elektrische Stromstärke | | A |
| | $l$ Länge des Stromleiters im Magnetfeld (Vektor in Stromrichtung) | | m |
| | $B$ magnetische Induktion | | T = Wb/m² |
| *Kraft auf elektrisch geladene Teilchen in einem homogenen Magnetfeld (Lorentz-Kraft)* | $\boldsymbol{F} = q\,(\boldsymbol{v} \times \boldsymbol{B})$ | **38** | N |
| | $F = qvB$ wenn $\boldsymbol{v} \perp \boldsymbol{B}$ | **39** | N |
| | $q$ Ladung des Teilchens (in **38** vorzeichenbehaftet einzusetzen) | | C = A s |
| | $v$ Geschwindigkeit des Teilchens | | m/s |
| Radius der entstehenden Kreisbahn | $r = \dfrac{mv}{qB}$ wenn $\boldsymbol{v} \perp \boldsymbol{B}$ | **40** | m |
| *Kraft zwischen zwei geraden stromführenden Leitern* | $F = \dfrac{\mu_r \mu_0 I_1 I_2 l}{2\pi r}$ | **41** | N |
| | $I_1$, $I_2$ Stromstärken in den beiden parallelen Leitern | | A |
| | $l$ Länge eines Leiters | | m |
| | $r$ Abstand der Leiterachsen | | m |
| | $\mu_r$ Permeabilitätszahl (im Vakuum ist $\mu_r = 1$) | | 1 |
| | $\mu_0$ magnetische Feldkonstante | | V s/(A m) |
| *Drehmoment auf eine Spule (Grundgleichung des Elektromotors)* | $M = NIAB \sin \omega t$ | **42** | N m |
| | $N$ Windungszahl | | 1 |
| | $A$ Windungsfläche | | m² |
| | $\omega$ Kreisfrequenz der rotierenden Spule | | Hz = 1/s |
| | $t$ Zeit | | s |

# B

1. Welche magnetische Spannung ist für die Erzeugung eines magnetischen Flusses $\Phi = 1{,}26 \cdot 10^{-5}$ Wb in einer Zylinderspule (Luftspule) der Länge 120 cm und der Querschnittsfläche 3 cm² notwendig? Wie groß ist die im Spuleninnern gespeicherte magnetische Feldenergie?

   *Lösung:* Mit **18**, **8** ($\mu_r \approx 1$) und **7** folgt für die magnetische Spannung

   $$NI = Hl = \frac{Bl}{\mu_0} = \frac{\Phi l}{\mu_0 A} = 4{,}0 \cdot 10^4 \text{ A}.$$

   Nach **11** erhalten wir mit $H = NI/l$ und dem Spulenvolumen $V = Al$ als Feldenergie

   $$E_m = w_m V = \frac{1}{2} \mu_0 H^2 V = \frac{\mu_0 A\,(NI)^2}{2l} = 0{,}25 \text{ J}.$$

2. Die mittlere Länge des Eisenkerns einer Ringspule beträgt 2,5 m, die Breite seines Luftspaltes 1 cm. Die Anzahl der Windungen auf der Ringspule ist 1000. Bei einer Stromstärke von 20 A beträgt die magnetische Induktion im Luftspalt $B_L = 1{,}6$ T. Bestimme die Permeabilitätszahl des Eisenkerns!

*Lösung:* Wir haben es mit einem magnetischen Kreis zu tun (→ Bild), bestehend aus dem Eisenweg $l_E = 2{,}5$ m und dem Luftweg $l_L = 0{,}01$ m. Nach **28** ist die magnetische Feldstärke im Luftspalt ($\mu_r \approx 1$) $H_L = B_L/\mu_0$ und wegen **32** mit $H_0 \approx H_L$ die Feldstärke im Eisen $H_E = H_L/\mu_r = B_L/(\mu_r\mu_0)$. Damit folgt für die magnetische Spannung des Kreises **27**:

$$NI = H_E l_E + H_L l_L = \frac{B_L l_E}{\mu_r \mu_0} + \frac{B_L l_L}{\mu_0},$$

woraus nach Umstellung für die Permeabilitätszahl des Eisenkerns folgt:

$$\mu_r = \frac{B_L l_E}{\mu_0 NI - B_L l_L} = 438.$$

3. Die Länge des Eisenkerns einer Ringspule beträgt 24 cm, die Breite seines Luftspaltes 0,5 mm. Die Spulenwicklung besitzt 500 Windungen, die von 2,4 A durchflossen werden. Bestimme a) die magnetische Induktion $B$ im Eisen, b) die auf den Eisenweg und c) die auf den Luftweg entfallende magnetische Spannung!

*Lösung:* Mit der magnetischen Feldstärke im Luftspalt $H_L = \mu_r H_E = B_E/\mu_0$ (nach **32** mit $H_0 \approx H_L$ und **28**) folgt für die magnetische Spannung des hier vorliegenden magnetischen Kreises (vgl. Beispiel **2**):

$$NI = H_E l_E + H_L l_L = H_E l_E + \frac{B_E l_L}{\mu_0}.$$

In dieser Gleichung sind die Größen $H_E$ und $B_E$ unbekannt. Zu ihrer Ermittlung ist eine zweite Abhängigkeit zwischen den beiden Größen erforderlich. Sie steht – allerdings nicht als mathematische Beziehung – in Form der Magnetisierungskurve (Hysteresisschleife) des Eisens $B_E = f(H_E)$ zur Verfügung. Das Vorgehen ist dann wie folgt:

1. Man setze in der obigen Beziehung $H_E = 0$, und man erhält so den Wert $B_0 = \mu_0 NI/l_L = 3{,}0$ T.
2. Man setze in der obigen Beziehung $B_E = 0$, und man erhält den Wert $H_0 = NI/l_E = 5000$ A/m.
3. Man trage $B_0$ auf der Ordinate und $H_0$ auf der Abszisse des Koordinatensystems der Magnetisierungskurve (Neukurve) ein und verbinde diese beiden Punkte durch eine Gerade (→ Bild).
4. Die Koordinaten des Schnittpunktes dieser »Luftspaltgeraden« mit der Magnetisierungskurve sind die gesuchten Werte $H_E$ und $B_E$ (→ Bild).

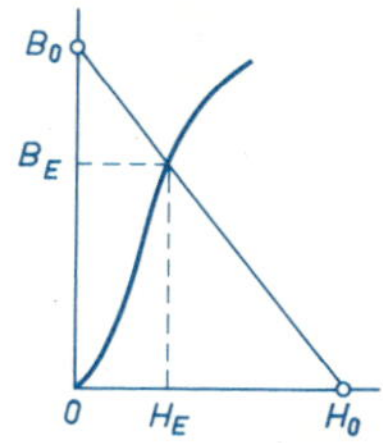


4. In einer Nebelkammer, die sich in einem Magnetfeld mit der Feldstärke $1{,}99 \cdot 10^6$ A/m befindet, hinterläßt ein atomares Teilchen, das mit einer Geschwindigkeit von $10^7$ m/s fliegt, eine kreisförmige Bahnspur mit dem Radius 8,3 cm. Ge-

sucht ist die spezifische Ladung $q/m$ des Teilchens. Die ermittelte Größe ist mit den entsprechenden Größen für Elektronen, Protonen und α-Teilchen zu vergleichen.

*Lösung:* Bei der Bewegung des Teilchens auf einer Kreisbahn herrscht Gleichgewicht zwischen Fliehkraft und Lorentz-Kraft **39**: $mv^2/r = qvB$. Es folgt:

$$\frac{q}{m} = \frac{v}{Br} = \frac{v}{\mu_0 Hr} = 4{,}8 \cdot 10^7 \text{ C/kg} \quad (\alpha\text{-Teilchen}).$$

# 22 Elektromagnetische Induktion

## 22.1 Induktionsgesetz. Lenzsche Regel

| | | | |
|---|---|---|---|
| *Induktionsgesetz* | $u_{\text{ind}} = -\frac{\mathrm{d}\Phi}{\mathrm{d}t}$ | **1** | V |

Jede zeitliche Änderung des magnetischen Flusses $\Phi$ bewirkt eine elektrische Urspannung $u_{\text{ind}}$ (Induktionsspannung).

| | | | |
|---|---|---|---|
| *Induktionsspannung in einer Spule* infolge Änderung des die Spule durchsetzenden magnetischen Flusses | $u_{\text{ind}} = -N\frac{\mathrm{d}\Phi}{\mathrm{d}t}$ | **2** | V |
| | $N$ Windungszahl der Spule | | 1 |
| | $\Phi$ magnetischer Fluß | | Wb = V s |
| | $t$ Zeit | | s |
| *Induktionsspannung in einem geraden Leiter* bei translatorischer Bewegung desselben durch ein Magnetfeld | $u_{\text{ind}} = lvB \sin(\boldsymbol{v}, \boldsymbol{B})$ | **3** | V |
| | $l$ Länge des Leiters | | m |
| | $\boldsymbol{v}$ Geschwindigkeit der Bewegung | | m/s |
| | $\boldsymbol{B}$ Flußdichte des Magnetfeldes | | T = Wb/m² |
| *Induzierte elektrische Feldstärke im Leiter* | $E_{\text{ind}} = \frac{u_{\text{ind}}}{l} = vB \sin(\boldsymbol{v}, \boldsymbol{B})$ | **4** | V/m |
| | $\boldsymbol{E}_{\text{ind}} = \boldsymbol{v} \times \boldsymbol{B}$ | **5** | V/m |

*Lenzsche Regel* **6**

Die induzierten Ströme (Spannungen) sind stets so gerichtet, daß sie auf die Induktionsursache (Änderung des Magnetfeldes bzw. Bewegung des Leiters im Magnetfeld) hemmend zurückwirken (Energieerhaltungssatz).

## 22.2 Selbstinduktion. Magnetische Feldenergie

| | | | |
|---|---|---|---|
| *Induktionsspannung bei Selbstinduktion* | $u_{\text{ind}} = -L\frac{\mathrm{d}i}{\mathrm{d}t}$ | **7** | V |
| | $i$ Stromstärke (zeitlich veränderlich) | | A |
| | $t$ Zeit | | s |
| *Induktivität einer Spule bzw. Leiteranordnung* | $L = -\frac{u_{\text{ind}}}{\frac{\mathrm{d}i}{\mathrm{d}t}}$ (Definitionsgleichung) | **8** | V s/A = H (Henry) |

kennzeichnet das Verhältnis von Induktionsspannung zu zeitlicher Änderung der Stromstärke in der Leiteranordnung.

| | | | |
|---|---|---|---|
| *Induktivität einer langgestreckten Zylinderspule oder Ringspule* (Bemessungsgleichung) | $L = \frac{N\Phi}{I} = \frac{\mu_r \mu_0 N^2 A}{l}$ | **9** | H |
| | $I$ Gleichstromstärke | | A |
| | $N$ Windungszahl der Spule | | 1 |
| | $\Phi$ magnetischer Fluß in der Spule | | Wb |
| | $A$ Spulenquerschnitt | | $m^2$ |
| | $l$ Spulenlänge | | m |
| | $\mu_r$ Permeabilitätszahl des Spulenkerns | | 1 |
| | $\mu_0$ magnetische Feldkonstante | | V s/(A m) |
| leere Spule (Luftspule) | $L_0 = \frac{\mu_0 N^2 A}{l}$ | **10** | H |
| *Permeabilitätszahl* | $\mu_r = \frac{L}{L_0}$ | **11** | 1 |

kennzeichnet die Veränderung der Induktivität durch Einbringen eines Stoffes in die Leiteranordnung (Spule).

| | | | |
|---|---|---|---|
| *Energie des magnetischen Feldes einer Spule* | $E_m = \frac{1}{2} LI^2$    $E_m = \frac{1}{2} \mu_r \mu_0 l A H^2$ | **12** | J |
| | $E_m = \frac{1}{2} N\Phi I$    $E_m = \frac{1}{2} HBV$ | **13** | J |
| | $H$ magnetische Feldstärke | | A/m |
| | $B$ magnetische Flußdichte (Induktion) | | T = $Wb/m^2$ |
| | $V$ Spulenvolumen (= $lA$) | | $m^3$ |

**Schaltung von Induktivitäten**

Für die Berechnung der Gesamtinduktivität $L$ aus den Einzelinduktivitäten $L_i$ bei Reihen- und Parallelschaltung gelten die gleichen Gesetze wie bei der Schaltung von Widerständen (vgl. 19.2).

**Ein- und Ausschaltvorgang eines Stromkreises mit Induktivität** (→ Bild)

*Anwachsen der Stromstärke beim Einschaltvorgang* (→ Bild)

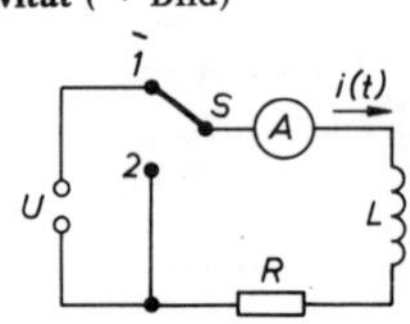


| | | | |
|---|---|---|---|
| Differentialgleichung | $L\frac{\mathrm{d}i}{\mathrm{d}t} + Ri = U$ | **14** | V |
| Stromstärke | $i(t) = \frac{U}{R}\left(1 - \mathrm{e}^{-\frac{R}{L}t}\right)$ | **15** | A |
| | $U$ Spannung | | V |
| | $R$ Widerstand des Kreises | | |

*Abklingen der Stromstärke beim Ausschaltvorgang* (→ Bild)

| | | | |
|---|---|---|---|
| Differentialgleichung | $L\frac{\mathrm{d}i}{\mathrm{d}t} + Ri = 0$ | **16** | V |

| | | |
|---|---|---|
| Stromstärke | $i(t) = \frac{U}{R} e^{-\frac{R}{L}t}$ | **17** A |
| *Zeitkonstante des Stromkreises* | $\tau = \frac{L}{R}$ | **18** s |

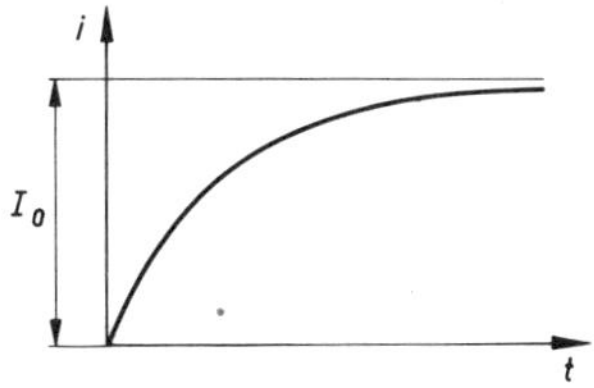


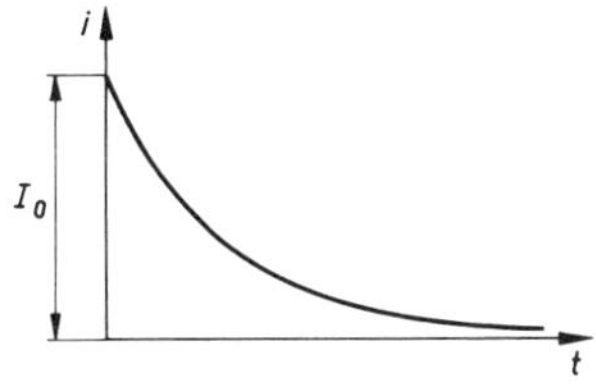


## 22.3 System der Maxwellschen Gleichungen

| | | |
|---|---|---|
| *Verschiebungsstromdichte* | $j_V = \frac{\mathrm{d}\boldsymbol{D}}{\mathrm{d}t} \equiv \dot{\boldsymbol{D}}$ | **19** A/m² |
| *Verschiebungsstrom* | $I_V = \int j_V \cdot \mathrm{d}\boldsymbol{A}$ | **20** A |
| | $\boldsymbol{D}$ Vektor der elektrischen Verschiebung | A s/m² = C/m² |
| | $\boldsymbol{A}$ Flächenvektor | m² |
| | $t$ Zeit | s |
| *1. Maxwellsche Gleichung* | $\oint \boldsymbol{H} \cdot \mathrm{d}\boldsymbol{r} = \int_{(A)} (\boldsymbol{j} + \dot{\boldsymbol{D}}) \cdot \mathrm{d}\boldsymbol{A}$ | **21** A |
| | $\boldsymbol{H}$ Vektor der magnetischen Feldstärke | A/m |
| | $\mathrm{d}\boldsymbol{r}$ vektorielles Linienelement der Randlinie der Fläche $A$ | m |
| | $\boldsymbol{j} = \varkappa \boldsymbol{E}$ Leitungsstromdichte (Ohmsches Gesetz, s. 19.1) | A/m² |

> Die magnetische Randspannung längs der Randlinie einer Fläche ist gleich der elektrischen Durchflutung dieser Fläche, bestehend aus Leitungsstrom und Verschiebungsstrom.

*Sonderfälle*

| | | |
|---|---|---|
| a) $\boldsymbol{j} = 0$ (kein Leitungsstrom) | $\oint \boldsymbol{H} \cdot \mathrm{d}\boldsymbol{r} = \frac{\mathrm{d}}{\mathrm{d}t} \int \boldsymbol{D} \cdot \mathrm{d}\boldsymbol{A}$ | **22** A |

> Jede zeitliche Änderung des elektrischen Feldes (**D**- bzw. **E**-Feld) erzeugt ein magnetisches Wirbelfeld (→ Bild).

| | | |
|---|---|---|
| b) $\dot{\boldsymbol{D}} = 0$ (kein Verschiebungsstrom) | $\oint \boldsymbol{H} \cdot \mathrm{d}\boldsymbol{r} = \int \boldsymbol{j} \cdot \mathrm{d}\boldsymbol{A} = I$ (*Durchflutungsgesetz*, vgl. 21.3) | **23** A |
| *2. Maxwellsche Gleichung* | $\oint \boldsymbol{E} \cdot \mathrm{d}\boldsymbol{r} = -\frac{\mathrm{d}}{\mathrm{d}t} \int_{(A)} \boldsymbol{B} \cdot \mathrm{d}\boldsymbol{A}$ | **24** V |
| | $\boldsymbol{E}$ Vektor der elektrischen Feldstärke | V/m |

| | | |
|---|---|---|
| | $\boldsymbol{B}$ Vektor der magnetischen Flußdichte (Induktion) | T = V s/m$^2$ |

> Jede zeitliche Änderung des magnetischen Feldes (**B**- bzw. **H**-Feld) erzeugt ein elektrisches Wirbelfeld (→ Bild).

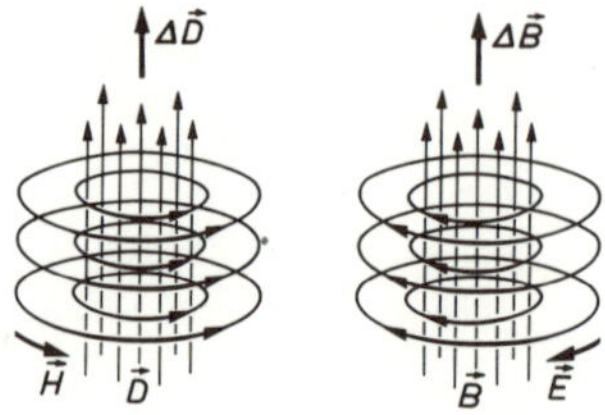


| | | |
|---|---|---|
| *Elektrischer Gesamtfluß durch eine geschlossene Fläche* | $\oint \boldsymbol{D} \cdot \mathrm{d}\boldsymbol{A} = Q$ (vgl. 18.2)<br>$Q$ umschlossene elektrische Ladung | **25** C = A s<br>C = A s |
| *Magnetischer Gesamtfluß durch eine geschlossene Fläche* | $\oint \boldsymbol{B} \cdot \mathrm{d}\boldsymbol{A} = 0$ (vgl. 21.2)<br>(Bedingung für die Quellenfreiheit des **B**-Feldes) | **26** Wb = V s |
| *Materialgleichungen* | $\boldsymbol{D} = \varepsilon_r \varepsilon_0 \boldsymbol{E} = \varepsilon_0 \boldsymbol{E} + \boldsymbol{P}$<br>(vgl. 18.2 und 18.3) | **27** A s/m$^2$ |
| | $\boldsymbol{B} = \mu_r \mu_0 \boldsymbol{H} = \mu_0 \boldsymbol{H} + \boldsymbol{J}$<br>(vgl. 21.4) | **28** V s/m$^2$ = T |
| | $\boldsymbol{P}$ Vektor der elektrischen Polarisation | A s/m$^2$ |
| | $\boldsymbol{J}$ Vektor der magnetischen Polarisation | V s/m$^2$ = T |

## B

1. Ein Draht bewegt sich mit einer Geschwindigkeit von 4 cm/s senkrecht zu den Feldlinien durch ein 3 cm breites homogenes Magnetfeld, wobei das an den Drahtenden angeschlossene Galvanometer von 10 Ω Innenwiderstand einen Strom von 0,1 mA anzeigt. Welche Stärke hat das Feld?

   *Lösung:* Nach dem Induktionsgesetz 3 folgt mit dem Ohmschen Gesetz $u = iR$ für den Betrag der magnetischen Induktion $B = iR/(lv) = 0{,}83$ T und für den Betrag der magnetischen Feldstärke $H = B/\mu_0 = 6{,}6 \cdot 10^5$ A/m.

2. Eine in Nord-Süd-Richtung vertikal stehende Induktionsspule mit 500 Windungen und 30 cm Durchmesser (Erdinduktor) wird um 90° gedreht. Das angeschlossene ballistische Galvanometer (Widerstand einschließlich Meßspule 350 Ω) zeigt einen Stoßausschlag $Q = \int i\,\mathrm{d}t = 202 \cdot 10^{-8}$ C. Bestimme die Horizontalintensität des magnetischen Erdfeldes!

   *Lösung:* Mit dem magnetischen Fluß $\Phi = BA$ (vgl. 21.2) folgt aus dem Induktionsgesetz 2 und dem Ohmschen Gesetz $u = iR$ wegen $i = \mathrm{d}Q/\mathrm{d}t$ für den Betrag der magnetischen Induktion

$$B = \frac{QR}{NA} = 0{,}2 \cdot 10^{-4}\,\text{T}; \qquad H = \frac{B}{\mu_0} = 15{,}8\ \text{A/m}.$$

3. Durch eine Spule der Induktivität $L$ fließt ein Strom mit der zeitlich abnehmenden Stromstärke $i = I_0 e^{-\alpha t}$. Berechne die induzierte Gegenspannung!

   *Lösung:* Nach **7** ist mit $\mathrm{d}i/\mathrm{d}t = -\alpha I_0 e^{-\alpha t}$:

   $u_{\text{ind}} = L\alpha I_0 e^{-\alpha t} = L\alpha i.$

4. Welchen Wert hat die Stromstärke eine zehntel Sekunde nach dem Einschalten, wenn die Induktivität einer Drosselspule 2,5 H, ihr Widerstand 20 Ω und die Klemmenspannung 24 V beträgt?

   *Lösung:* Nach **18** folgt zunächst für die Zeitkonstante des Stromkreises $\tau = 1/8$ s und damit nach **15**

   $i = \frac{U}{R}(1 - e^{-t/\tau}) = 0{,}66\ \text{A} \quad (= 55\,\%$ des Maximalwertes $U/R)$.

# 23 Wechselstrom

## 23.1 Wechselspannung und Wechselstromstärke. Effektivwerte

*Wechselspannung* (→ Bild) *(Momentanwert)* $\quad u = U_m \sin(\omega t + \alpha) \quad$ **1** V

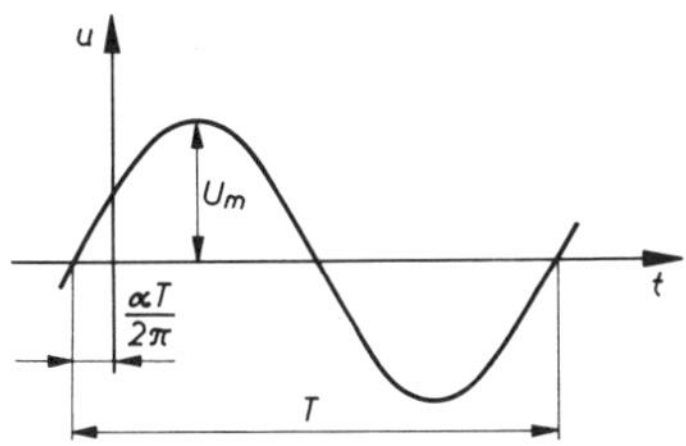


Zeiger $\quad u = U_m e^{j(\omega t + \alpha)} \quad$ **2** V

| | | |
|---|---|---|
| $U_m$ | Maximalwert der Spannung (Scheitelspannung) | V |
| $\omega$ | Kreisfrequenz 5 | rad/s ≡ 1/s |
| $t$ | Zeit | s |
| $\alpha$ | Phasenwinkel | rad ≡ 1 |
| j | imaginäre Einheit $(=\sqrt{-1})$ | 1 |

*Wechselstromstärke (Momentanwert)* $\quad i = I_m \sin(\omega t + \beta) \quad$ **3** A

Zeiger $\quad i = I_m e^{j(\omega t + \beta)} \quad$ **4** A

| | | |
|---|---|---|
| $I_m$ | Maximalwert der Stromstärke (Scheitelstromstärke) | A |
| $\beta$ | Phasenwinkel | rad ≡ 1 |

*Kreisfrequenz* $\quad \omega = \frac{2\pi}{T} = 2\pi f \quad$ **5** rad/s ≡ 1/s

| | | |
|---|---|---|
| $T$ | Periodendauer | s |
| $f$ | Frequenz | 1/s = Hz |

| | | | |
|---|---|---|---|
| *Phasenverschiebung zwischen Spannung und Stromstärke* | $\varphi = \alpha - \beta$ | **6** | rad ≡ 1 |
| *Effektivwert von Spannung und Stromstärke* | $U = \frac{U_m}{\sqrt{2}} = 0{,}7071\, U_m$ | **7** | V |
| | $I = \frac{I_m}{\sqrt{2}} = 0{,}7071\, I_m$ | **8** | A |

> Der Effektivwert eines Wechselstromes entspricht demjenigen Gleichstrom, der die gleiche Leistung (z. B. Wärmewirkung) hervorruft.

## 23.2 Widerstände und Leitwerte im Wechselstromkreis. Reihen- und Parallelschaltung von Wirk- und Blindwiderständen

| | | | |
|---|---|---|---|
| *Scheinwiderstand (Ohmsches Gesetz des Wechselstromkreises)* | $Z = \frac{U}{I} \qquad Z = \frac{U_m}{I_m}$ | **9** | $\Omega$ = V/A |
| | $U$ Effektivwert der Spannung | | V |
| | $I$ Effektivwert der Stromstärke | | A |
| | $U_m$ Scheitelwert der Spannung | | V |
| | $I_m$ Scheitelwert der Stromstärke | | A |

Der Scheinwiderstand $Z$ ist der Gesamtwiderstand im Wechselstromkreis.

| | | | |
|---|---|---|---|
| *Wirkwiderstand (ohmscher Widerstand im Wechselstromkreis)* | $R = \frac{u_R}{i} = \frac{U_{mR}}{I_m} = \frac{U_R}{I}$ | **10** | $\Omega$ = V/A |
| | $u_R$ Momentanspannung am ohmschen Widerstand | | V |
| | $U_{mR}$ Scheitelspannung am ohmschen Widerstand | | V |
| | $U_R$ Effektivspannung am ohmschen Widerstand | | V |
| | $i$ Momentanstromstärke | | A |
| *Induktiver (Blind-) Widerstand (Wechselstromwiderstand einer Spule)* | $X_L = \omega L$ | **11** | $\Omega$ |
| | $X_L = \frac{U_{mL}}{I_m} = \frac{U_L}{I}$ | **12** | $\Omega$ |
| | $L$ Induktivität der Spule | | H = V s/A |
| | $U_{mL}$ Scheitelspannung an der Induktivität | | V |
| | $U_L$ Effektivspannung an der Induktivität | | V |
| *Kapazitiver (Blind-) Widerstand (Wechselstromwiderstand eines Kondensators)* | $X_C = \frac{1}{\omega C}$ | **13** | $\Omega$ |
| | $X_C = \frac{U_{mC}}{I_m} = \frac{U_C}{I}$ | **14** | $\Omega$ |
| | $C$ Kapazität des Kondensators | | F = A s/V |
| | $U_{mC}$ Scheitelspannung am Kondensator | | V |
| | $U_C$ Effektivspannung am Kondensator | | V |
| *Scheinleitwert* | $Y = \frac{1}{Z}$ | **15** | A/V = S (Siemens) |

| | | |
|---|---|---|
| *Wirkleitwert* | $G = \dfrac{1}{R}$ | **16** S |
| *Induktiver Blindleitwert* | $B_L = \dfrac{1}{X_L} = \dfrac{1}{\omega L}$ | **17** S |
| *Kapazitiver Blindleitwert* | $B_C = \dfrac{1}{X_C} = \omega C$ | **18** S |

**Phasenverschiebung im Wechselstromkreis**

| | | |
|---|---|---|
| *mit reinem Leitungswiderstand R* (→ Bild a) | $\varphi = 0$<br>Spannung und Stromstärke sind *in Phase* | **19** rad ≡ 1 |
| *mit induktivem Widerstand* $X_L$ (→ Bild b) | $\varphi = +\dfrac{\pi}{2}$<br>Die Spannung eilt der Stromstärke um $\pi/2$ *voraus* | **20** rad ≡ 1 |
| *mit kapazitivem Widerstand* $X_C$ (→ Bild c) | $\varphi = -\dfrac{\pi}{2}$<br>Die Spannung eilt der Stromstärke um $\pi/2$ *nach* | **21** rad ≡ 1 |

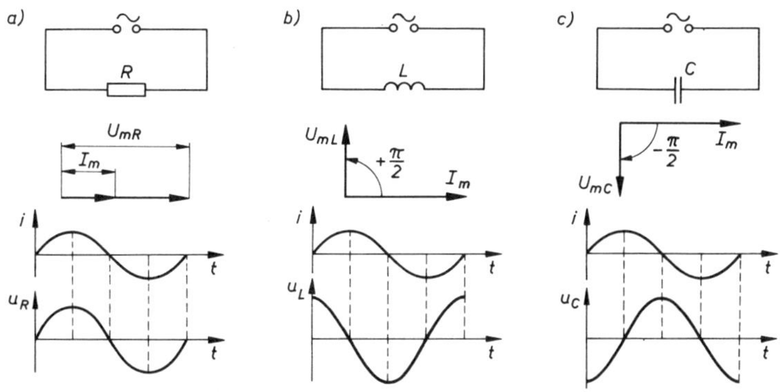


**Reihenschaltung von Wirk- und Blindwiderständen**

Spannungen sowie Widerstände sind geometrisch zu addieren (→ Bild).

| | | |
|---|---|---|
| *Gesamtspannung* | $U = \sqrt{U_R^2 + (U_L - U_C)^2}$ | **22** V |
| | $U_R$, $U_L$, $U_C$ Effektivwerte der Spannungen an $R$, $L$ und $C$ | V |
| *Scheinwiderstand* | $Z = \sqrt{R^2 + (X_L - X_C)^2}$ | **23** Ω |
| *Komplexer Scheinwiderstand* | $\mathbf{Z} = R + \mathrm{j}(X_L - X_C)$ | **24** Ω |
| | j imaginäre Einheit $\left(= \sqrt{-1}\right)$ | 1 |

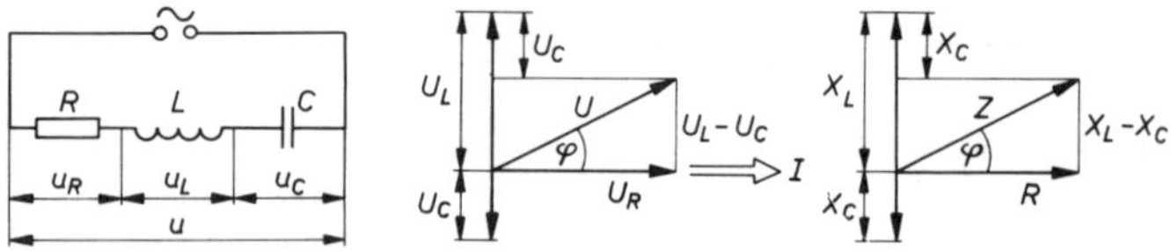


| | | | |
|---|---|---|---|
| *Phasenverschiebung φ zwischen Spannung und Stromstärke* | $\tan\varphi = \frac{X_L - X_C}{R}$ | **25** | 1 |
| *Wirkwiderstand (ohmscher Widerstand)* | $R = Z\cos\varphi$ | **26** | Ω |
| *Blindwiderstand* | $X = X_L - X_C = Z\sin\varphi$ | **27** | Ω |

**Parallelschaltung von Wirk- und Blindwiderständen**

Stromstärken sowie Leitwerte sind geometrisch zu addieren (→ Bild).

| | | | |
|---|---|---|---|
| *Gesamtstromstärke* | $I = \sqrt{I_R^2 + (I_C - I_L)^2}$ | **28** | A |
| | $I_R$, $I_C$, $I_L$ Effektivwerte der Ströme durch $R$, $C$ und $L$ | | A |
| *Scheinleitwert* | $Y = \frac{1}{Z} = \sqrt{G^2 + (B_C - B_L)^2}$ | **29** | S |
| *Komplexer Scheinleitwert* | $Y = G + \mathrm{j}(B_C - B_L) = \frac{1}{Z}$ | **30** | S |
| *Phasenverschiebung φ zwischen Spannung und Stromstärke* | $\tan\varphi = \frac{B_C - B_L}{G}$ | **31** | 1 |
| *Wirkleitwert* | $G = Y\cos\varphi$ | **32** | S |
| *Blindleitwert* | $B = B_C - B_L = Y\sin\varphi$ | **33** | S |

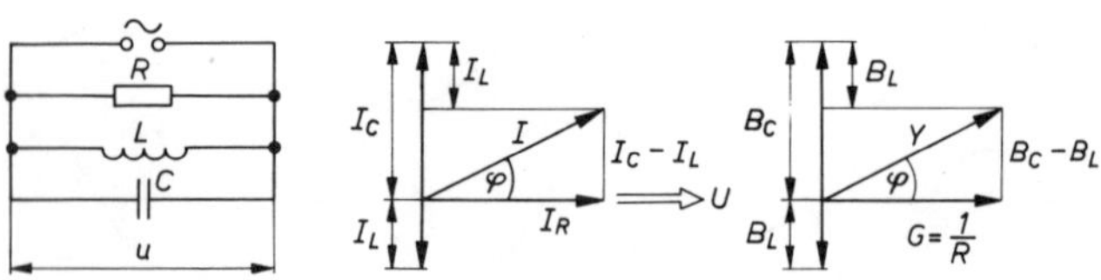


## 23.3 Leistung im Wechselstromkreis. Transformator

Bezeichnung der Größen vgl. 23.1 und 23.2

| | | | |
|---|---|---|---|
| *Scheinleistung* | $S = UI$ | **34** | W = VA |
| *Wirkleistung* (→ Bild) | $P = S\cos\varphi = UI\cos\varphi$ | **35** | W |

erfaßt den Teil der elektrischen Arbeit, der in Wärmeenergie oder in mechanische Arbeit umgesetzt werden kann.

| | | | |
|---|---|---|---|
| *Blindleistung* (→ Bild) | $Q = S\sin\varphi = UI\sin\varphi$ | **36** | W (var) |

kennzeichnet den Teil der elektrischen Arbeit, der im Blindwiderstand zum Auf- und Abbau des elektrischen bzw. magnetischen Feldes erforderlich ist.

*Induktive Blindleistung* $Q_L = I^2 X_L = \dfrac{U^2}{X_L}$ **37** W (var)

*Kapazitive Blindleistung* $Q_C = I^2 X_C = \dfrac{U^2}{X_C}$ **38** W (var)

*Leistungsfaktor* $\cos\varphi = \dfrac{P}{S}$ **39** 1

kennzeichnet den Anteil der Wirkleistung an der Scheinleistung.

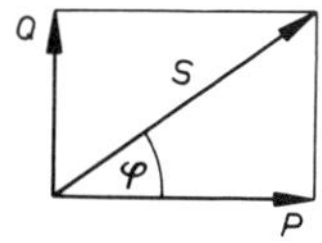


**Transformator**

*Übersetzungsverhältnis* $\dfrac{U_1}{U_2} = \dfrac{N_1}{N_2}$ **40** 1

Index *1*: Primärspule
Index *2*: Sekundärspule
$N$ Windungszahl 1

*Wirkleistung* $P = U_1 I_1 \cos\varphi_1 = U_2 I_2 \cos\varphi_2$ **41** W

Bei unbelastetem Transformator und $\varphi_1 = \varphi_2$ gilt:

$$\frac{U_1}{U_2} = \frac{I_2}{I_1} = \frac{N_1}{N_2}$$ **42** 1

$$\frac{Z_1}{Z_2} = \frac{N_1^2}{N_2^2}$$ **43** 1

## 23.4 Drehstrom

*Drehstrom (Dreiphasenwechselstrom):*
System von drei Wechselströmen, die gegeneinander um 120° phasenverschoben sind.
*Größen und Symbole*
Außenleiter(effektiv)werte: Leiterspannung $U_L$, Leiterstromstärke $I_L$
Strang(effektiv)werte: Strangspannung $U_S$, Strangstromstärke $I_S$

**Stern- und Dreieckschaltung**
→ Bild a): *Sternschaltung*
→ Bild b): *Dreieckschaltung*

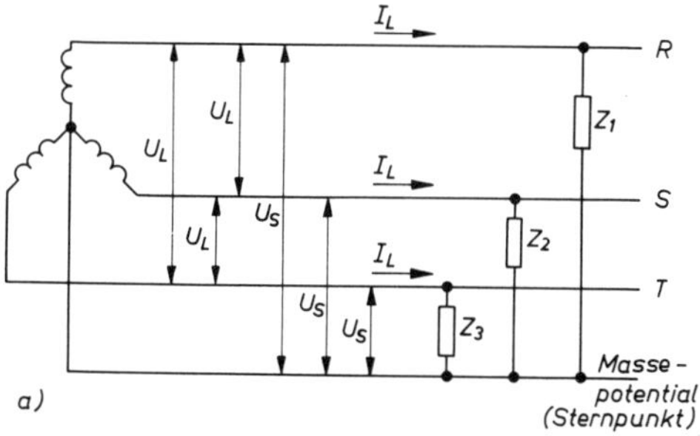


a)

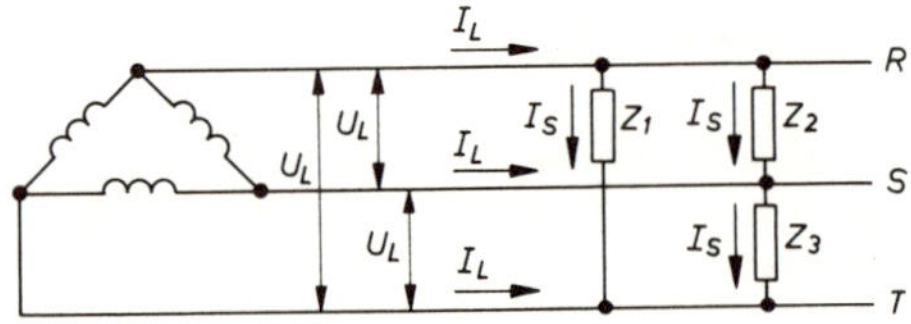


*Zusammenhang zwischen Leiter- und Strangwerten* **44**

| Größe | Sternschaltung | Dreieckschaltung |
|---|---|---|
| Spannung (V) | $U_L = \sqrt{3}\ U_S$ | $U_L = U_S$ |
| Stromstärke (A) | $I_L = I_S$ | $I_L = \sqrt{3}\ I_S$ |

**Leistung im Drehstromkreis**

*Scheinleistung* $S = \sqrt{3}\ U_L I_L$ **45** W = VA

*Wirkleistung* $P = S \cos\varphi$ **46** W

$\varphi$ Phasenverschiebung zwischen Spannung und Stromstärke rad ≡ 1

## B

**1.** Berechne die Induktivität einer Spule und die Kapazität eines Kondensators, die bei der Frequenz 2,0 kHz den gleichen Wechselstromwiderstand 20 Ω haben!

*Lösung:* Aus **11** und **13** folgt mit $X_L = X_C = 20\ \Omega$ und $\omega = 2\pi f$:

$$L = \frac{X_L}{2\pi f} = 1{,}6\ \text{mH}; \qquad C = \frac{1}{2\pi f X_C} = 4\ \mu\text{F}.$$

**2.** An die Netzspannung 220 V/50 Hz sind in Reihe liegend eine Spule mit der Induktivität 0,50 H und dem ohmschem Widerstand $R_S = 10\ \Omega$ sowie ein Verbraucher mit dem ohmschen Widerstand $R_V = 100\ \Omega$ angeschlossen. Berechne a) die Stromstärke, b) den Spannungsabfall über der Spule!

*Lösung:* Eine Spule mit ohmschem Widerstand wird als Reihenschaltung von ohmschem und induktivem Widerstand aufgefaßt. Mit **23**, **11**, **5** und $R = R_S + R_V$ wird nach dem Ohmschen Gesetz **9**

a) $I = \frac{U}{Z} = \frac{U}{\sqrt{R^2 + (2\pi f L)^2}} = 1{,}15\ \text{A};$

b) $U_S = I Z_S = I\sqrt{R_S^2 + (2\pi f L)^2} = 181\ \text{V}.$

**3.** Die skizzierte Schaltung (→ Bild) ist aus je zwei gleichen Kapazitäten und Induktivitäten zusammengesetzt. Bei welcher Frequenz, bezogen auf die Resonanzfrequenz $\omega_0 = 1/\sqrt{LC}$ (vgl. 25.1), wird der gesamte Wechselstromwiderstand Null?

*Lösung:* Der resultierende komplexe Scheinwiderstand der zwei in Reihe geschalteten $L, C$-Glieder ist gleich Null zu setzen. Der Scheinwiderstand des ersten Gliedes ($L$ und $C$ in Reihe) berechnet sich nach **24** mit $R = 0$, der des zweiten Gliedes ($L$ und $C$ parallel) aus **30** mit $G = 0$. Es muß also gelten:

$$\mathrm{j}(X_L - X_C) + \frac{1}{\mathrm{j}(B_C - B_L)} = 0 \quad \text{oder} \quad X_L - X_C - \frac{1}{B_C - B_L} = 0\,.$$

Hieraus folgt mit **11**, **13**, **17** und **18**

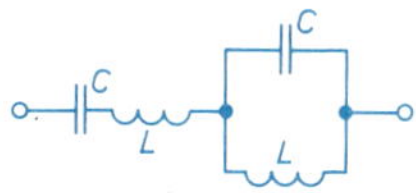


$$\omega L - \frac{1}{\omega C} - \frac{1}{\omega C - \dfrac{1}{\omega L}} = 0\,.$$

Umgeformt erhält man $L^2C^2\omega^4 - 3LC\omega^2 + 1 = 0$ und hieraus durch Lösen der quadratischen Gleichung für $\omega^2$ und nochmaliges Wurzelziehen:

$$\omega_{1,2} = \frac{1}{\sqrt{LC}}\sqrt{\frac{3 \pm \sqrt{5}}{2}}\,; \quad \omega_1 = 1{,}618\,\omega_0; \quad \omega_2 = 0{,}618\,\omega_0.$$

**4.** Ein Einphasenwechselstrommotor nimmt an einem 220-V-Netz mit 50 Hz bei seiner Nennleistung 180 W einen Strom der Stromstärke 1,17 A auf. a) Berechne Leistungsfaktor und Phasenwinkel des Motors; b) bestimme die Kapazität des Kondensators, der dem Motor parallel geschaltet werden muß, damit die aufgenommene Blindleistung Null wird!

*Lösung:* a) Aus **35** folgt $\cos\varphi = P/(UI) = 0{,}70$ und somit $\varphi = 45{,}5°$. b) Die Blindleistung wird Null, wenn keine Phasenverschiebung zwischen Spannung und Stromstärke auftritt. Um das zu erreichen, muß die Blindleistung des Motors durch die kapazitive Blindleistung des parallelgeschalteten Phasenschieberkondensators kompensiert werden. Erstere berechnet sich gemäß **36** zu $Q = UI\sin\varphi$, wobei $\varphi$ die Phasenverschiebung ist, die unter a) für den nichtkompensierten Motor berechnet wurde. Die Blindleistung des Kondensators erhält man nach **38** zu $Q_C = U^2/X_C$. Mit **13** und **5** muß also gelten:

$$UI\sin\varphi = \frac{U^2}{X_C} = 2\pi f C U^2; \qquad C = \frac{I\sin\varphi}{2\pi f U} = 12\ \mu\mathrm{F}.$$

**5.** In der Speiseleitung eines elektrischen Drehstromofens, dessen Heizstäbe in Dreieckschaltung für je 380 V ausgelegt sind, wird ein Strom von 8 A gemessen. Gesucht sind der Widerstand der Heizstäbe und die Ofenleistung. ($\cos\varphi = 1$)

*Lösung:* Aus der Leiterstromstärke $I_\mathrm{L} = 8$ A erhält man nach **44** die Strangstromstärke $I_\mathrm{S} = I_\mathrm{L}/\sqrt{3} = 4{,}62$ A und daraus wegen $U_\mathrm{L} = U_\mathrm{S}$ nach dem Ohmschen Gesetz den Widerstand eines Heizstabes zu $R_\mathrm{S} = U_\mathrm{S}/I_\mathrm{S} = 82{,}3\ \Omega$. Aus **45** und **46** folgt mit $\cos\varphi = 1$ als Ofenleistung $P = \sqrt{3}\,U_\mathrm{L}I_\mathrm{L} = 5{,}26$ kW.

# SCHWINGUNGEN UND WELLEN

## 24 Mechanische Schwingungen

### 24.1 Freie harmonische Schwingungen (lineare Federschwingung, Drehschwingung, Pendelschwingungen)

> *Schwingung*
> heißt ein Vorgang, bei dem sich eine physikalische Größe zeitlich periodisch ändert.
> *Harmonische Schwingung*
> Die Änderung der physikalischen Größe verläuft nach einer Sinus- oder Kosinusfunktion.

*Freie* Schwingungen führt ein schwingungsfähiges System nach einem einmaligen Anstoß aus.

**Lineare Federschwingung** (→ Bild)

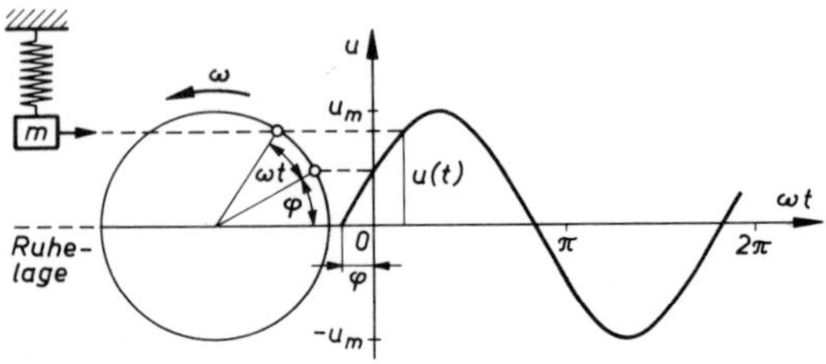


| | | | |
|---|---|---|---|
| *Differentialgleichung der harmonischen Federschwingung* | $m\dfrac{d^2u}{dt^2} + ku = 0$ | 1 | N |
| | $m$ Masse des schwingenden Körpers | | kg |
| | $u$ momentane Auslenkung (Elongation) | | m |
| | $k$ Richtgröße, Federkonstante | | N/m |
| | $t$ Zeit | | s |
| *Rückstellkraft der Feder (Kraftgesetz der harmonischen Federschwingung)* | $F = -ku$ | 2 | N |
| *Weg-Zeit-Gesetz der linearen Federschwingung* (Lösung der Differentialgleichung **1**) | $u = u_m \sin(\omega t + \varphi)$ | 3 | m |
| | $u_m$ Amplitude (maximale Auslenkung) | | m |
| | $\omega$ Kreisfrequenz | | rad/s ≡ Hz |
| | $\varphi$ Phasenwinkel | | rad ≡ 1 |
| *Periodendauer* | $T = 2\pi\sqrt{\dfrac{m}{k}}$ | 4 | s |

| | | | |
|---|---|---|---|
| *Eigenfrequenz, allgemein* | $f = \frac{1}{T} = \frac{\omega}{2\pi}$ | 5 | Hz |
| *Potentielle Energie* | $E_p = \frac{1}{2} k u^2$ | 6 | J |
| *Kinetische Energie* | $E_k = \frac{1}{2} m v^2 = \frac{1}{2} m \dot{u}^2$ | 7 | J |
| *Gesamtenergie* | $E = \frac{1}{2} k u_m^2$ | 8 | J |

gleich Summe aus potentieller und kinetischer Energie bei beliebiger Elongation. Bei ungedämpfter (reibungsfreier) Schwingung bleibt die Gesamtenergie konstant (Energieerhaltungssatz).

**Drehschwingung** (→ Bild)

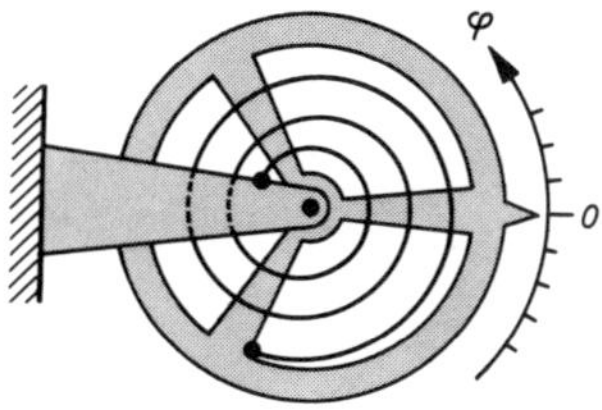


| | | | |
|---|---|---|---|
| *Differentialgleichung der harmonischen Drehschwingung* | $J \frac{d^2\varphi}{dt^2} + D\varphi = 0$ | **9** | N m |
| | $J$ Trägheitsmoment des Drehschwingers | | kg m² |
| | $\varphi$ momentaner Drehwinkel | | rad ≡ 1 |
| | $D$ Winkelrichtgröße | | N m/rad ≡ N m |
| *Rücktreibendes Drehmoment* | $M = -D\varphi$ | **10** | N m |
| *Drehwinkel-Zeit-Gesetz der Drehschwingung* | $\varphi = \varphi_m \sin(\omega t + \varphi_0)$ | **11** | rad ≡ 1 |
| | $\varphi_m$ maximaler Drehwinkel | | rad ≡ 1 |
| | $\varphi_0$ Phasenwinkel | | rad ≡ 1 |
| *Schwingungsdauer* | $T = 2\pi \sqrt{\frac{J}{D}}$ | **12** | s |
| *Potentielle Energie* | $E_p = \frac{1}{2} D \varphi^2$ | **13** | J |
| *Kinetische Energie* | $E_k = \frac{1}{2} J \omega^2 = \frac{1}{2} J \dot{\varphi}^2$ | **14** | J |
| *Gesamtenergie* | $E = E_p + E_k = \frac{1}{2} D \varphi_m^2 = \text{const}$ | **15** | J |

**Pendelschwingungen**

| | | | |
|---|---|---|---|
| *Schwingungsdauer des mathematischen Pendels (Fadenpendel)* | $T = 2\pi \sqrt{\frac{l}{g}}$ (für kleine Amplituden) | **16** | s |
| | $l$ Pendellänge | | m |
| | $g$ Fallbeschleunigung | | m/s² |
| *Schwingungsdauer des physikalischen (physischen) Pendels* | $T = 2\pi \sqrt{\frac{l'}{g}}$ (für Drehwinkel < 5°) | **17** | s |
| *Reduzierte Pendellänge* | $l' = \frac{J}{ms}$ | **18** | m |

| | | |
|---|---|---|
| $J$ | Trägheitsmoment des Pendelkörpers bezüglich des Aufhängepunktes | $kg\,m^2$ |
| $s$ | Abstand des Schwerpunktes vom Aufhängepunkt | m |

## 24.2 Eigenschwingungen von Stab und Saite

*Eigenfrequenzen eines longitudinal schwingenden Stabes*
$n = 1$: Grundschwingung

$n = 2, 3, \ldots$: Oberschwingungen

Beide Enden sind frei oder fest eingespannt (→ Bild):

$$f_n = \frac{n}{2l}\sqrt{\frac{E}{\varrho}} \qquad \textbf{19}\ \text{Hz}$$

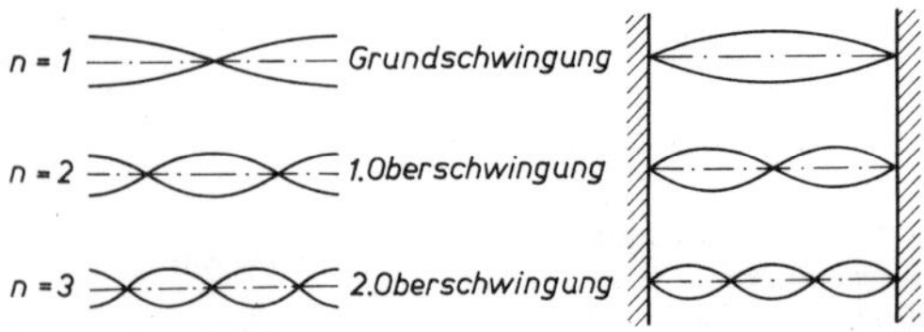


Ein Ende ist frei, ein Ende fest eingespannt (→ Bild):

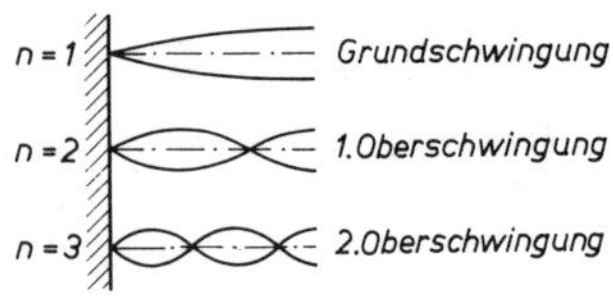


$$f_n = \frac{2n+1}{2l}\sqrt{\frac{E}{\varrho}} \qquad \textbf{20}\ \text{Hz}$$

| | | |
|---|---|---|
| $f_n$ | Frequenz der $n$-ten Eigenschwingung | Hz |
| $l$ | Länge des Stabes | m |
| $E$ | Elastizitätsmodul | Pa |
| $\varrho$ | Dichte | $kg/m^3$ |

*Eigenfrequenzen einer transversal schwingenden Saite*

$$f_n = \frac{n}{2l}\sqrt{\frac{F}{\varrho A}} \qquad \textbf{21}\ \text{Hz}$$

| | | |
|---|---|---|
| $l$ | Länge der Saite | m |
| $A$ | Querschnitt der Saite | $m^2$ |
| $F$ | Spannkraft der Saite | N |

*Eigenfrequenzen der Biegeschwingungen eines zylindrischen Stabes mit kreisförmigem Querschnitt*

$$f = \frac{z^2 d}{8\pi l^2}\sqrt{\frac{E}{\varrho}} \qquad \textbf{22}\ \text{Hz}$$

| | | |
|---|---|---|
| $d$ | Durchmesser | m |

Grundschwingung: $z = 4{,}730$
1. Oberschwingung: $z = 7{,}853$
2. Oberschwingung: $z = 11{,}00$

## 24.3 Freie gedämpfte Schwingung

*Gedämpfte Schwingungen* verlaufen unter dem Einfluß einer geschwindigkeitsproportional angenommenen *Reibungskraft* $F_R = -\beta v = -\beta\,(du/dt)$ ($u$ Auslenkung). Dabei ist die *Dämpfungskonstante* $\beta$ das Verhältnis von Reibungskraft zu Geschwindigkeit: $\beta = -F_R/v$.

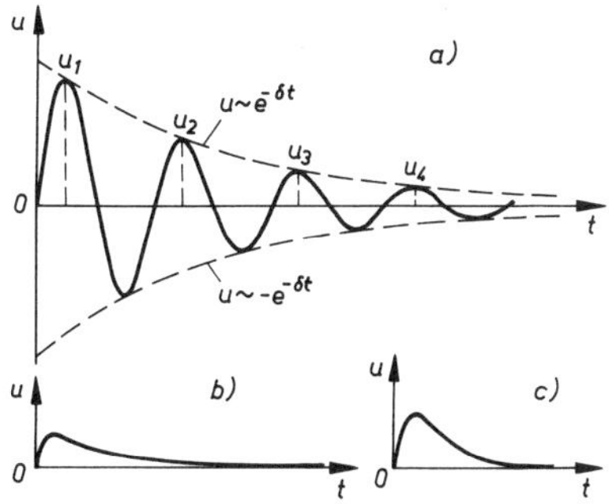


| | | | |
|---|---|---|---|
| *Differentialgleichung der freien gedämpften Schwingung (lineare Federschwingung*, s. 24.1) | $m\dfrac{d^2u}{dt^2} + \beta\dfrac{du}{dt} + ku = 0$ | **23** | N |
| | $u$ Elongation | | m |
| | $m$ Masse | | kg |
| | $\beta$ Dämpfungskonstante | | N s/m |
| | $k$ Federkonstante | | N/m |
| | $t$ Zeit | | s |
| *Abklingkonstante* | $\delta = \dfrac{\beta}{2m}$ | **24** | 1/s |
| *Logarithmisches Dekrement* | $\Lambda = \ln\dfrac{u_n}{u_{n+1}} = \delta T$ | **25** | 1 |
| | $T$ Schwingungsdauer | | s |
| | $u_n/u_{n+1}$ Verhältnis zweier aufeinanderfolgender Amplituden | | 1 |
| *Weg-Zeit-Gesetz der freien gedämpften Schwingung* (→ Bild) | $u = u_0 e^{-\delta t}\sin(\omega t + \varphi)$ | **26** | m |
| | $u_0$ Anfangsamplitude | | m |
| | $\varphi$ Phasenwinkel | | rad ≡ 1 |
| *Kreisfrequenz* | $\omega = \sqrt{\omega_0^2 - \delta^2}$ | **27** | rad/s ≡ Hz |
| | $\omega_0 = \sqrt{k/m}$ Kreisfrequenz der ungedämpften Schwingung | | rad/s ≡ Hz |
| Schwache Dämpfung: | $\delta < \omega_0$ *(Schwingfall)* → Bild a | | |
| Starke Dämpfung: | $\delta > \omega_0$ *(Kriechfall)* → Bild b | | |
| | $\delta = \omega_0$ *(aperiodischer Grenzfall)* → Bild c | | |

## 24.4 Erzwungene Schwingungen. Resonanz

*Erzwungene Schwingungen* führt ein schwingungsfähiges System (*Resonator* mit der Eigenfrequenz $f_0$ bzw. $\omega_0$) unter Einwirkung einer sinusförmigen Kraft $F = F_m \sin \omega t$ (*Erreger* oder *Oszillator* mit der Frequenz $f$ bzw. $\omega$) aus.

| | | | |
|---|---|---|---|
| *Differentialgleichung der erzwungenen Schwingung bei periodischer Erregerkraft* | $m \frac{d^2u}{dt^2} + \beta \frac{du}{dt} + ku = F_m \sin \omega t$ (Bezeichnung der Größen wie in 24.3) | **28** | N |
| *Weg-Zeit-Gesetz der erzwungenen Schwingung (eingeschwungener Zustand)* | $u = u_0 \sin(\omega t - \varphi)$ | **29** | m |

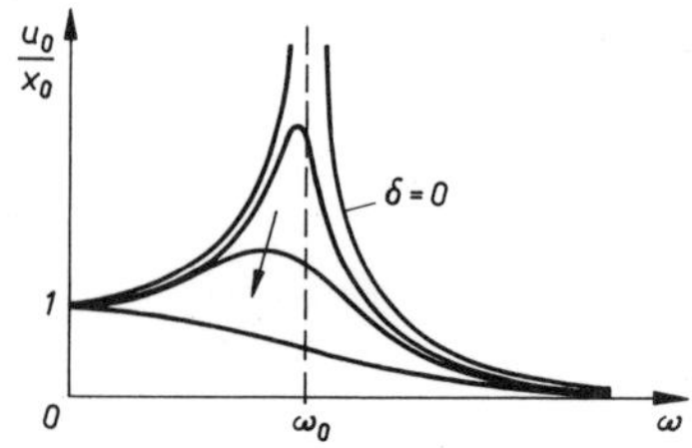


| | | | |
|---|---|---|---|
| *Amplitudenresonanzfunktion* (→ Bild; Pfeil zeigt in Richtung zunehmender Dämpfung δ) | $u_0 = \frac{F_m}{\sqrt{m^2(\omega_0^2 - \omega^2)^2 + \beta^2\omega^2}}$ | **30** | m |
| | $u_0 = \frac{\omega_0^2 x_0}{\sqrt{(\omega_0^2 - \omega^2)^2 + (2\delta\omega)^2}}$ | **31** | m |
| | $x_0$ Amplitude der Erregerschwingung | | m |
| *Phasenverschiebung φ zwischen erzwungener Schwingung und periodischer Erregerkraft* | $\tan \varphi = \frac{\beta\omega}{m(\omega_0^2 - \omega^2)} = \frac{2\delta\omega}{\omega_0^2 - \omega^2}$ | **32** | 1 |
| *Resonanzbedingung* | $\omega \approx \omega_0$ (Erregerfrequenz ≈ Resonatoreigenfrequenz) | | |

## 24.5 Überlagerung harmonischer Schwingungen

**Überlagerung harmonischer Schwingungen gleicher Frequenz und Schwingungsrichtung, verschiedener Amplituden und Schwingungsphasen**

| | | |
|---|---|---|
| *Zu überlagernde Einzelschwingungen (Ausgangsschwingungen)* | $u_1 = u_{m1} \sin \omega t$ | m |
| | $u_2 = u_{m2} \sin(\omega t + \varphi)$ | m |
| | $u_1$, $u_2$ Elongationen der Einzelschwingungen | m |
| | $u_{m1}$, $u_{m2}$ Amplituden der Einzelschwingungen | m |
| | $\omega$ Kreisfrequenz | rad/s ≡ Hz |
| | $\varphi$ Phasenverschiebung der Einzelschwingungen untereinander | rad ≡ 1 |
| | $t$ Zeit | s |

*Darstellung von Schwingungen im Zeigerdiagramm* (→ Bild):
Die Projektion eines mit der Winkelgeschwindigkeit $\omega$ rotierenden Zeigers auf die Ordinate ergibt den Momentanwert der Elongation in Abhängigkeit von der Zeit. Durch vektorielle Addition zweier Zeiger erhält man den Zeiger der Überlagerungsschwingung.

*Überlagerungsschwingung* $u = u_1 + u_2 = u_m \sin(\omega t + \psi)$ **33** m

*Amplitude der Überlagerungsschwingung* $u_m = \sqrt{u_{m1}^2 + u_{m2}^2 + 2u_{m1}u_{m2}\cos\varphi}$ **34** m

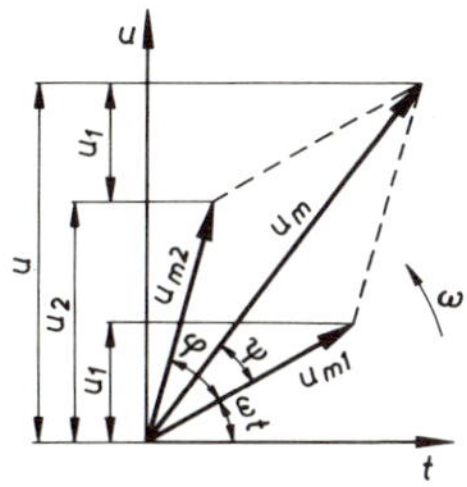


*Phasenverschiebung ψ zwischen Überlagerungsschwingung und Einzelschwingung $u_1$*

$$\tan\psi = \frac{u_{m2}\sin\varphi}{u_{m1} + u_{m2}\cos\varphi}$$ **35** 1

$$\sin\psi = \frac{u_{m2}}{u_m}\sin\varphi$$

**Überlagerung von harmonischen Schwingungen wenig verschiedener Frequenz, gleicher Amplitude und gleicher Schwingungsrichtung (Schwebungen)** → Bild

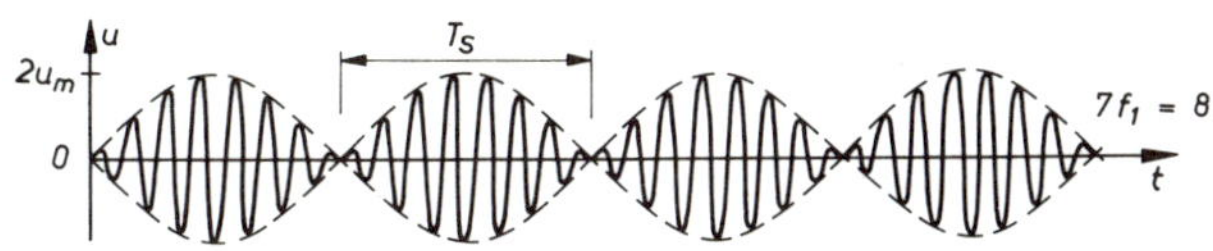


*Schwebungsfrequenz* $f_S = f_2 - f_1$ **36** Hz

*Schwebungsperiode* $T_S = \frac{T_1 T_2}{T_1 - T_2}$ **37** s

$f_1, f_2, T_1, T_2$ Frequenzen und Periodendauern der Einzelschwingungen

**Überlagerung von harmonischen Schwingungen, deren Schwingungsrichtungen aufeinander senkrecht stehen** (in $x$- und $y$-Richtung)

*Zu überlagernde Einzelschwingungen* $x = x_m \sin\omega_x t$ **38** m

$y = y_m \sin(\omega_y t + \varphi)$ **39** m

*Überlagerungsschwingung für $\omega_x = \omega_y$* $$\frac{x^2}{x_m^2} - \frac{2xy}{x_m y_m}\cos\varphi + \frac{y^2}{y_m^2} = \sin^2\varphi$$ **40**

*(elliptische Schwingung)*

Stehen $\omega_x$ und $\omega_y$ zueinander im Verhältnis ganzer Zahlen, ergibt die Überlagerung der Schwingungen **38** und **39** eine *Lissajous-Figur*.

# B

1. Ein an einem Seil hängender Körper führt in 30 s 10 Schwingungsperioden aus. Der Weg von einem Umkehrpunkt zum anderen beträgt 30 cm. Berechne die Elonga-

tion zu den Zeitpunkten 1, 2, 5 Sekunden sowie 5 Minuten nach dem ersten beobachteten Durchgang des Pendels durch seine Nullage!

*Lösung:* Die Schwingungsdauer (Periodendauer) beträgt $T = 3$ s, die Amplitude der Schwingung ist $u_m = 15$ cm. Mit **5** und $\varphi = 0$ lautet die Gleichung der harmonischen Schwingung **3**:

$$u(t) = u_m \sin\left(\frac{2\pi t}{T}\right) = (15 \text{ cm}) \cdot \sin\left(\frac{2\pi}{3} \frac{t}{\text{s}}\right).$$

Hieraus erhält man $u(1 \text{ s}) = (15 \text{ cm}) \cdot \sin 120° = 13 \text{ cm}$. Entsprechend folgt $u(2 \text{ s}) = u(5 \text{ s}) = -13 \text{ cm}$ und $u(5 \text{ min}) = 0$.

**2.** Eine Maschine belastet ihr Fundament. Durch ihre Gewichtskraft ruft sie eine Durchbiegung des Fundaments um $u_m = 20$ mm hervor. Wie groß ist die Frequenz, mit der das System Maschine/Fundament (entsprechend Körper/Feder) schwingen kann? Die Masse des Fundaments sei gegenüber der Masse der Maschine zu vernachlässigen. ($g \approx 10 \text{ m/s}^2$)

*Lösung:* Die Frequenz eines Feder-Masse-Schwingers berechnet sich nach **4** und **5**. Den Betrag der Federkonstante $k$ erhält man aus **2** mit $F = mg$ als Gewichtskraft der Maschine zu $k = F/u_m = mg/u_m$. Somit wird

$$f = \frac{1}{2\pi} \sqrt{\frac{k}{m}} = \frac{1}{2\pi} \sqrt{\frac{g}{u_m}} = 3{,}5 \text{ Hz}.$$

**3.** Ein Federschwinger führt gedämpfte harmonische Schwingungen aus. Nach 5 vollen Perioden ist die Amplitude auf 1/7 des Ausgangswertes abgeklungen. Die Schwingungsdauer wird zu $T = 0{,}50$ s bestimmt. a) Wie groß ist die Abklingkonstante $\delta$? b) Welche Schwingungsdauer hätte der Federschwinger bei fehlender Dämpfung?

*Lösung:* a) Nach **25** gilt für das logarithmische Dekrement

$$T = \ln \frac{u_0}{u_1} = \ln \frac{u_1}{u_2} = \ldots = \ln \frac{u_4}{u_5}.$$

Somit ist

$$\ln \frac{u_0}{u_1} + \ln \frac{u_1}{u_2} + \ldots + \ln \frac{u_4}{u_5} = \ln \frac{u_0}{u_5} = 5\,\delta T \quad \text{mit } \frac{u_0}{u_5} = 7;$$

$$\delta T = \frac{\ln 7}{5}; \quad \delta = 0{,}778 \text{ s}^{-1}.$$

b) Aus **27** folgt $\omega_0 = \sqrt{\omega^2 + \delta^2} = 2\pi/T_0$; $\quad T_0 = 2\pi\Big/\sqrt{4\pi^2/T^2 + \delta^2} = 0{,}499 \text{ s}$.

**4.** Als Ergebnis der Überlagerung von zwei gleichgerichteten harmonischen Schwingungen mit gleichen Amplituden und gleichen Schwingungsdauern wird eine resultierende Schwingung mit der gleichen Schwingungsdauer und der gleichen Amplitude erhalten. Wie groß ist der Phasenunterschied der überlagerten Schwingungen?

*Lösung:* Die Amplitude der Überlagerungsschwingung errechnet sich nach **34**. In unserem Fall ist $u_{m1} = u_{m2} = u_m$, womit folgt:

$$u_m^2 = 2u_m^2 (1 + \cos\varphi); \quad \cos\varphi = -0{,}5; \quad \varphi = 120° \text{ oder } 240°.$$

**5.** Eine Saite von 73 cm Länge gibt als Grundton den gleichen Ton wie eine Stimmgabel. Verkürzt man die Saite bei gleichbleibender Saitenspannung um 0,5 cm, so erzeugen die Töne von Saite und Stimmgabel in ihrer Überlagerung eine Schwebung mit der Schwebungsfrequenz 3 Hz. Mit welcher Frequenz schwingt die Stimmgabel?

*Lösung:* Sind $l_1 = 73$ cm und $l_2 = 72{,}5$ cm die Ausgangslänge und die verkürzte Länge der Saite, so folgt nach **21** $f_1/f_2 = l_2/l_1$, womit sich aus der Schwebungsfrequenz **36** die Frequenz des Grundtones berechnet zu

$$f_1 = \frac{f_S l_2}{l_1 - l_2} = 435\ \text{Hz}.$$

**6.** Welche Lissajous-Figuren entstehen durch senkrechte Überlagerung zweier harmonischer Schwingungen **38** und **39** von gleicher Frequenz und mit Phasenunterschieden von a) $\varphi = 0°$; b) $\varphi = 90°$ bei ungleichen und gleichen Amplituden $x_m$ und $y_m$?

*Lösung:* a) In diesem Fall folgt aus **40** als Überlagerungsschwingung $y = (y_m/x_m)x$. Dies ist die Gleichung einer Geraden durch den Koordinatenursprung mit dem Anstieg $\tan \alpha = y_m/x_m$, welche für $x_m = y_m$ unter $\alpha = 45°$ zur $x$- bzw. $y$-Achse verläuft. Da die maximalen Auslenkungen in $x$- und $y$-Richtung gleich $\pm x_m$ und $\pm y_m$ sind, bildet die resultierende Schwingung die Diagonale im Rechteck mit den Seitenlängen $2x_m$ und $2y_m$.
b) In diesem Fall erhält man aus **40** als Bahngleichung für die resultierende Schwingung

$$\frac{x^2}{x_m^2} + \frac{y^2}{y_m^2} = 1.$$

Dies ist die Gleichung einer Ellipse mit den Halbachsen $x_m$ und $y_m$. Für gleiche Amplituden $x_m$ und $y_m$ entsteht ein Kreis *(zirkulare Schwingung)*.

# 25 Elektrische Schwingungen

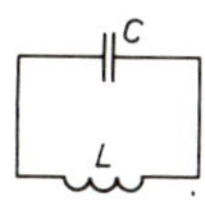


## 25.1 Ungedämpfte elektrische Schwingungen

*Ungedämpfter Schwingkreis*
ist ein Stromkreis, bestehend aus Kondensator und Spule (→ Bild), in dem periodisch elektrische in magnetische Energie umgewandelt wird. Die Summe aus beiden Energieanteilen bleibt erhalten.

| | | | |
|---|---|---|---|
| *Differentialgleichung der ungedämpften elektrischen Schwingung* | $L\frac{d^2 i}{dt^2} + \frac{1}{C} i = 0$ | 1 | |
| | $L$ Induktivität der Spule | | H = V s/A |
| | $C$ Kapazität des Kondensators | | F = A s/V |
| | $t$ Zeit | | s |
| *Stromstärke, Momentanwert* (Lösung der Differentialgleichung **1**) | $i = I_m \sin(\omega t + \varphi)$ | 2 | A |
| | $I_m$ Scheitelwert der Stromstärke | | A |
| | $\omega$ Kreisfrequenz der Eigenschwingung | | rad/s ≡ Hz |
| | $\varphi$ Phasenwinkel | | rad ≡ 1 |
| *Periodendauer der Eigenschwingung (Thomsonsche Gleichung)* | $T = 2\pi\sqrt{LC}$ | 3 | s |
| *Eigenfrequenz* | $f = \frac{1}{T} = \frac{1}{2\pi}\sqrt{\frac{1}{LC}}$ | 4 | Hz |

| | | | |
|---|---|---|---|
| *Kreisfrequenz* | $\omega = 2\pi f = \frac{1}{\sqrt{LC}}$ | 5 | rad/s ≡ Hz |
| *Elektrische Schwingungsenergie* | $E_e = \frac{1}{2} Cu^2 \qquad E_e = \frac{1}{2} \frac{q^2}{C}$ | 6 | J |
| | $u$ Spannung am Kondensator | | V |
| | $q$ Ladung des Kondensators (Momentanwerte) | | C |
| *Magnetische Schwingungsenergie* | $E_m = \frac{1}{2} Li^2$ | 7 | J |

## 25.2 Gedämpfte elektrische Schwingungen

Die *Dämpfung* im geschlossenen elektrischen Schwingkreis wird verursacht durch die Energieverluste infolge *Entwicklung Joulescher Wärme* im ohmschen Widerstand $R$ des Kreises (→ Bild).

| | | | |
|---|---|---|---|
| *Differentialgleichung der gedämpften elektrischen Schwingung* | $L \frac{d^2 i}{dt^2} + R \frac{di}{dt} + \frac{1}{C} i = 0$ (Bezeichnung der Größen wie in 25.1) | **8** | |
| *Stromstärke, Momentanwert* (Lösung der Differentialgleichung **8**) | $i = I_m e^{-\delta t} \sin(\omega t + \varphi)$ | **9** | A |
| *Abklingkonstante* | $\delta = \frac{R}{2L}$ | **10** | 1/s |
| *Kreisfrequenz der gedämpften elektrischen Schwingung* | $\omega = \sqrt{\frac{1}{LC} - \frac{R^2}{4L^2}} = \sqrt{\omega_0^2 - \delta^2}$ | **11** | rad/s ≡ Hz |
| | $\omega_0$ Kreisfrequenz der ungedämpften Schwingung 5 | | rad/s ≡ Hz |

## 25.3 Analoge Größen und Gleichungen für mechanische und elektrische Schwingungen

(Bezeichnungen der Größen vgl. die vorangehenden Abschnitte)

| Federschwingungen | Drehschwingungen | Elektrische Schwingungen |
|---|---|---|
| Elongation bei ungedämpfter Schwingung | Drehwinkel bei ungedämpfter Schwingung | Ladung des Kondensators bei ungedämpfter Schwingung |
| $u = u_m \sin(\omega t + \varphi_0)$ | $\varphi = \varphi_m \sin(\omega t + \varphi_0)$ | $q = Q_m \sin(\omega t + \varphi_0)$ |
| Elongation bei gedämpfter Schwingung | Drehwinkel bei gedämpfter Schwingung | Ladung des Kondensators bei gedämpfter Schwingung |
| $u = u_m e^{-\delta t} \sin(\omega t + \varphi_0)$ | $\varphi = \varphi_m e^{-\delta t} \sin(\omega t + \varphi_0)$ | $q = Q_m e^{-\delta t} \sin(\omega t + \varphi_0)$ |
| Abklingkonstante | Abklingkonstante | Abklingkonstante |
| $\delta = \frac{\beta}{2m}$ | $\delta = \frac{\hat{\beta}}{2J}$ | $\delta = \frac{R}{2L}$ |

| | | |
|---|---|---|
| Dämpfungskonstante $\beta$ | Dämpfungskonstante $\hat{\beta}$ | Ohmscher Widerstand $R$ |
| Masse $m$ | Trägheitsmoment $J$ | Induktivität $L$ |
| Federkonstante $k$ | Winkelrichtgröße $D$ | Kehrwert der Kapazität $1/C$ |
| Rückstellkraft der Feder | Rücktreibendes Drehmoment | Spannungsabfall am Kondensator |
| $F_k = -ku$ | $M_D = -D\varphi$ | $u_C = q/C$ |
| Trägheitskraft | Drehmoment | Spannungsabfall an der Spule |
| $F = m\dfrac{d^2u}{dt^2}$ | $M = J\dfrac{d^2\varphi}{dt^2} = J\dfrac{d\omega}{dt}$ | $u_L = L\dfrac{d^2q}{dt^2} = L\dfrac{di}{dt}$ |
| Reibungskraft | Reibungsmoment | Spannungsabfall am ohmschen Widerstand |
| $F = -\beta\dfrac{du}{dt} = -\beta v$ | $M = -\hat{\beta}\dfrac{d\varphi}{dt} = -\hat{\beta}\omega$ | $u_R = Ri$ |
| Eigenfrequenz (ungedämpft) | Eigenfrequenz (ungedämpft) | Eigenfrequenz (ungedämpft) |
| $f = \dfrac{1}{2\pi}\sqrt{\dfrac{k}{m}}$ | $f = \dfrac{1}{2\pi}\sqrt{\dfrac{D}{J}}$ | $f = \dfrac{1}{2\pi}\sqrt{\dfrac{1}{LC}}$ |
| Potentielle Energie | Potentielle Energie | Elektrische Energie |
| $E_p = \dfrac{1}{2}ku^2$ | $E_p = \dfrac{1}{2}D\varphi^2$ | $E_e = \dfrac{1}{2}Cu_C^2 = \dfrac{1}{2}\dfrac{q^2}{C}$ |
| Kinetische Energie | Rotationsenergie | Magnetische Energie |
| $E_k = \frac{1}{2}m\dot{u}^2$ | $E_k = \frac{1}{2}J\dot{\varphi}^2$ | $E_m = \frac{1}{2}Li^2 = \frac{1}{2}L\dot{q}^2$ |

## B

1. Eine Glühlampe, die mit einem verlustfreien Parallelschwingkreis ($L = 100$ H) in Reihe geschaltet ist (→ Bild), soll trotz angelegter Wechselspannung der Frequenz 50 Hz nicht aufleuchten. Wie groß ist die Kapazität im Schwingkreis zu wählen?

   *Lösung:* Die Stromstärke durch die Glühlampe muß Null sein. Dies ist der Fall, wenn für die Stromstärken durch $L$ und $C$ gilt:
   $I_L + I_C = 0$ bzw. $I_L = -I_C$. Wegen $U_L = -U_C$ (vgl. Zeigerdiagramme in 23.2) ist $U_L/I_L = U_C/I_C$, d. h. $X_L = X_C$ (Kompensation der Blindwiderstände im Resonanzfall). Mit $X_L = \omega L$ und $X_C = 1/(\omega C)$ wird

   $$\omega L = \frac{1}{\omega C}; \quad C = \frac{1}{\omega^2 L} = \frac{1}{4\pi^2 f^2 L} = 0{,}1\ \mu\text{F}.$$

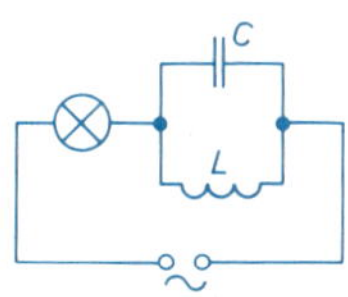


2. Aus einer Induktivität ($L = 2{,}5$ H) und einem Kondensator soll ein Reihenschwingkreis (→ Bild) aufgebaut werden. Der ohmsche Widerstand der Spule einschließlich Zuleitungen beträgt 300 Ω. a) Wie groß muß die Kapazität des Kondensators sein, wenn Resonanz zur angelegten Wechselspannung (10 V/50 Hz) angestrebt wird? b) Wie groß ist das logarithmische Dekrement? c) Welcher Strom fließt durch

den Schwingkreis? d) Welche Spannungen liegen am Kondensator und an der Spule an? Beachte, daß bei Spannungsresonanz die Frequenz $f$ (bzw. $\omega = 2\pi f$) von $U$ gleich der Eigenfrequenz des *ungedämpften* Schwingkreises ist (wegen $X_L = X_C$, vgl. 23.2).

*Lösung:* a) Nach **5** ist

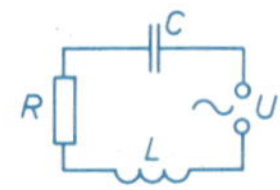


$$\omega = \frac{1}{\sqrt{LC}}; \quad \frac{1}{C} = 4\pi^2 f^2 L; \quad C = 4{,}05\ \mu\text{F}.$$

b) Aus 24.3, Gleichung **25** $\Lambda = \delta T = \delta/f$ und **10** folgt $\Lambda = 1{,}2$. c) Nach 23.2, Gleichungen **11**, **13** und **23** ist der Wechselstromwiderstand des Reihenschwingkreises

$$Z = \sqrt{R^2 + (X_L - X_C)^2} \quad \text{bzw. wegen} \quad X_L = X_C\text{:} \quad Z = R = 300\ \Omega.$$

Aus dem Ohmschen Gesetz folgt als Stromstärke $I = U/Z = 33{,}3$ mA.

d) $U_C = IX_C = \dfrac{I}{\omega C} = 26{,}2\ \text{V}; \quad U_L = I\sqrt{R^2 + X_L^2} = I\sqrt{R^2 + (\omega L)^2} = 28{,}0\ \text{V}.$

# 26 Allgemeine Wellenlehre

*Welle*
Ausbreitung der Störung eines Gleichgewichtszustandes. Die für die Welle charakteristische physikalische Größe (Auslenkung der Teilchen bei den mechanischen Wellen, Vektor der elektrischen Feldstärke bei den elektromagnetischen Wellen) ist *orts- und zeitabhängig*.

*Mechanische Welle*

Teilchen führen Schwingungen am Ort aus, während sich infolge Kopplung benachbarter Teilchen der Bewegungszustand (die Schwingungsenergie) mit konstanter, endlicher Geschwindigkeit vom Erregerzentrum wegbewegt.

*Harmonische Welle (Sinuswelle)*
Die Teilchen führen *harmonische* Schwingungen um ihre Ruhelagen aus.

*Wellenarten*

- Transversalwelle: charakteristische physikalische Größe schwingt *senkrecht* zur Ausbreitungsrichtung.
- Longitudinalwelle: charakteristische physikalische Größe schwingt *parallel* zur Ausbreitungsrichtung.

## 26.1 Allgemeine Wellengleichung. Harmonische ebene Welle und Kugelwelle

| | | | |
|---|---|---|---|
| *Wellenlänge* | $\lambda$ | | m |

kennzeichnet den Abstand zwischen zwei benachbarten Punkten gleicher Schwingungsphase (z. B. zweier Schwingungsmaxima).

| | | | |
|---|---|---|---|
| *Ausbreitungsgeschwindigkeit der Welle (Phasengeschwindigkeit)* | $c = f\lambda$ | **1** | m/s |

| | | | |
|---|---|---|---|
| *Periodendauer* | $T = \frac{1}{f}$ | **2** | s |
| *Kreisfrequenz* | $\omega = 2\pi f = \frac{2\pi}{T}$ | **3** | rad/s ≡ Hz |
| *Wellenzahl* | $k = \frac{\omega}{c} = \frac{2\pi}{\lambda}$ | **4** | 1/m |
| *Differentialgleichung der (ungedämpften) ebenen Welle* (Ausbreitung in $x$-Richtung) | $\frac{\partial^2 u}{\partial x^2} = \frac{1}{c^2} \frac{\partial^2 u}{\partial t^2}$ | **5** | |
| | $u$ Auslenkung (Elongation) | | m |
| | $t$ Zeit | | s |
| *Lösung der Wellengleichung 5 für eine ebene harmonische Welle* | $u(t, x) = u_m \sin \omega \left(t - \frac{x}{c}\right)$ | **6** | m |
| | $u(t, x) = u_m \sin (\omega t - kx)$ | **7** | m |
| | $u(t, x) = u_m \sin 2\pi \left(\frac{t}{T} - \frac{x}{\lambda}\right)$ | **8** | m |
| | $u_m$ Amplitude der Welle (maximale Auslenkung) | | m |
| *Differentialgleichung der (ungedämpften) Kugelwelle* | $\frac{\partial^2 (ru)}{\partial r^2} = \frac{1}{c^2} \frac{\partial^2 (ru)}{\partial t^2}$ | **9** | |
| | $r$ Entfernung vom Sender (Erregerzentrum) | | m |
| *Lösung der Wellengleichung 9 für eine harmonische Kugelwelle* | $u(t, r) = u_0 \frac{r_0}{r} \sin \omega \left(t - \frac{r}{c}\right)$ | **10** | m |
| | $u(t, r) = u_0 \frac{r_0}{r} \sin (\omega t - kr)$ | **11** | m |
| | $u(t, r) = u_0 \frac{r_0}{r} \sin 2\pi \left(\frac{t}{T} - \frac{r}{\lambda}\right)$ | **12** | m |
| | $u_0$ Amplitude in der Entfernung $r_0$ vom Sender | | m |

## 26.2 Interferenz. Stehende Wellen

| | | | |
|---|---|---|---|
| *Gangunterschied* | $\delta = s_2 - s_1$ | **13** | m |

ist der Unterschied im Weg zweier gleichphasig erzeugter Wellen am Empfangsort $P$, der von den Quellen *1* und *2* die Entfernungen $s_1$ bzw. $s_2$ hat (→ Bild)

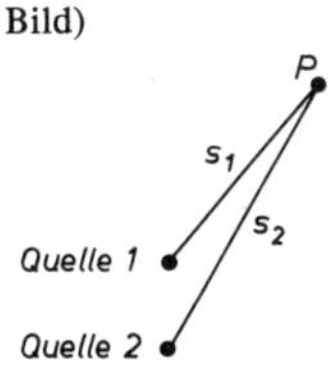


| | | | |
|---|---|---|---|
| *Phasendifferenz zweier Wellen mit dem Gangunterschied δ* | $\varphi = \frac{2\pi}{\lambda} \delta = k\delta$ | **14** | rad ≡ 1 |
| | $\lambda$ Wellenlänge | | m |
| | $k$ Wellenzahl (= $\omega / c$) | | 1/m |

**Interferenz**

Von mehreren Quellen ausgehende Wellen überlagern sich *ungestört*.
Überlagerung zweier Wellen $u_1$ und $u_2$ gleicher Frequenz, zwischen denen ein gleichbleibender Gangunterschied $\delta$ bzw. eine konstante Phasendifferenz $\varphi$ besteht (*kohärente* Wellen):

$$u_1 = u_{m1} \sin(\omega t - kx)$$

$$u_2 = u_{m2} \sin(\omega t - kx + \varphi)$$

*Resultierende Welle*

$$u = u_1 + u_2 = u_m \sin(\omega t - kx + \psi) \qquad \textbf{15 m}$$

*Amplitude der resultierenden Welle*

$$u_m = \sqrt{u_{m1}^2 + u_{m2}^2 + 2u_{m1}u_{m2}\cos\varphi} \qquad \textbf{16 m}$$

*Phasenunterschied $\psi$ zwischen resultierender Welle u und Welle $u_1$*

$$\sin\psi = \frac{u_{m2}}{u_m}\sin\varphi \qquad \textbf{17 1}$$

$$\tan\psi = \frac{u_{m2}\sin\varphi}{u_{m1} + u_{m2}\cos\varphi} \qquad \textbf{18 1}$$

(vgl. Überlagerung harmonischer Schwingungen, 24.5)

Es entstehen:

*Interferenzmaxima (maximale Verstärkung)*

$$\text{für } \delta = 2z \cdot \frac{\lambda}{2} \quad \text{bzw. } \varphi = 2z\pi \qquad \textbf{19}$$

mit $z = 0, 1, 2, \ldots$

$z$ Ordnung der Interferenz

*Interferenzminima (maximale Schwächung bzw. Auslöschung bei gleichen Amplituden)*

$$\text{für } \delta = (2z + 1) \cdot \frac{\lambda}{2} \qquad \textbf{20}$$

bzw. $\varphi = (2z + 1)\pi$

mit $z = 0, 1, 2, \ldots$

**Stehende Wellen**

Eine *stehende Welle* entsteht nach Reflexion einer Welle am Rand des Ausbreitungsmediums durch *Interferenz* von hin- und zurücklaufender Welle.
*Dünneres/dichteres* Medium heißt das Medium mit der *größeren/kleineren* Ausbreitungsgeschwindigkeit $c$ der Welle.

> Bei Reflexion einer Welle am *freien Ende* bzw. am *dünneren Medium* tritt zwischen der ankommenden und der reflektierten Welle *kein Phasensprung* auf ($\Delta\varphi = 0$).

In diesem Fall gilt:

*In x-Richtung laufende Welle*

$$u_1 = u_m \sin(\omega t - kx)$$

*In (−x)-Richtung laufende (reflektierte) Welle*

$$u_2 = u_m \sin(\omega t + kx)$$

(Bezeichnung der Größen vgl. 26.1)

*Stehende Welle*

$$u = u_1 + u_2$$

$$u = 2u_m \cos kx \sin\omega t \qquad \textbf{21}$$

> Bei Reflexion einer Welle am *festen Ende* bzw. am *dichteren Medium* tritt zwischen der ankommenden und der reflektierten Welle *ein Phasensprung von* $\Delta\varphi = \pi$ auf.

In diesem Fall gilt:

| | | |
|---|---|---|
| *In x-Richtung einfallende Welle* | $u_1 = u_m \sin(\omega t - kx)$ | |
| *Reflektierte Welle in (−x)-Richtung* | $u_2 = u_m \sin(\omega t + kx + \pi)$ | |
| *Stehende Welle* | $u = -2u_m \sin kx \cos \omega t$ | **22** |

## 26.3 Huygenssches Prinzip. Reflexion, Brechung

> *Huygenssches Prinzip*
> Jeder Punkt einer Phasenfläche einer Welle (Wellenfläche) ist gleichzeitig Ausgangspunkt einer neuen Elementarwelle. Die tangierende Hüllfläche aller Elementarwellen gleicher Phase ergibt eine neue Lage der Phasenfläche der ursprünglichen Welle (→ Bild).

### Auftreffen einer Welle auf eine Grenzfläche

zwischen zwei Medien mit unterschiedlicher Ausbreitungsgeschwindigkeit der Welle (*dünneres/dichteres* Medium heißt das Medium mit der *größeren/kleineren* Ausbreitungsgeschwindigkeit *c*).

| | | | |
|---|---|---|---|
| *Reflexionsgesetz* (→ Bild) | $\alpha = \alpha'$ | **23** | ° |
| | $\alpha$ Einfallswinkel | | ° |
| | $\alpha'$ Reflexionswinkel | | ° |

> *Reflexionsgesetz*
> Einfallender und reflektierter Strahl bilden mit dem Einfallslot gleiche Winkel. Lot und Strahlen liegen in einer Ebene.

| | | | |
|---|---|---|---|
| *Brechungsgesetz* (→ Bild) | $\dfrac{\sin\alpha_1}{\sin\alpha_2} = \dfrac{c_1}{c_2} = \text{const}$ | **24** | |
| | $\alpha_1$ Einfallswinkel | | ° |
| | $\alpha_2$ Brechungswinkel | | ° |
| | $c_1, c_2$ Phasengeschwindigkeiten in den Medien *1* und *2* | | m/s |

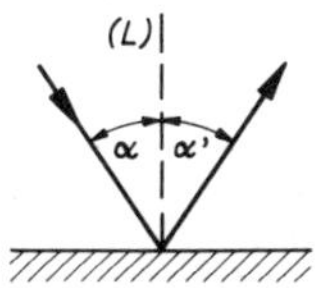


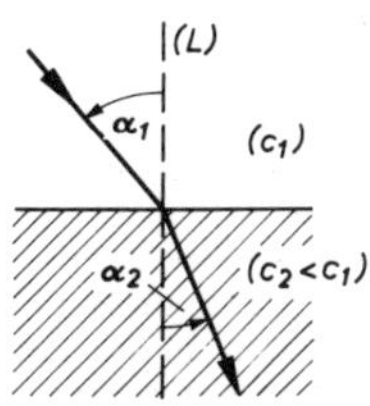

*Brechungsgesetz*
Beim Eintritt einer Welle in ein dichteres/dünneres Medium wird die Ausbreitungsrichtung zum Einfallslot hin/vom Einfallslot weg gebrochen.
Einfallender Strahl, Einfallslot und gebrochener Strahl liegen in einer Ebene (Einfallsebene).

### 26.4 Dispersion. Phasen- und Gruppengeschwindigkeit

*Dispersion (allgemein)*

Abhängigkeit der Phasengeschwindigkeit einer Welle von der Wellenlänge: $c = c(\lambda)$.

*Optische Dispersion*

Abhängigkeit der Brechzahl eines Stoffes $n = c_0/c$ ($c_0$ Lichtgeschwindigkeit im Vakuum, $c$ Lichtgeschwindigkeit im Stoff) von der Lichtwellenlänge: $n = n(\lambda)$.

*Normale Dispersion*

Mit abnehmender Wellenlänge nimmt die Phasengeschwindigkeit des Lichts ab und die Brechzahl zu:

$$\frac{\mathrm{d}c}{\mathrm{d}\lambda} > 0 \quad \text{bzw.} \quad \frac{\mathrm{d}n}{\mathrm{d}\lambda} < 0.$$

Durchsichtige farblose Stoffe brechen rotes Licht am schwächsten und violettes Licht am stärksten.

*Anomale Dispersion*

Mit abnehmender Wellenlänge nimmt die Phasengeschwindigkeit des Lichts zu und die Brechzahl ab:

$$\frac{\mathrm{d}c}{\mathrm{d}\lambda} < 0 \quad \text{bzw.} \quad \frac{\mathrm{d}n}{\mathrm{d}\lambda} > 0.$$

Anomale Dispersion tritt nur innerhalb schmaler Wellenlängenbereiche, der sog. *Absorptionsbänder* eines Stoffes, auf.

*Wellengruppe, Wellenpaket*

Nach Länge und Zeit endlicher Wellenzug; läßt sich als Summe vieler harmonischer Teilwellen darstellen, deren Frequenzen $\omega$ und Phasengeschwindigkeiten $c$ bzw. Wellenzahlen $k = \omega/c$ sich nur wenig unterscheiden.

*Phasengeschwindigkeit* $\quad c = \dfrac{\omega}{k} \quad$ **25** m/s

kennzeichnet die Ausbreitungsgeschwindigkeit einer bestimmten *Phase* (z. B. eines Schwingungsmaximums) innerhalb der Wellengruppe.

*Gruppengeschwindigkeit* $\quad c_g = \dfrac{\mathrm{d}\omega}{\mathrm{d}k} \quad$ **26** m/s

kennzeichnet die Ausbreitungsgeschwindigkeit der *Amplitude* der Wellengruppe (z. B. des Schwebungsmaximums im Falle der Überlagerung von nur zwei harmonischen Teilwellen).

Die *Gruppengeschwindigkeit* ist gleich der Ausbreitungsgeschwindigkeit von Energie und Impuls und gleich der Signalgeschwindigkeit.

| | | |
|---|---|---|
| *Zusammenhang zwischen Gruppengeschwindigkeit und Phasengeschwindigkeit* | $c_g = c + k\frac{dc}{dk}$ | **27** m/s |
| | $c_g = c - \lambda\frac{dc}{d\lambda}$ | **28** m/s |

> Bei *normaler* Dispersion ist $c_g < c$, bei *anomaler* Dispersion ist $c_g > c$. In einem *dispersionsfreien* Ausbreitungsmedium ist $c_g = c$ (wegen $c$ = const; $dc/d\lambda = 0$).

## B

1. Ein Ultraschallsender strahlt Wellen mit der Frequenz 800 kHz ab. Berechne die Wellenlänge dieser Schallwellen in Luft und in Wasser! Die Phasengeschwindigkeiten in Luft und Wasser betragen $c_L = 340$ m/s; $c_W = 1485$ m/s.

   *Lösung:* Aus **1** folgt für Luft $\lambda_L = c_L/f = 0{,}425$ mm und für Wasser $\lambda_W = c_W/f = 1{,}856$ mm.

2. Die Auslenkung eines in der Entfernung 4 cm von der Quelle der Schwingungen befindlichen Punktes aus der Gleichgewichtslage ist zur Zeit $t = T/6$ gleich der halben Amplitude. Gesucht ist die Wellenlänge der fortschreitenden Welle.

   *Lösung:* Aus der Wellengleichung **8** folgt durch Einsetzen von $t = T/6$, $x = 4$ cm und $u(t, x) = u_m/2$:

   $$\sin\left(\frac{\pi}{3} - \frac{8\pi}{\lambda}\,\text{cm}\right) = 0{,}5; \quad \frac{\pi}{3} - \frac{8\pi}{\lambda}\,\text{cm} = \frac{\pi}{6}\ (= 30°); \quad \lambda = 0{,}48\ \text{m}.$$

3. Unter dem Einfluß der Wärme führen die Atome im Kristallgitter eines Festkörpers harmonische Schwingungen um ihre Ruhelagen aus, die sich als Wellen durch den Kristall hindurch ausbreiten (*Phononen*, vgl. 38). Für Wellenlängen $\lambda$, die mit dem Atomabstand $a$ (Gitterkonstante) vergleichbar sind, zeigen die Wellen Dispersion, d. h., die Frequenz $\omega$ wird eine Funktion der Wellenlänge $\lambda$ bzw. der Wellenzahl $k = 2\pi/\lambda$ gemäß der Beziehung

   $$\omega(k) = \omega_m \sin\frac{ka}{2} \quad (\omega_m \text{ maximale Schwingungsfrequenz}).$$

   a) Berechne die Gruppengeschwindigkeit der Phononen! b) Zeige, daß für $\lambda \gg a$ keine Dispersion auftritt! c) Für welchen Wert von $k$ bzw. $\lambda$ treten im Kristallgitter stehende Wellen auf?

   *Lösung:* a) Nach **26** wird $c_g = (\omega_m a/2)\cos(ka/2)$. b) In diesem Fall ist $ka \ll 1$, $\cos(ka/2) \approx 1$ und somit $c_g = d\omega/dk = \omega_m a/2$, woraus folgt $\omega = (\omega_m a/2)k$ und nach **25** als Phasengeschwindigkeit $c = \omega/k = \omega_m a/2 = c_g$. c) Stehende Wellen ergeben sich für $c_g = 0$, also für $k = \pi/a$ oder $\lambda = 2a$.

## 27 Schallwellen. Akustik

*Schallwellen*

sind mechanische Wellen, die sich in gasförmigen, flüssigen und festen Körpern ausbreiten.

| | |
|---|---|
| Infraschall: | $f < 16$ Hz |
| Hörschall: | 16 Hz $< f <$ 16 kHz |
| Ultraschall: | 16 kHz $< f <$ einige MHz. |

## 27.1 Phasengeschwindigkeit von Schallwellen in Festkörpern, Flüssigkeiten und Gasen

*Geschwindigkeit von Longitudinalwellen in elastischen, allseitig unbegrenzten isotropen Festkörpern*

$$c = \sqrt{\frac{1}{\varrho}\left(K + \frac{4}{3} G\right)} \qquad \textbf{1} \quad \text{m/s}$$

$$c = \sqrt{\frac{E}{\varrho} \frac{1 - \nu}{(1 + \nu)(1 - 2\nu)}} \qquad \textbf{2} \quad \text{m/s}$$

| | | |
|---|---|---|
| $\varrho$ | Dichte | kg/m³ |
| $K$ | Kompressionsmodul (s. 9.2) | Pa = N/m² |
| $G$ | Schubmodul | Pa |
| $E$ | Elastizitätsmodul | Pa |
| $\nu$ | Poissonsche Querkontraktionszahl | 1 |

*Geschwindigkeit von elastischen Transversalwellen (Scherwellen)*

$$c = \sqrt{\frac{G}{\varrho}} \qquad \textbf{3} \quad \text{m/s}$$

*Geschwindigkeit von Oberflächenwellen auf einem Festkörper (Rayleigh-Wellen)*

$$c = \frac{0{,}87 + 1{,}12\,\nu}{1 + \nu} \sqrt{\frac{G}{\varrho}} \qquad \textbf{4} \quad \text{m/s}$$

*Geschwindigkeit von Longitudinalwellen in langen Stäben*

$$c = \sqrt{\frac{E}{\varrho}} \qquad \textbf{5} \quad \text{m/s}$$

*Geschwindigkeit von Biegewellen in Stäben und Platten*

$$c = \frac{2\pi}{\lambda} \sqrt{\frac{E}{\varrho} \frac{I}{A}} \qquad \textbf{6} \quad \text{m/s}$$

| | | |
|---|---|---|
| $\lambda$ | Wellenlänge | m |
| $I$ | äquatoriales Flächenmoment 2. Grades (vgl. 9.3) | m⁴ |
| $A$ | Querschnittsfläche | m² |

*Geschwindigkeit von Transversalwellen in gespannten Saiten*

$$c = \sqrt{\frac{\sigma}{\varrho}} \qquad \textbf{7} \quad \text{m/s}$$

| | | |
|---|---|---|
| $\sigma = F/A$ | Zugspannung | Pa |
| $F$ | Spannkraft | N |

> Schallwellen in Flüssigkeiten und Gasen sind Longitudinalwellen.

*Schallgeschwindigkeit in Flüssigkeiten*

$$c = \sqrt{\frac{K}{\varrho}} \qquad c = \sqrt{\frac{1}{\varrho\varkappa}} \qquad \textbf{8} \quad \text{m/s}$$

| | | |
|---|---|---|
| $\varkappa$ | Kompressibilität (vgl. 10.2) | 1/Pa |

*Schallgeschwindigkeit im idealen Gas*

$$c = \sqrt{\frac{\varkappa p}{\varrho}} \qquad c = \sqrt{\frac{\varkappa R T}{M}} \qquad \textbf{9} \quad \text{m/s}$$

| | | |
|---|---|---|
| $\varkappa$ | Adiabatenexponent (vgl. 13.4) | 1 |
| $p$ | Druck | Pa |
| $R$ | Gaskonstante | J/(mol K) |
| $M$ | molare Masse | kg/mol |
| $T$ | Temperatur | K |

*Schallgeschwindigkeit in realen Gasen*

$$c = \sqrt{\varkappa\left[\frac{RT}{M} + \frac{2p}{M}\left(b - \frac{a}{RT}\right)\right]} \qquad \textbf{10} \quad \text{m/s}$$

| | | | |
|---|---|---|---|
| | $a, b$ van-der-Waalssche Konstanten (vgl. 16.1) | | |
| | $\varkappa$ Adiabatenexponent (vgl. 13.4) | | 1 |
| *Schallgeschwindigkeit in trockener Luft* | $\frac{c}{\mathrm{m/s}} = 331{,}6 + 0{,}6 \frac{\vartheta}{°\mathrm{C}}$ | 11 | |
| | $\vartheta$ Celsius-Temperatur | | °C |

## 27.2 Schallfeldgrößen

| | | | |
|---|---|---|---|
| *Schallschnelle* (Verschiebungsgeschwindigkeit der Teilchen) | $v = \frac{\mathrm{d}s}{\mathrm{d}t} = v_\mathrm{m} \sin \omega \left(t - \frac{x}{c}\right)$ | 12 | m/s |
| | $v = \omega s \qquad v_\mathrm{m} = \omega s_\mathrm{m}$ | 13 | m/s |
| | $s$ Schallausschlag (Teilchenauslenkung beim Durchgang einer harmonischen Welle); $s_\mathrm{m}$ Maximalwert | | m |
| | $v_\mathrm{m}$ Geschwindigkeitsamplitude (maximale Schallschnelle) | | m/s |
| | $x$ Ausbreitungsrichtung | | m |
| | $\omega$ Kreisfrequenz | | rad/s ≡ Hz |
| | $c$ Schallgeschwindigkeit | | m/s |
| | $t$ Zeit | | s |
| *Effektivwert der Schallschnelle* | $v_\mathrm{eff} = \frac{v_\mathrm{m}}{\sqrt{2}}$ | 14 | m/s |
| *Schalldruck (Schallwechseldruck)* | $p = p_\mathrm{m} \sin \omega \left(t - \frac{x}{c}\right)$ | 15 | Pa |
| | $p = \varrho c v$ | 16 | Pa |
| | $\varrho$ Dichte | | kg/m³ |
| *Schalldruckamplitude* | $p_\mathrm{m} = \varrho c v_\mathrm{m} = \sqrt{2 J \varrho c}$ | 17 | Pa |
| | $J$ Schallintensität (s.u.) | | W/m² |
| *Effektivwert des Schalldrucks* | $p_\mathrm{eff} = \frac{p_\mathrm{m}}{\sqrt{2}}$ | 18 | Pa |

Schallschnelle $v$ und Schalldruck $p$ sind bei (ungedämpften) fortschreitenden Wellen phasengleich und einander proportional, d. h., Orte höchster Teilchengeschwindigkeit sind auch Orte höchsten Druckes.

| | | | |
|---|---|---|---|
| *Schall-Wellenwiderstand, akustische Impedanz* | $Z = \frac{p}{v} = \varrho c$ | 19 | Pa s/m |
| *Schalleistung* | $P = \frac{\mathrm{d}E}{\mathrm{d}t} \qquad P = \frac{E}{t}$ | 20 | W |
| | $P = \int p_\mathrm{eff} v_\mathrm{eff} \, \mathrm{d}A$ | 21 | W |
| | $P = p_\mathrm{eff} v_\mathrm{eff} A$ | | |
| | $E$ Schallenergie | | J |
| | $A$ Fläche | | m² |

| | | | |
|---|---|---|---|
| *Schallenergiedichte (Schalldichte)* | $w = \frac{dE}{dV} \qquad w = \frac{E}{V}$ | 22 | J/m³ |
| | $w = \frac{1}{2}\varrho v_m^2 \qquad w = \varrho v_{eff}^2$ | 23 | J/m³ |
| | $w = \frac{J}{c}$ | 24 | J/m³ |
| | $V$ Volumen | | m³ |
| *Schallintensität (Schallstärke)* | $J = \frac{dP}{dA} \qquad J = \frac{P}{A}$ | 25 | W/m² |
| | $J = wc$ | 26 | W/m² |
| | $J = p_{eff} v_{eff} \qquad J = \frac{1}{2} p_m v_m$ | 27 | W/m² |
| | $J = Z v_{eff}^2 \qquad J = \frac{1}{Z} p_{eff}^2$ | 28 | W/m² |

## 27.3 Schallpegel und Lautstärke. Schallabsorption, Schalldämmung

| | | | |
|---|---|---|---|
| *Schallintensitätspegel* | $L = 10 \lg \frac{J}{J_0}$ | 29 | dB ≡ 1 (Dezibel) |
| | $J$ Schallintensität (Schallstärke) | | W/m² |
| | $J_0$ Hörschwelle beim 1000-Hz-Ton $= 10^{-12}$ W/m² | | |
| *Schalldruckpegel* | $L_p = 20 \lg \frac{p}{p_0}$ | 30 | dB ≡ 1 |
| | $p$ Schalldruck | | Pa |
| | $p_0$ zu $J_0$ gehöriger Schalldruck $= 2 \cdot 10^{-5}$ Pa | | |

*Schallpegel*

Gemeinsame Bezeichnung für Schallintensitätspegel und Schalldruckpegel, die wegen $J \sim p^2$ einander gleich sind.

| | | | |
|---|---|---|---|
| *Schallpegel mehrerer Schallquellen* | $L_{ges} = 10 \lg \frac{J_1 + J_2 + \ldots}{J_0}$ | 31 | dB ≡ 1 |
| bei $n$ Quellen mit gleichem Schallpegel $L$ | $L_{ges} = L + 10 \lg n$ | 32 | dB ≡ 1 |
| *Lautstärke(pegel)* | $\Lambda = 10 \lg \frac{J}{J_0} = 20 \lg \frac{p}{p_0}$ für den 1000-Hz-Ton | 33 | phon ≡ 1 |

*Gesetz von Weber und Fechner* **34**

Die absolute Änderung der Lautstärke ist der relativen Änderung der Schallstärke proportional ($d\Lambda \sim dJ/J$), d.h., die Schallempfindung (Lautstärke) wächst mit dem Logarithmus der Schallstärke: $\Lambda \sim \lg (J/J_0)$.

**Schallabsorption**

| | | | |
|---|---|---|---|
| *Schallabsorptionsgrad* | $\alpha = \frac{E_0 - E_r}{E_0}$ | 35 | 1 |

| | | | |
|---|---|---|---|
| | $E_0$ auftreffende Schallenergie | | J |
| | $E_r$ reflektierte Schallenergie | | J |
| *Absorptionsvermögen* | $A = \alpha S$ | **36** | $m^2$ |
| | $S$ Fläche | | $m^2$ |
| *Mittlerer Schallabsorptionsgrad* | $\bar{\alpha} = \frac{\sum \alpha_i S_i}{\sum S_i}$ | **37** | 1 |

**Schalldämmung**

| | | | |
|---|---|---|---|
| *Dämmaß* | $R = 10 \lg \frac{J_1}{J_2}$ | **38** | $dB \equiv 1$ |
| | $R = L_1 - L_2$ | **39** | $dB \equiv 1$ |
| | $J_1$ Schallstärke vor der Wand | | $W/m^2$ |
| | $J_2$ Schallstärke hinter der Wand | | $W/m^2$ |
| | $L_1$ Schallpegel vor der Wand | | $dB \equiv 1$ |
| | $L_2$ Schallpegel hinter der Wand | | $dB \equiv 1$ |

## 27.4 Akustischer Doppler-Effekt

> Bewegen sich Schallquelle und Schallempfänger aufeinander zu/voneinander weg, stellt man eine Frequenzerhöhung/Frequenzerniedrigung fest.

*Empfangsfrequenz*

| | | | |
|---|---|---|---|
| bei bewegtem Empfänger und ruhender Quelle | $f = f_0\left(1 \pm \frac{v_E}{c}\right)$ | **40** | Hz |
| bei bewegter Quelle und ruhendem Empfänger | $f = f_0 \frac{1}{1 \mp \frac{v_Q}{c}}$ | **41** | Hz |
| bei bewegtem Empfänger und bewegter Quelle | $f = f_0 \frac{c \pm v_E}{c \mp v_Q}$ | **42** | Hz |
| | $f_0$ Frequenz der Schallquelle | | Hz |
| | $c$ Schallgeschwindigkeit | | m/s |
| | $v_E$ Geschwindigkeit des Empfängers | | m/s |
| | $v_Q$ Geschwindigkeit der Schallquelle | | m/s |

Oberes Vorzeichen gilt für Annäherung, unteres für Entfernungszunahme.

# B

1. Berechne den Brechungswinkel für Schallwellen, die unter einem Winkel von 10° gegenüber dem Einfallslot bei 20 °C vom Wasser aus auf die Grenzfläche Wasser/Luft treffen! (Kompressibilität des Wassers $\varkappa = 0{,}47\ \mathrm{GPa}^{-1}$; Dichte des Wassers $\varrho = 0{,}998\ \mathrm{t/m^3}$).

   *Lösung:* Nach 26.3 lautet das Brechungsgesetz

   $\frac{\sin \alpha_1}{\sin \alpha_2} = \frac{c_1}{c_2}$ ($\alpha_1$ Einfallswinkel, $\alpha_2$ Brechungswinkel).

Darin ist in unserem Fall $c_1$ die Schallgeschwindigkeit im Wasser, die sich nach **8** berechnet zu $c_1 = 1460$ m/s, und $c_2$ die Schallgeschwindigkeit in Luft, welche aus **11** folgt zu $c_2 = 343{,}6$ m/s. Damit wird

$$\sin\alpha_2 = \frac{c_2}{c_1}\sin\alpha_1 = 0{,}04; \quad \alpha_2 = 2{,}3°.$$

**2.** Ein Stab aus Kupfer (Dichte $\varrho = 8{,}92$ g/cm³) von 3,0 m Länge und 20 mm² Querschnitt wird in Achsenrichtung durch eine Masse von 40 kg belastet. Die dadurch hervorgerufene Längenänderung $\Delta l$ wird mittels einer Geschwindigkeitsmessung eines Ultraschallsignals bestimmt, das genau 0,78 ms benötigt, um den Stab entlang der Achse zu durchlaufen. Wie groß ist $\Delta l$?

*Lösung:* Aus dem Hookeschen Gesetz $\sigma = E\varepsilon$ (vgl. 9.1) erhält man mit der Dehnung $\varepsilon = \Delta l/l$ und der Zugspannung $\sigma = F/A = mg/A$ als Längenänderung des Stabes

$$\Delta l = l\varepsilon = \frac{l\sigma}{E} = \frac{lmg}{EA}.$$

Aus der Geschwindigkeit der longitudinalen Ultraschallwellen **5** $c = \sqrt{E/\varrho} = l/t$ erhält man für den Elastizitätsmodul $E = \varrho l^2/t^2$. Dies oben eingesetzt, ergibt

$$\Delta l = \frac{mgt^2}{\varrho lA} = 0{,}45 \text{ mm}.$$

**3.** Ein Großlautsprecher gibt eine Schalleistung von etwa 10 W ab. Die Schallenergie soll sich kugelförmig ungestört nach allen Seiten hin ausbreiten. Ein Hörer befindet sich 10 m vom Lautsprecher entfernt. Berechne a) die Schallintensität am Ort des Hörers; b) den von ihm wahrgenommenen Schallpegel; c) die am Ort des Hörers in 1 l Luft enthaltene Schallenergie; d) die Schalldruckamplitude am Ohr des Hörers! (Schallgeschwindigkeit in Luft $c = 340$ m/s; Dichte der Luft $\varrho = 1{,}3$ kg/m³; Hörschwelle $J_0 = 10^{-12}$ W/m²)

*Lösung:* a) Die Schallintensität berechnet sich nach **25**, wobei für $A$ die um die Schallquelle herum gedachte Kugelfläche $4\pi r^2$ mit $r = 10$ m zu setzen ist. Dies ergibt mit $P = 10$ W:

$$J = \frac{P}{A} = \frac{P}{4\pi r^2} = 8{,}0 \text{ mW/m}^2.$$

b) Aus **29** folgt $L = 99$ dB. c) Nach **22** und **24** ist $E = JV/c = 2{,}4 \cdot 10^{-8}$ Ws. d) Aus **17** erhält man $p_m = 2{,}7$ Pa. Dieses Ergebnis folgt mit dem oben erhaltenen Wert für $L$ annähernd auch aus der Beziehung **30** mit $p_0 = 2 \cdot 10^{-5}$ Pa (s. o.), wenn man berücksichtigt, daß $p$ dem Effektivwert des Schalldrucks **18** entspricht und dementsprechend umzurechnen ist.

**4.** Das Geräusch eines Motorrades dringt mit einer Lautstärke von 90 phon an das Ohr. Berechne die Lautstärke, die 10 solcher Motorräder in der gleichen Entfernung erzeugen!

*Lösung:* Nach **32** folgt mit $n = 10$: $L_{ges} = 100$ phon.

**5.** In welchem Frequenzverhältnis schlägt der Pfeifton einer mit der Geschwindigkeit von 200 m/s an einem ruhenden Beobachter vorbeifliegenden Gewehrkugel um? (Schallgeschwindigkeit 333 m/s)

*Lösung:* Nach **41** ist beim Herannahen der Kugel $f_1 = 2{,}50 f_0$, beim Entfernen $f_2 = 0{,}62 f_0$, das Frequenzverhältnis also $f_1/f_2 = 4$.

# 28 Elektromagnetische Wellen

## 28.1 Wellengleichung für die Ausbreitung im freien Raum. Wellenwiderstand

*Elektromagnetische Wellen*

Wellenförmige Ausbreitung des elektromagnetischen Feldes durch räumlich und zeitlich periodische Änderung der Vektoren von elektrischer und magnetischer Feldstärke.

*Frequenzumfang* (→ Bild) $\quad 10\ \text{Hz} < f < 10^{24}\ \text{Hz}$

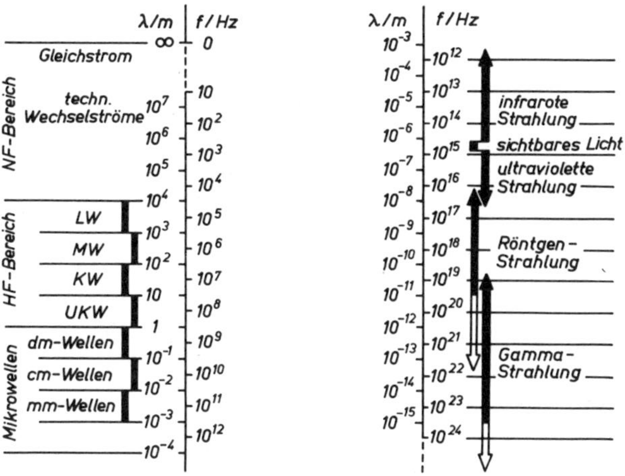


*Differentialgleichungen der ebenen elektromagnetischen Welle bei Ausbreitung in x-Richtung*

$$\frac{\partial^2 E_y}{\partial x^2} = \varepsilon_0 \varepsilon_r \mu_0 \mu_r \frac{\partial^2 E_y}{\partial t^2} \qquad 1$$

$$\frac{\partial^2 H_z}{\partial x^2} = \varepsilon_0 \varepsilon_r \mu_0 \mu_r \frac{\partial^2 H_z}{\partial t^2} \qquad 2$$

| | | |
|---|---|---|
| $E_y$ | $y$-Komponente des Vektors der elektrischen Feldstärke | V/m |
| $H_z$ | $z$-Komponente des Vektors der magnetischen Feldstärke | A/m |
| $\varepsilon_0$ | elektrische Feldkonstante | A s/(V m) |
| $\mu_0$ | magnetische Feldkonstante | V s/(A m) |
| $\varepsilon_r$ | Dielektrizitätszahl | 1 |
| $\mu_r$ | Permeabilitätszahl | 1 |
| $t$ | Zeit | s |

*Lösungen der Wellengleichungen* 1 *und* 2 (→ Bild)

$$E_y = E_m \sin \omega \left( t - \frac{x}{c} \right) \qquad 3 \quad \text{V/m}$$

$$H_z = H_m \sin \omega \left( t - \frac{x}{c} \right) \qquad 4 \quad \text{A/m}$$

| | | |
|---|---|---|
| $E_m$ | Maximalwert der elektrischen Feldstärke | V/m |

| | | |
|---|---|---|
| $H_m$ | Maximalwert der magnetischen Feldstärke | A/m |
| $\omega$ | Kreisfrequenz | rad/s ≡ Hz |
| $c$ | Phasengeschwindigkeit | m/s |

> Bei elektromagnetischen Wellen schwingen elektrische und magnetische Feldstärke senkrecht zueinander und beide senkrecht zur Ausbreitungsrichtung (Transversalwellen, → Bild).

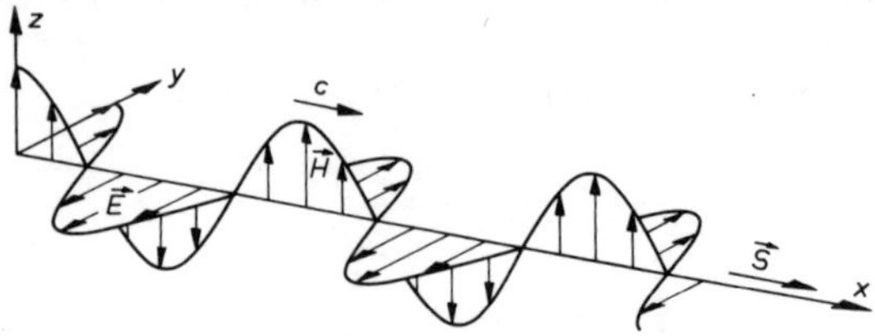


*Zusammenhang zwischen E und H in der Welle*

$$E = ZH \qquad (5)$$

| | | |
|---|---|---|
| $E$ | Betrag des Vektors der elektrischen Feldstärke | V/m |
| $H$ | Betrag des Vektors der magnetischen Feldstärke | A/m |

*Wellenwiderstand eines Nichtleiters*

$$Z = \sqrt{\frac{\mu_0 \mu_r}{\varepsilon_0 \varepsilon_r}} \qquad (6) \quad \text{V/A} = \Omega$$

*Wellenwiderstand des Vakuums* ($\mu_r = \varepsilon_r = 1$)

$$Z_0 = \sqrt{\frac{\mu_0}{\varepsilon_0}} \approx 377\,\Omega \qquad (7)$$

> Im freien Raum (fern von einer Strahlungsquelle) sind elektrische und magnetische Feldstärke einander proportional und schwingen mit gleicher Phase.

## 28.2 Ausbreitungsgeschwindigkeit, Energiedichte, Leistung und Strahlungsdruck des elektromagnetischen Wellenfeldes

(Bezeichnungen der Größen wie in 28.1)

*Phasengeschwindigkeit elektromagnetischer Wellen*

in einem beliebigen isotropen Stoff ohne Absorption

$$c = \frac{1}{\sqrt{\varepsilon_0 \varepsilon_r \mu_0 \mu_r}} \qquad (8) \quad \text{m/s}$$

in einem Dielektrikum ($\mu_r \approx 1$)

$$c = \frac{1}{\sqrt{\varepsilon_0 \varepsilon_r \mu_0}} \qquad (9) \quad \text{m/s}$$

im Vakuum (Naturkonstante)

$$c_0 = \frac{1}{\sqrt{\varepsilon_0 \mu_0}} \qquad (10) \quad \text{m/s}$$

$c_0 = 2{,}997\,924\,58 \cdot 10^8$ m/s

*(Vakuum-Lichtgeschwindigkeit)*

*Brechzahl nichtleitender Stoffe* ($\mu_r \approx 1$)
$\varepsilon_r$ ist frequenzabhängig.

$$n = \frac{c_0}{c} = \sqrt{\varepsilon_r} > 1 \qquad (11) \quad 1$$

*(Maxwellsche Relation)*

| | | | |
|---|---|---|---|
| *Energiedichte* | $w = \frac{1}{2}(\varepsilon_0\varepsilon_r E^2 + \mu_0\mu_r H^2)$ | **12** | J/m³ |
| | $w = \varepsilon_0\varepsilon_r E^2$ | **13** | J/m³ |
| | $w = \mu_0\mu_r H^2$ | **14** | J/m³ |
| | (im Vakuum ist $\varepsilon_r = \mu_r = 1$) | | |
| *Leistung* | $P = wcA$ | **15** | W |
| | $P = EHA$ | **16** | W |
| | $P = E_m H_m A \sin^2 \omega\left(t - \frac{x}{c}\right)$ | **17** | W |
| | $A$ Fläche | | $m^2$ |
| *Durchschnittsleistung* | $P = \frac{1}{2} E_m H_m A$ | **18** | W |
| *Leistungsdichte, Energiestromdichte, Strahlungsintensität* | $S = wc$ | **19** | $W/m^2$ |
| | $S = EH = \frac{E^2}{Z} = ZH^2$ | **20** | $W/m^2$ |
| *Poynting-Vektor* | $\boldsymbol{S} = \boldsymbol{E} \times \boldsymbol{H}$ | **21** | $W/m^2$ |

gibt die strömende elektromagnetische Feldenergie nach Betrag und Richtung an, die 1 $m^2$ Fläche in 1 s senkrecht durchsetzt (Strahlungsflußdichte des elektromagnetischen Feldes).

| | | | | |
|---|---|---|---|---|
| *Strahlungsdruck einer elektromagnetischen Welle im Vakuum* | | | | |
| bei vollständiger Absorption | $p = \varepsilon_0 E^2$ | $p = \mu_0 H^2$ | **22** | $Pa = N/m^2$ |
| bei vollständiger Reflexion | $p = 2\varepsilon_0 E^2$ | $p = 2\mu_0 H^2$ | **23** | Pa |

## B

Guter Rundfunkempfang ist bei der Empfangsintensität $S = 10^{-12}\ W/m^2$ möglich. Man berechne die elektrische und magnetische Empfangsfeldstärke.

*Lösung:* Aus **20** folgt mit **7** $E = \sqrt{SZ_0} \approx 20\ \mu V/m$ und $H = \sqrt{S/Z_0} \approx 50\ nA/m$.

# OPTIK

## 29 Wellenoptik

### 29.1 Brechung, Totalreflexion

Vgl. hierzu auch 26.3

| | | | |
|---|---|---|---|
| *Wellenlängenbereich des sichtbaren Teils des elektromagnetischen Spektrums (Licht)* | $\lambda \approx 800 \ldots 400$ nm (rot, orange, gelb, grün, blau, indigo, violett) | | |
| *Brechzahl* (Stoffwert) | $n = \dfrac{c_0}{c}$ | 1 | 1 |
| | $c_0$ Lichtgeschwindigkeit im Vakuum | | m/s |
| | $c$ Lichtgeschwindigkeit im Stoff (s. 28.2) | | m/s |
| für Luft | $n \approx 1$ | | 1 |

*Optisch dünneres/dichteres* Medium heißt das Medium mit der *kleineren/größeren* Brechzahl $n$.

| | | | |
|---|---|---|---|
| *Brechungsgesetz* Übergang des Lichtstrahls vom Medium *1* nach Medium *2* (vgl. Bild in 26.3) | $\dfrac{\sin \alpha_1}{\sin \alpha_2} = \dfrac{n_2}{n_1} = n_{12}$ | 2 | |
| | $\alpha_1$ Einfallswinkel | | ° |
| | $\alpha_2$ Brechungswinkel | | ° |
| | $n_1$ Brechzahl des Mediums *1* | | 1 |
| | $n_2$ Brechzahl des Mediums *2* | | 1 |
| | $n_{12}$ Brechungsverhältnis für den Übergang vom Medium *1* nach *2* | | 1 |

**Totalreflexion**

tritt an der Grenzfläche *zum optisch dünneren Medium* auf, wenn der Einfallswinkel den Grenzwinkel der Totalreflexion überschreitet ($\alpha_1 > \alpha_T$).

| | | | |
|---|---|---|---|
| *Grenzwinkel der Totalreflexion* | $\sin \alpha_T = \dfrac{n_2}{n_1} \quad (n_2 < n_1)$ | 3 | |
| Übergang Stoff/Vakuum | $\sin \alpha_T = \dfrac{1}{n_1}$ | 4 | |
| | $n_1$ Brechzahl des Stoffes | | 1 |

**Durchgang des Lichts durch planparallele Platte und Prisma**

| | | | |
|---|---|---|---|
| *Parallelverschiebung des Strahls beim Durchgang durch planparallele Platte* (→ Bild) | $v = d \dfrac{\sin(\alpha_1 - \alpha_2)}{\cos \alpha_2}$ | 5 | m |
| | $d$ Dicke der Platte | | m |
| *Scheinbare Dicke der Platte* | $d' = \dfrac{d}{n}$ | 6 | m |
| | $n$ Brechzahl der Platte | | 1 |

| | | | |
|---|---|---|---|
| *Gesamtablenkungswinkel beim Prisma* (→ Bild) | $\varphi = \alpha + \varepsilon - \omega$ | **7** | ° |
| | $\alpha$ Einfallswinkel | | ° |
| | $\varepsilon$ Ausfallswinkel | | ° |
| | $\omega$ brechender Winkel des Prismas | | ° |
| für kleinen brechenden Winkel | $\varphi = (n-1)\omega$ | **8** | ° |

$\varphi$ hat ein Minimum, wenn der Strahl das Prisma symmetrisch durchsetzt; dann ist:

$$\sin\alpha = n \sin\frac{\omega}{2} \qquad \textbf{9}$$

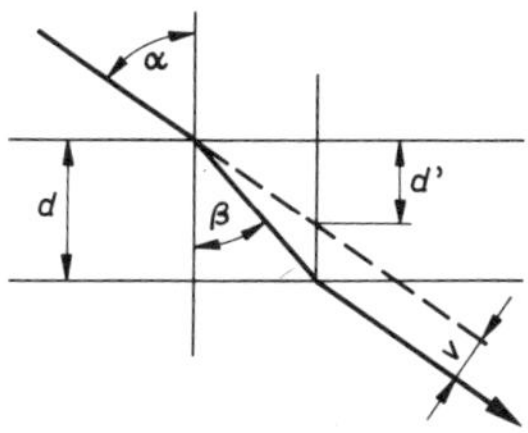


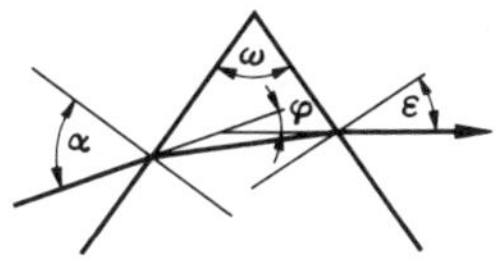


## 29.2 Interferenz. Optische Weglänge

Vgl. hierzu auch 26.2

| | | | |
|---|---|---|---|
| *Geometrische Weglänge* | $s$ | | m |
| *Optische Weglänge (Lichtweg)* zwischen zwei Punkten $P$ und $P'$ in einem optisch inhomogenen Medium | $L = \int_P^{P'} n \, \mathrm{d}s$ | **10** | m |
| | $n = n(s)$ mit dem Ort veränderliche Brechzahl | | 1 |
| in einem optisch homogenen Medium ($n$ = const) | $L = ns$ | **11** | m |

> Auf gleiche optische Weglängen entfällt die gleiche Anzahl von Wellenlängen einer Lichtwelle.

*Gangunterschied* $\Delta L$

kennzeichnet die Differenz der optischen Weglängen zweier interferierender Wellen

| | | | |
|---|---|---|---|
| in einem optisch homogenen Medium | $\Delta L = n(s_2 - s_1) = n\delta$ | **12** | m |
| | $\delta$ geometrischer Gangunterschied (vgl. 26.2) | | m |
| im Vakuum ($n = 1$) | $\Delta L = \delta$ | **13** | m |
| *Phasendifferenz zweier Wellen mit dem Gangunterschied* $\Delta L$ | $\varphi = \frac{2\pi}{\lambda} \Delta L$ | **14** | rad ≡ 1 |
| | $\lambda$ Wellenlänge des Lichts | | m |

Für *kohärente* Lichtwellen (konstante Phasendifferenz) beobachtet man als Folge ihrer Überlagerung

*Interferenzmaxima* für $\Delta L = 2z \cdot \frac{\lambda}{2}$ **15 m**

*Interferenzminima* für $\Delta L = (2z+1) \cdot \frac{\lambda}{2}$ **16 m**

$z = 0, 1, 2, \ldots$
(Ordnung der Interferenz)

**Interferenz an dünnen Blättchen der Dicke *d***
(senkrechter Lichteinfall, bei Beobachtung im reflektierten Licht)

*Verstärkung* für $d = \left(z - \frac{1}{2}\right) \frac{\lambda}{2n}$ bzw. **17 m**

$\lambda = \frac{2nd}{z - (1/2)}$

*Auslöschung* für $d = z \frac{\lambda}{2n}$ bzw. **18 m**

$\lambda = \frac{2nd}{z}$

Für *durchgehendes Licht* sind die Bedingungen für die Verstärkung und Auslöschung genau umgekehrt. Für *schrägen Lichteinfall* steht anstelle von $n$ in den obigen Beziehungen überall $\sqrt{n^2 - \sin^2 \alpha}$ mit $\alpha$ als Einfallswinkel.

**Newtonsche Ringe** (*R* Krümmungsradius der Plankonvexlinse) → Bild

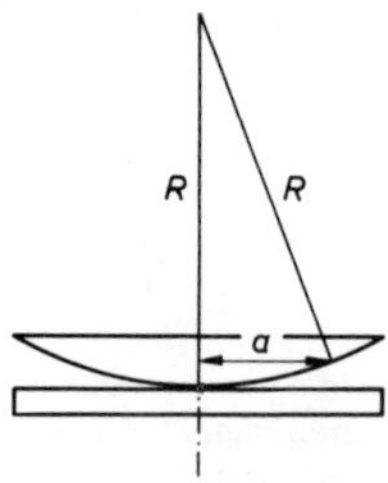


*Radius der Interferenzmaxima* $a_{max} = \sqrt{(z - \frac{1}{2})\,\lambda R}$ **19 m**

*Radius der Interferenzminima* $a_{min} = \sqrt{z \lambda R}$ **20 m**

Diese Beziehungen gelten für *reflektiertes* Licht. In durchgehendem Licht ist die Anordnung der hellen und dunklen Ringe umgekehrt wie im reflektierten Licht.

## 29.3 Beugung

Trifft eine Welle auf eine Öffnung oder auf ein Hindernis in der Größenordnung der Wellenlänge, so weicht ein Teil der Energie der Welle von der geradlinigen Ausbreitungsrichtung ab; die Welle wird *gebeugt*.
Die nachfolgenden Gesetzmäßigkeiten gelten für die im parallelen Licht beobachteten, nur richtungsabhängigen sog. *Fraunhoferschen Beugungserscheinungen* (im Unterschied zu der im divergenten Licht beobachteten, abstandsabhängigen *Fresnelschen Beugung*).

**Beugung am Spalt** (Spaltbreite $b$, → Bilder)

*Beugungsminima* für $\sin\alpha = z\dfrac{\lambda}{b}$ **21** 1

$\alpha$ Ablenkungswinkel °

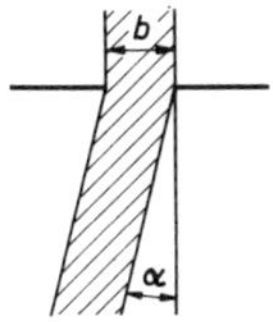


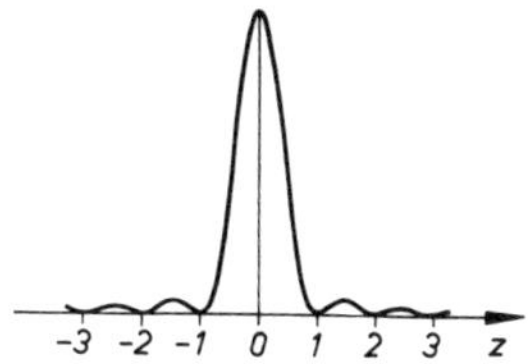


*Hauptmaximum* für $\alpha = 0$

*Nebenmaxima* für $\sin\alpha = \left(z + \dfrac{1}{2}\right)\dfrac{\lambda}{b}$ **22** 1

$z = \pm 1, \pm 2, \pm 3, \ldots$

$z$ Beugungsordnung 1

$\lambda$ Wellenlänge m

**Beugung an kreisrunder Öffnung (Lochblende)** (Durchmesser $D$)

*Zentrales Hauptmaximum* für $\alpha = 0$

*Beugungsminima* für $\sin\alpha_1 = 1{,}22\dfrac{\lambda}{D}$ **23** 1

$\sin\alpha_2 = 2{,}23\dfrac{\lambda}{D}$ 1

$\sin\alpha_3 = 3{,}24\dfrac{\lambda}{D}$ 1

**Beugung am Doppelspalt** (Spaltabstand $a$)

*Beugungsminima* für $\sin\alpha = \left(z + \dfrac{1}{2}\right)\dfrac{\lambda}{a}$ **24** 1

*Beugungsmaxima* für $\sin\alpha = z\dfrac{\lambda}{a}$ **25** 1

$z = 0, \pm 1, \pm 2, \ldots$

**Beugung am Strichgitter** (Gitterkonstante $a$) → Bild

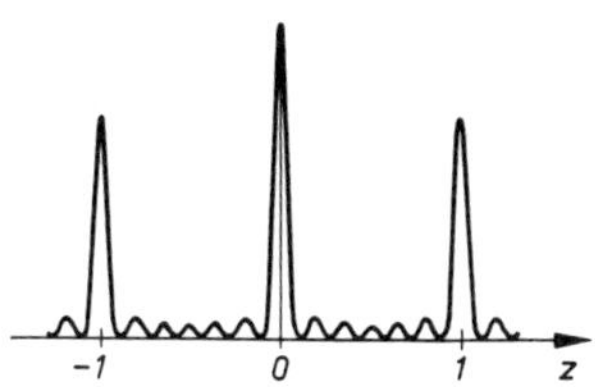


*Hauptmaxima* für $\sin\alpha = z\dfrac{\lambda}{a}$ **26** 1

$z = 0, \pm 1, \pm 2, \ldots$

Vom sichtbaren Licht wird Violett am schwächsten und Rot am stärksten gebeugt ($\sin\alpha \sim \lambda$).

**Beugung von Röntgenstrahlen am Raumgitter der Kristalle** (vgl. auch 37.4)

| | | | |
|---|---|---|---|
| *Laue-Bedingungen für das Auftreten von Beugungsmaxima* (→ Bild) | $a(\cos\alpha - \cos\alpha_0) = h_1\lambda$ | **27** | |
| | $b(\cos\beta - \cos\beta_0) = h_2\lambda$ | | |
| | $c(\cos\gamma - \cos\gamma_0) = h_3\lambda$ | | |
| | $a, b, c$ Gitterkonstanten in $x, y, z$-Richtung (rhombisches Kristallsystem; im kubischen System ist $a = b = c$) | | m |
| | $\alpha_0, \beta_0, \gamma_0$ Winkel zwischen der Richtung der einfallenden Welle und der $x, y, z$-Achse | | ° |
| | $\alpha, \beta, \gamma$ entsprechende Winkel für die gebeugte Welle | | ° |
| | $h_1, h_2, h_3 = 0, 1, 2, \ldots$ | | |

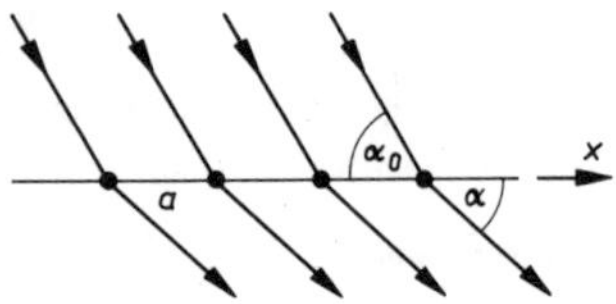


## 29.4 Polarisation. Interferenz des polarisierten Lichts. Optische Aktivität

Eine *Transversalwelle*, welche nur eine Schwingungsebene (gebildet aus Schwingungsrichtung und Ausbreitungsrichtung) besitzt, die im Raum erhalten bleibt, heißt *linear polarisiert*.

| | | | |
|---|---|---|---|
| *Brewstersches Gesetz* (→ Bild) | $\tan\alpha_P = n$ | **28** | 1 |
| | $\alpha_P$ Polarisationswinkel, bei dem das reflektierte Licht vollständig linear polarisiert ist | | ° |
| | $n$ Brechzahl des reflektierenden (durchsichtigen) Stoffes | | 1 |
| Für Glas ($n = 1{,}50$): | $\alpha_P \approx 56°$ | | |

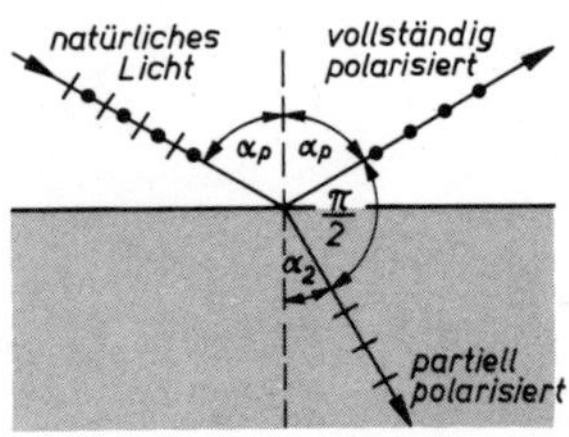

> Stehen reflektierter und gebrochener Strahl senkrecht aufeinander, so ist das reflektierte Licht senkrecht zur Einfallsebene vollständig linear polarisiert (das gebrochene Licht ist parallel zur Einfallsebene nur partiell polarisiert).

*Reflexionsgrad R bzw.*
*Durchlaßgrad D*

| | | | |
|---|---|---|---|
| für die Schwingungsrichtung senkrecht zur Einfallsebene | $R_\perp = 1 - D_\perp = \dfrac{\sin^2(\alpha_1 - \alpha_2)}{\sin^2(\alpha_1 + \alpha_2)}$ | **29** | 1 |
| für die Schwingungsrichtung parallel zur Einfallsebene | $R_\parallel = 1 - D_\parallel = \dfrac{\tan^2(\alpha_1 - \alpha_2)}{\tan^2(\alpha_1 + \alpha_2)}$ | **30** | 1 |
| bei senkrechtem Einfall (keine Polarisation möglich) | $R = 1 - D = \left(\dfrac{n_1 - n_2}{n_1 + n_2}\right)^2$ | **31** | 1 |
| | *(Fresnelsche Formeln)* | | |
| | $\alpha_1$ Einfallswinkel | | ° |
| | $\alpha_2$ Brechungswinkel | | ° |
| | $n_1$, $n_2$ Brechzahlen der aneinandergrenzenden Medien | | 1 |

**Interferenz des polarisierten Lichts**

Durch Überlagerung von zwei Transversalwellen mit *aufeinander senkrechten* Schwingungsebenen entsteht eine *elliptisch polarisierte Welle*.

Spezialfälle:

| | | | |
|---|---|---|---|
| a) *linear polarisierte Welle* | für $\Delta\varphi = 0, \pi, \ldots$ bzw. $\Delta L = 0, \lambda/2, \ldots$ | **32** | |
| b) *zirkular polarisierte Welle* (→ Bild) | für $\Delta\varphi = \pi/2, 3\pi/2, \ldots$ bzw. $\Delta L = \lambda/4, 3\lambda/4, \ldots$ und gleiche Amplituden der Teilwellen | **33** | |
| | $\Delta\varphi$ Phasendifferenz der Teilwellen | | rad ≡ 1 |
| | $\Delta L$ Gangunterschied der Teilwellen | | m |

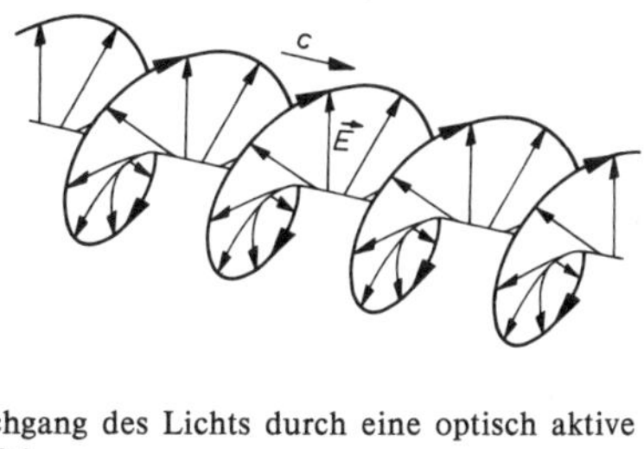


**Optische Aktivität**

*Drehung der Polarisationsebene* beim Durchgang des Lichts durch eine optisch aktive Flüssigkeit bzw. eine aktive Substanz in Lösung

| | | | |
|---|---|---|---|
| *Drehwinkel* | $\alpha = \alpha' d$ | **34** | ° |
| | $d$ Länge der durchstrahlten Flüssigkeitssäule | | m |

| | | |
|---|---|---|
| *Spezifisches Drehvermögen* | $\alpha' = \alpha_0 c$ | **35** °/m |
| | $\alpha_0$ spezifische Drehung | ° $m^2/kg$ |
| | $c$ Massenkonzentration (gelöste Masse/Lösungsvolumen) | $kg/m^3$ |

## B

**1.** Weshalb ist es nicht notwendig, die reflektierenden Flächen des Umlenkprismas (→ Bild) zu versilbern? (Brechzahl von Glas $n = 1{,}5\ldots1{,}7$)

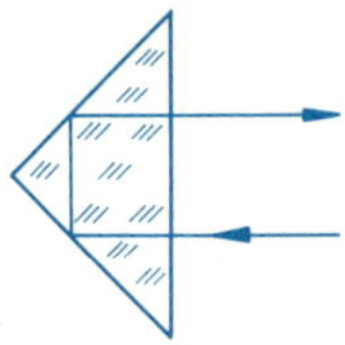

*Lösung:* Nach **4** beträgt wegen $\sin\alpha_T = 1/1{,}7\ldots1/1{,}5$ der Grenzwinkel der Totalreflexion bei Glas $\alpha_T = 36°$ bis $42°$, er ist also kleiner als der Einfallswinkel von 45° beim Umlenkprisma, womit die Bedingung für Totalreflexion erfüllt ist.

**2.** Welche Wellenlängen des sichtbaren Lichts werden durch ein Glasblättchen von 600 nm Dicke ($n = 1{,}5$) bei senkrechtem Lichteinfall und Beobachtung im reflektierten Licht infolge Interferenz ausgelöscht? Wie ändern sich die Verhältnisse bei schrägem Lichteinfall unter einem Winkel von 45°?

*Lösung:* Setzt man in der Auslöschungsbedingung **18** der Reihe nach $z = 1, 2, 3 \ldots$, so ergeben sich die Wellenlängen 1800, 900, 600, 450, 360, 300 nm usw. Aus dem sichtbaren Teil des Spektrums ($\lambda \approx 800\ldots400$ nm) werden also die Wellenlängen 450 nm (indigo) und 600 nm (orange) ausgelöscht. Bei schrägem Lichteinfall fehlen nach $z\lambda = 2d\sqrt{n^2 - \sin^2\alpha}$ die Wellenlängen 397 nm (violett) und 794 nm (rot).

**3.** Mit einer Plankonvexlinse (Krümmungsradius $R = 1{,}25$ m) wurden die Durchmesser der dunklen Newtonschen Ringe $2a_{\min} = 2{,}97$; 3,43; 3,84; 4,20; 4,64; 4,85 mm von der 3. bis zur 8. Ordnung gemessen. Wie groß ist die Wellenlänge des zur Beleuchtung verwendeten gelben Natriumlichts?

*Lösung:* Für $z = 3$ und $z = 8$ folgt aus **20** $a_8^2 - a_5^2 = 5\lambda R$ und hieraus

$$\lambda = \frac{a_8^2 - a_5^2}{5R} = 588\ \text{nm}\,.$$

**4.** Auf ein Beugungsgitter mit 500 Strichen je Millimeter trifft Licht senkrecht auf. Das gebeugte Licht wird hinter dem Gitter beobachtet. a) Wie groß ist die Gitterkonstante? b) Unter welchen Winkeln gegenüber der Einstrahlrichtung werden das erste und das zweite Hauptmaximum gefunden, wenn violettes Licht ($\lambda_V = 390$ nm) verwendet wird? c) Von welcher Ordnung an überlappen sich die Spektren, wenn mit weißem Licht gearbeitet wird (Wellenlängenbereich zwischen violettem und rotem Licht mit $\lambda_R = 770$ nm)?

*Lösung:* a) Die Gitterkonstante beträgt $a = 10^{-3}\ \text{m}/500 = 2\ \mu\text{m}$. b) Aus **26** folgt $\alpha_1 = 11{,}2°$ (für $z = 1$) und $\alpha_2 = 22{,}9°$ (für $z = 2$). c) Soll das Beugungsspektrum von $\lambda_V$ bis $\lambda_R$ überlappungsfrei dargestellt werden, so muß gelten:

$$\sin\alpha_{R(z)} \leqq \sin\alpha_{V(z+1)} \quad \text{bzw. mit } \mathbf{26}\text{:} \quad z\lambda_R \leqq (z+1)\lambda_V\,.$$

Für $z = 1$ ist diese Bedingung noch erfüllt, für $z = 2$ nicht mehr (Überlappung).

# 30 Strahlenoptik (Geometrische Optik)

## 30.1 Allgemeine Eigenschaften von Lichtstrahlen. Fermatsches Prinzip

- Lichtstrahlen markieren den Weg der Lichtenergie im Raum.
- Lichtstrahlen stehen (in isotropen Medien) stets senkrecht auf den Phasenflächen ($\varphi$ = const) der zugehörigen Lichtwellen, die den Raum mit Lichtgeschwindigkeit durcheilen.
- Lichtwege sind umkehrbar.
- Der Verlauf verschiedener Lichtstrahlen ist voneinander unabhängig.
- Licht breitet sich nur in optisch homogenen Medien geradlinig aus.

> *Fermatsches Prinzip der kürzesten Ankunft*
> Ein Lichtstrahl befolgt den Weg, für dessen Überbrückung die kürzeste Zeit benötigt wird.

*Allgemeiner:*
Gegenüber benachbarten Wegen ist für den eingeschlagenen Lichtweg die optische Weglänge $L = \int n\,\mathrm{d}s$ (vgl. 29.2) ein *Extremum*.

## 30.2 Optische Abbildung durch Spiegel

**Ebener Spiegel** (→ Bild)

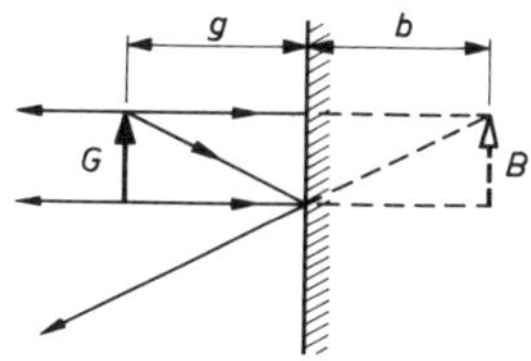


| | | | |
|---|---|---|---|
| *Gegenstandsweite* | $g$ | | m |
| *Bildweite* | $b = -g$ | 1 | m |
| *Gegenstands-(Ding-)Größe* | $G$ | | m |
| *Bildgröße* | $B = G$ | 2 | m |

Der ebene Spiegel erzeugt ein *virtuelles* Bild.

**Sphärische Spiegel**
Die spiegelnde Fläche ist ein Teil einer Kugelfläche.

| | | | |
|---|---|---|---|
| *Abbildungsgleichung* | $\frac{1}{g} + \frac{1}{b} = \frac{1}{f}$ | 3 | 1/m |
| *Abbildungsmaßstab* | $\beta = \frac{B}{G} = -\frac{b}{g}$ | 4 | 1 |

Alle Größen in der Abbildungsgleichung erhalten positives Vorzeichen, wenn die entsprechenden Strecken in Richtung der Lichtausbreitung gesehen vor dem Spiegel liegen; sie werden negativ, wenn sie hinter dem Spiegel liegen. $G$ und $B$ sind für aufrechte Gegenstände bzw. Bilder positiv, für umgekehrte negativ.

*Konkavspiegel (Hohlspiegel)* (→ Bild; $F$ Brennpunkt, $M$ Krümmungsmittelpunkt)

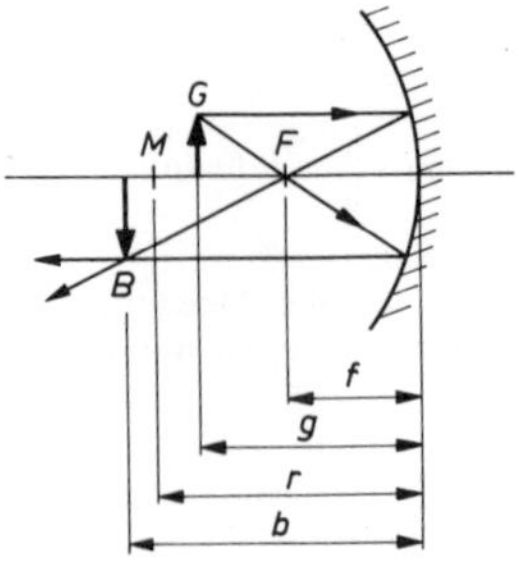


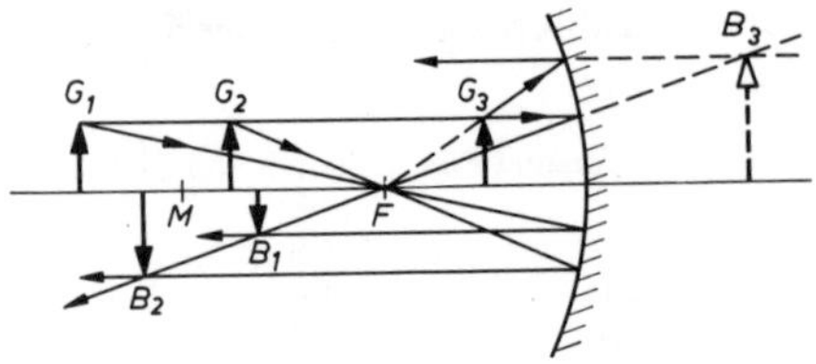


| | | | |
|---|---|---|---|
| *Brennweite* | $f = \frac{r}{2}$ | | 5 m |
| | (für achsennahe Strahlen) | | |
| | $r$ Krümmungsradius des Spiegels | | m |

*Möglichkeiten der Bilderzeugung durch Konkavspiegel* (→ Bild)

| Gegenstands-weite $g$ | Bildweite $b$ | Abbildungs-maßstab | Art des Bildes |
|---|---|---|---|
| $\infty > g > 2f$ | $2f > b > f$ | $\lvert\beta\rvert < 1$ | reell, umgekehrt |
| $g = 2f$ | $b = 2f$ | $\lvert\beta\rvert = 1$ | reell, umgekehrt |
| $2f > g > f$ | $\infty > b > 2f$ | $\lvert\beta\rvert > 1$ | reell, umgekehrt |
| $g < f$ | $b < 0$ | $\beta > 1$ | virtuell, aufrecht |

*Konvexspiegel (Wölbspiegel)* (→ Bild; *F* Brennpunkt, *M* Krümmungsmittelpunkt)

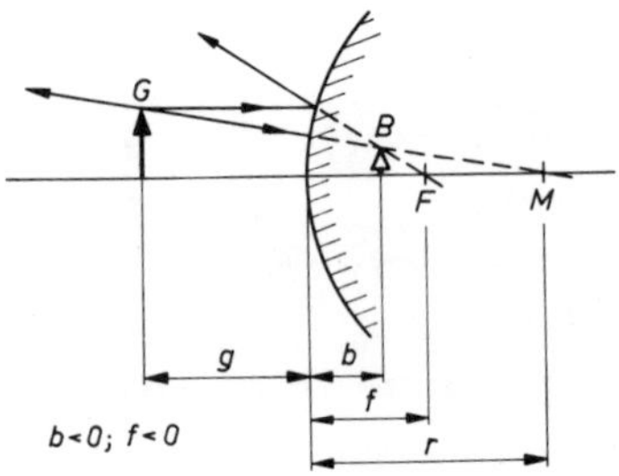


| | | | |
|---|---|---|---|
| *Brennweite* | $f = -\frac{r}{2}$ | | 6 m |
| | (für achsennahe Strahlen) | | |

*Bilderzeugung durch Konvexspiegel*

| Gegenstands-weite $g$ | Bildweite $b$ | Abbildungs-maßstab | Art des Bildes |
|---|---|---|---|
| $0 < g < \infty$ | $b < 0$ | $\beta < 1$ | virtuell, aufrecht |

## 30.3 Optische Abbildung durch Linsen

*Sammellinsen* — a) bikonvex, b) plankonvex, c) konkavkonvex

*Zerstreuungslinsen* — d) bikonkav, e) plankonkav, f) konvexkonkav (→ Bild)

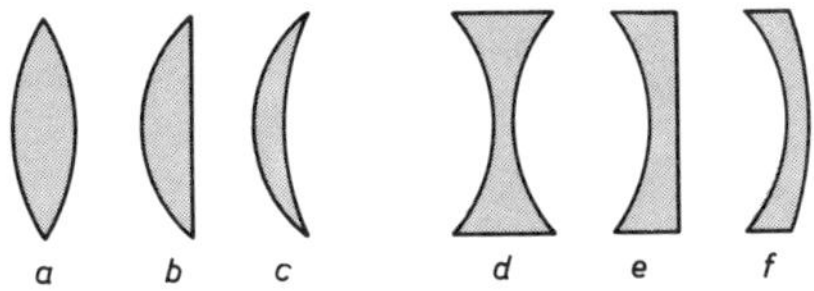


*Abbildungsgleichung*

$$\frac{1}{g} + \frac{1}{b} = \frac{1}{f}$$ **7** 1/m

$g$ Gegenstandsweite — m
$b$ Bildweite — m
$f$ Brennweite — m

*Abbildungsmaßstab*

$$\beta = \frac{B}{G} = -\frac{b}{g}$$ **8** 1

Die Bildweite $b$ ist positiv, wenn das Bild in Richtung der Lichtausbreitung gesehen hinter der Linse entsteht (*reelles* Bild); sie ist negativ, wenn das Bild vor der Linse liegt (*virtuelles* Bild). $G$ und $B$ sind für aufrechte Gegenstände bzw. Bilder positiv, für umgekehrte negativ.

**Dünne Linsen** (→ Bilder)

$M_1$, $M_2$ Krümmungsmittelpunkte
$F_g$, $F_b$ Brennpunkte im Gegenstands- bzw. Bildraum

Im Gegenstands- und Bildraum liegt die Brechzahl $n_g = n_b = 1$ vor:

*Reziproker Wert der Brennweite (Brechwert D)*

$$\frac{1}{f} = (n-1)\left(\frac{1}{r_1} - \frac{1}{r_2}\right)$$ **9** 1/m = dpt (Dioptrie)

$n$ Brechzahl der Linse — 1
$r_1$, $r_2$ Krümmungsradien der Linse — m

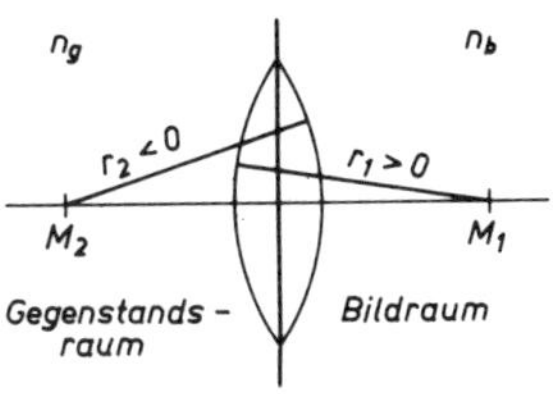


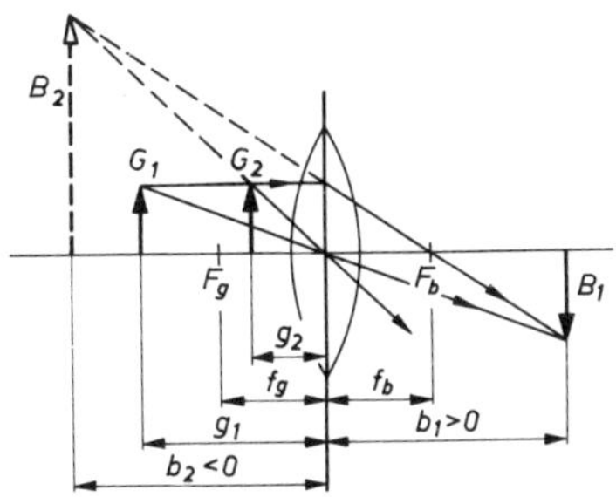


Vorzeichenfestlegung für die Krümmungsradien einer Bikonvexlinse → Bild. Bei bikonkaver Linse sind die Vorzeichen umzukehren; hier ist $f < 0$. Für Konkavkonvex-, Plankonkav- und Konvexkonkavlinsen (→ Bilder c, e, f oben) ergeben sich entsprechende Vorzeichenkombinationen.

Im Gegenstands- und Bildraum liegt die Brechzahl $n_g = n_b = n_0 \neq 1$ vor:

*Reziproker Wert der Brennweite* $\frac{1}{f} = \left(\frac{n}{n_0} - 1\right)\left(\frac{1}{r_1} - \frac{1}{r_2}\right)$ **10** 1/m = dpt

*Brechwert* $D = \frac{n_0}{f}$ 1/m = dpt

Immersionslinse ($n_g \neq n_b$):

*Brechwert im Gegenstands- bzw. Bildraum* $\frac{n_g}{f_g} = \frac{n_b}{f_b} = (n - n_g)\frac{1}{r_1} - (n - n_b)\frac{1}{r_2}$ 1/m = dpt

*Abbildungsgleichung* $\frac{f_g}{g} + \frac{f_b}{b} = 1$ **11**

*Abbildungsmaßstab* $\beta = -\frac{f_g}{f_b}\frac{b}{g} = -\frac{n_g}{n_b}\frac{b}{g}$ **12** 1

*Möglichkeiten der Bilderzeugung durch Sammellinsen* (→ Bild; *H* Hauptebene der Linse)

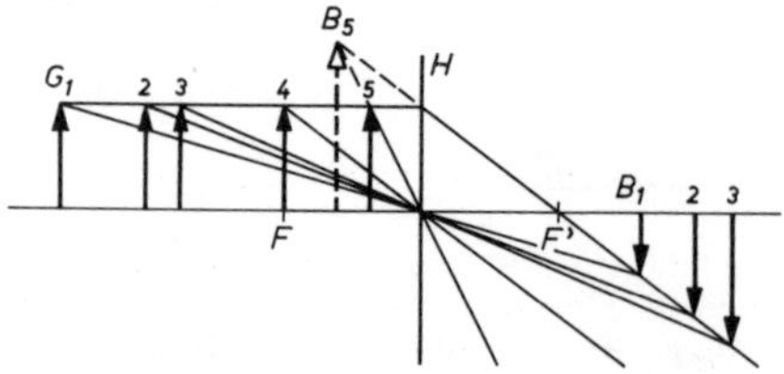


| Gegenstandsweite $g$ | Bildweite $b$ | Abbildungsmaßstab | Art des Bildes |
|---|---|---|---|
| $\infty > g > 2f$ | $2f > b > f$ | $\lvert\beta\rvert < 1$ | reell, umgekehrt |
| $g = 2f$ | $b = 2f$ | $\lvert\beta\rvert = 1$ | reell, umgekehrt |
| $2f > g > f$ | $\infty > b > 2f$ | $\lvert\beta\rvert > 1$ | reell, umgekehrt |
| $g = f$ | $b = \infty$ | – | – |
| $f > g > 0$ | $\infty > \lvert b\rvert > g$ | $\beta > 1$ | virtuell, aufrecht |

*Bilderzeugung durch Zerstreuungslinsen* (→ Bild)

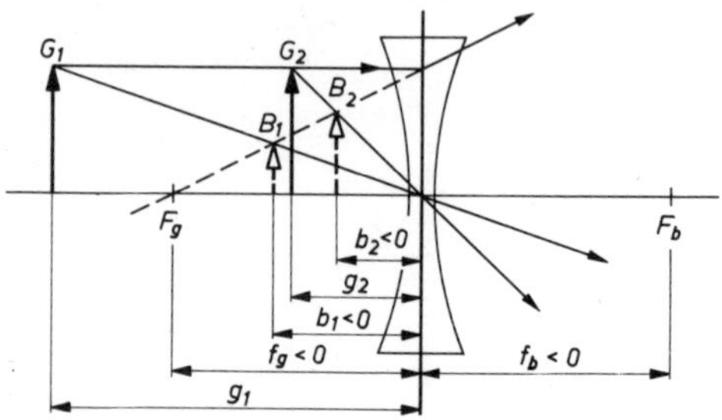


| Gegenstandsweite $g$ | Bildweite $b$ | Abbildungsmaßstab | Art des Bildes |
|---|---|---|---|
| $0 < g < \infty$ | $b < 0$ | $\beta < 1$ | virtuell, aufrecht |

**Dicke Linsen**

| | | | |
|---|---|---|---|
| *Reziproker Wert der Brennweite (Brechwert D)* | $\frac{1}{f} = (n-1)\left(\frac{1}{r_1} - \frac{1}{r_2}\right) + \frac{(n-1)^2}{n}\frac{d}{r_1 r_2}$ | | 1/m = dpt |
| | $d$ Abstand der beiden Linsenscheitel (→ Bild) | | m |
| | $H$ und $H'$ sind die *Hauptebenen* | | |

Bildkonstruktion siehe → Bild

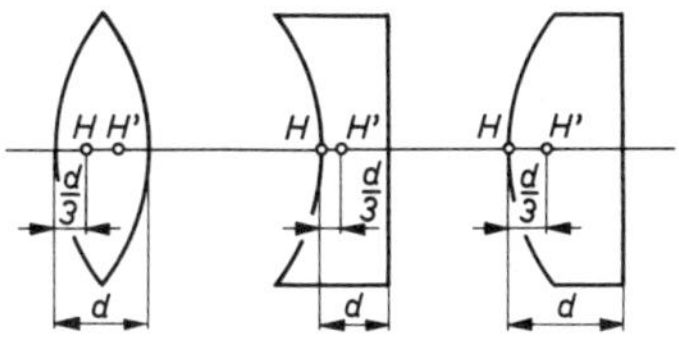


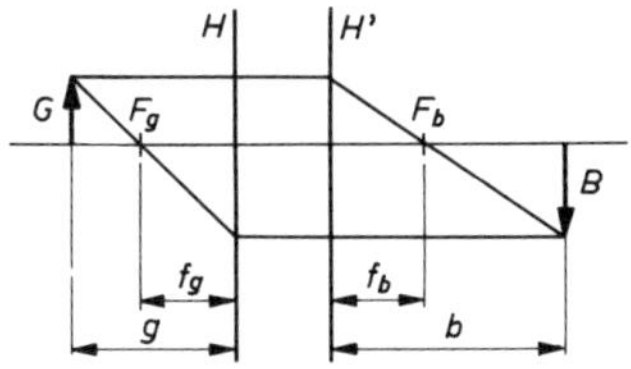


**Linsensysteme**

| | | | |
|---|---|---|---|
| *Reziproker Wert der Brennweite (Brechwert D) eines Linsensystems aus zwei Linsen* | $\frac{1}{f} = \frac{1}{f_1} + \frac{1}{f_2} - \frac{e}{f_1 f_2}$ | **13** | 1/m = dpt |
| | $f_1$ Brennweite der ersten Linse | | m |
| | $f_2$ Brennweite der zweiten Linse | | m |
| | $e$ Abstand der beiden einander zugekehrten Hauptebenen beider Linsen | | m |
| *Brechwert von zwei aneinanderliegenden dünnen Linsen* | $\frac{1}{f} = \frac{1}{f_1} + \frac{1}{f_2}$ | **14** | 1/m = dpt |
| | $D = D_1 + D_2$ | | |

## 30.4 Lupe, Mikroskop, Kamera, Fernrohr

| | | | |
|---|---|---|---|
| *Vergrößerung, allgemein* (Definition) | $V = \frac{\tan \sigma}{\tan \sigma_0}$ | **15** | 1 |
| | $\sigma$ Sehwinkel mit Instrument | | ° |
| | $\sigma_0$ Sehwinkel ohne Instrument | | ° |
| für kleine Sehwinkel | $V = \frac{\sigma}{\sigma_0}$ | | 1 |
| *Vergrößerung der Lupe* (der Gegenstand befindet sich innerhalb der Brennweite: $g < f$) (→ Bild) | $V = \frac{s}{g}$ | **16** | 1 |
| | $s$ konventionelle (deutliche) Sehweite (= 25 cm) | | m |
| | $g$ Gegenstandsweite | | m |
| | $f$ Brennweite | | m |
| *Normalvergrößerung der Lupe* (der Gegenstand befindet sich in der Brennebene der Lupe: $g = f$) | $V = \frac{s}{f}$ | **17** | 1 |

*Gesamtvergrößerung des Mikroskops (Normalvergrößerung)* (→ Bild)

$$V = \beta_{Ob} V_{Ok} = \frac{ts}{f_{Ob} f_{Ok}}$$ **18** 1

| | | |
|---|---|---|
| $\beta_{Ob}$ | Abbildungsmaßstab des Objektivs ($\approx t/f_{Ob}$) | 1 |
| $V_{Ok}$ | Vergrößerung des Okulars ($= s/f_{Ok}$) | 1 |
| $t$ | optische Tubuslänge (Abstand der einander zugekehrten Brennpunkte) | m |
| $f_{Ob}$ | Brennweite des Objektivs | m |
| $f_{Ok}$ | Brennweite des Okulars | m |

*Öffnungszahl (Blendenzahl) einer Kamera*

$$k = \frac{f}{d}$$ **19** 1

$d$ Durchmesser der Eintrittsöffnung m

*Relative Öffnung (Öffnungsverhältnis) einer Kamera*

$$\frac{1}{k} = \frac{d}{f}$$ **20** 1

*Vergrößerung des Fernrohrs (Normalvergrößerung)*

$$V = \frac{f_{Ob}}{f_{Ok}}$$ **21** 1

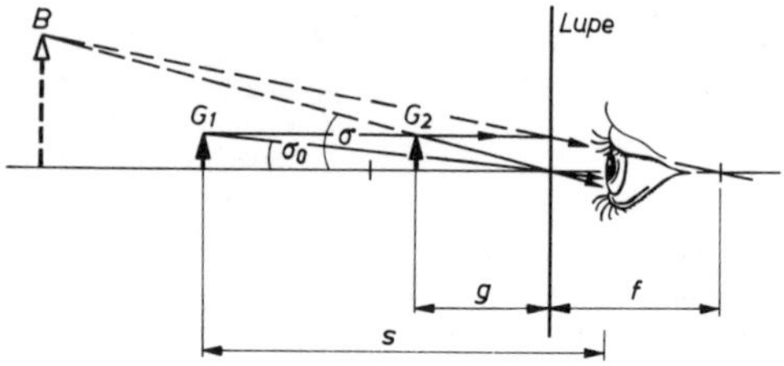


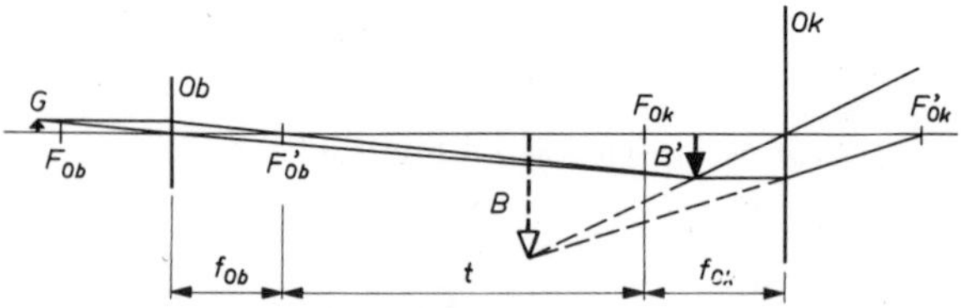


## 30.5 Auflösungsvermögen optischer Instrumente

*Auflösungsvermögen*

kennzeichnet die Fähigkeit eines optischen Systems, zwei benachbarte Punkte eines betrachteten Gegenstandes noch als *unterscheidbare* Bildpunkte wiederzugeben. Dazu müssen die Punkte im optischen System mindestens unter einem Winkel $\sigma$ erscheinen.

*Auflösungsvermögen von Auge und Fernrohr*

$$\sigma \geqq 1{,}22 \frac{\lambda}{d}$$ **22** rad ≡ 1

| | | |
|---|---|---|
| $\lambda$ | Wellenlänge des Lichts | m |
| $d$ | Durchmesser der Blende, an der Beugung auftritt (z.B. des Objektivs als beugende Öffnung; vgl. 29.3) | m |

| | | | |
|---|---|---|---|
| *Auflösungsgrenze eines Objektivs (auflösbarer Bildpunktabstand)* | $s \geqq 1{,}22\,\dfrac{f\lambda}{d}$ | **23** | m |
| | $f$ Brennweite des Objektivs | | m |
| | $f/d$ Blendenzahl **19** | | 1 |
| *Auflösungsvermögen eines Mikroskops (Auflösungsgrenze)* | $s \geqq 0{,}61\,\dfrac{\lambda}{n \sin \alpha}$ | **24** | m |
| | $n$ Brechzahl des Mediums zwischen Objekt und Objektiv (Immersionsflüssigkeit); für Luft $\approx 1$ | | 1 |
| | $\alpha$ Aperturwinkel (halber Öffnungswinkel des Objektivs zum Objektpunkt) | | ° |
| *Numerische Apertur* | $A = n \sin \alpha$ | **25** | 1 |

## B

1. Mit einem Hohlspiegel (Krümmungsradius 120 mm) soll die Wärmestrahlung einer Flamme auf einen kleinen Versuchskörper übertragen werden. Dazu wird die Flamme auf den Körper abgebildet, wobei der Abstand $d = 90$ mm zwischen beiden einzuhalten ist. In welchen Abständen vom Spiegel müssen Flamme und Körper aufgestellt werden?

   *Lösung:* Aus der Abbildungsgleichung **3** folgt mit **5** und $g = b + d$:

   $b = \frac{1}{2}\left(\sqrt{r^2 + d^2} + r - d\right) = 90$ mm; $\quad g = 180$ mm.

   (Die Abstände von Flamme und Versuchskörper sind vertauschbar.)

2. Als Objektiv für einen einfachen Projektor soll eine einzelne dünne Linse verwendet werden. a) Wie groß ist ihre Brennweite zu wählen, wenn bei einer Bildweite von 4 m eine 20fache Vergrößerung des Diapositivs erreicht werden soll? b) In welchen Grenzen muß der Abstand Diapositiv – Linse variiert werden können, damit auch Bildweiten in den Grenzen $2\text{ m} < b < 6\text{ m}$ möglich werden?

   *Lösung:* a) Aus **8** folgt mit $B = -20\,G$ (umgekehrtes Bild) $b/g = 20$ und mit $b = 4$ m die Gegenstandsweite (Abstand Diapositiv – Linse) $g = 20$ cm. Aus **7** folgt damit $f = bg/(b + g) = 19{,}05$ cm. b) Aus **7** erhält man $g = fb/(b - f)$; für $b = 200$ cm folgt $g_{max} = 21{,}05$ cm, und für $b = 600$ cm wird $g_{min} = 19{,}67$ cm; $\Delta g = 1{,}38$ cm.

3. Ein Kurzsichtiger kann ein Objekt nur dann scharf erkennen, wenn er es bis auf 10 cm an sein Auge heranführt. a) Wie muß seine Brille beschaffen sein, damit er wieder in der deutlichen Sehweite 25 cm scharf sehen kann? b) Berechne den Brechwert der Brillengläser!

   *Lösung:* Gesucht ist eine Linse, die von einem 25 cm vom Auge entfernten Gegenstand ein aufrechtes Bild erzeugt, das nur 10 cm vom Auge entfernt ist. Das leistet nur eine Konkavlinse (Zerstreuungslinse). Es gilt dann $g = 25$ cm, $b = -10$ cm und nach **7** $f = bg/(b + g) = -16{,}7$ cm. b) $D = 1/f = -6$ dpt. (Mit diesem Wert allerdings nur als Lesebrille geeignet; besser wäre $D \approx -10$ dpt).

4. Eine dünne Sammellinse bildet einen 1 m entfernten Gegenstand in 66,7 cm Entfernung hinter der Linse ab. Bringt man eine Zerstreuungslinse unmittelbar vor der Sammellinse in den Strahlengang, so erfolgt die Abbildung erst in einem Abstand von 2 m. Wie groß ist der Brechwert der Zerstreuungslinse?

*Lösung:* Für die Sammellinse allein erhält man nach **7** $D_1 = 1/f_1 = (b_1 + g_1)/(b_1 g_1) = 2{,}5$ dpt. Für beide Linsen zusammen gilt $D = 1/f = (b + g_1)/(bg_1) = 1{,}5$ dpt. Gemäß **14** folgt somit für die Zerstreuungslinse $D_2 = D - D_1 = -1$ dpt.

5. Ein Mikroskop besteht aus einem Objektiv der Brennweite $f_{Ob} = 0{,}5$ cm und einem Okular der Brennweite $f_{Ok} = 2$ cm. Die Tubuslänge beträgt 16 cm. a) Wie groß ist die Gesamtvergrößerung des Mikroskops? b) In welcher Entfernung vom Objektiv muß das Objekt plaziert werden, damit das Auge des Beobachters das Endbild in der deutlichen Sehweite $s = 25$ cm erblickt?

*Lösung:* a) Nach **18** wird $V = 400$. b) Aus **7** folgt als Gegenstandsweite des Okulars

$$g_{Ok} = \frac{b_{Ok} f_{Ok}}{b_{Ok} - f_{Ok}} = \frac{s f_{Ok}}{s - f_{Ok}} = 2{,}17 \text{ cm.}$$

Für das Objektiv gilt:

$$b_{Ob} = t + f_{Ok} + f_{Ob} - g_{Ok} = 16{,}33 \text{ cm;}$$

$$g_{Ob} = \frac{b_{Ob} f_{Ob}}{b_{Ob} - f_{Ob}} = 0{,}52 \text{ cm.}$$

# 31 Photometrie

## 31.1 Photometrische (lichttechnische) Größen

Die *photometrischen (lichttechnischen) Größen* bewerten die Lichtempfindung entsprechend der spektralen Hellempfindlichkeit des menschlichen Auges; es sind demzufolge *physiologische* Größen. Der Index »v« deutet auf »visuell« hin.

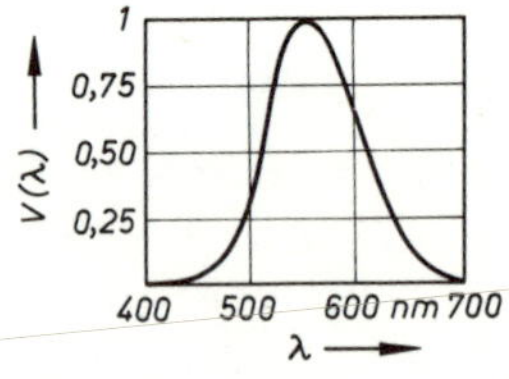


| | | |
|---|---|---|
| *Spektrale Hellempfindlichkeit des Auges* (→ Bild) | $V(\lambda)$ | 1 |
| | $\lambda$ Wellenlänge des Lichts | m |
| Maximalwert | $V_{max} = 1$ für $\lambda = 555$ nm (gelbgrün) | |
| *Lichtstärke* | $I_v = \dfrac{d\Phi_v}{d\Omega}$ (Basisgrößenart) | 1 cd (Candela) |
| | $\Phi_v$ Lichtstrom (s.u.) | lm (Lumen) |

Die **Candela (cd)** ist die Lichtstärke einer bestimmten Richtung einer Strahlungsquelle, die monochromatische Strahlung der Frequenz $540 \cdot 10^{12}$ Hz aussendet und deren Strahlstärke (vgl. 32.1) in dieser Richtung 1/683 W/sr beträgt.

| | | | |
|---|---|---|---|
| *Raumwinkel* | $\Omega = \frac{A}{R^2}$ | 2 | sr ≡ 1 (Steradiant) |
| | $A$ Kugelflächenausschnitt | | $m^2$ |
| | $R$ Kugelradius | | m |
| *Lichtstrom* | $\Phi_v = \int I_v d\Omega$ | 3 | cd sr = lm (Lumen) |
| | $\Phi_v = I_v\Omega$ für $I_v$ = const | 4 | |

Eine Lichtquelle hat die Lichtstärke 1 Candela (cd), wenn sie je Raumwinkeleinheit (1 sr) einen Strahlungsfluß $\Phi_e$ (vgl. 32.1) abstrahlt, welcher einem Lichtstrom $\Phi_v$ von 1 Lumen (lm) entspricht.

| | | | |
|---|---|---|---|
| *Photometrisches Strahlungsäquivalent* | $K(\lambda) = \frac{\Phi_v}{\Phi_e}$ | 5 | lm/W |
| | $\Phi_e$ Strahlungsfluß (s. 32.1) | | W |
| Maximalwert | $K_{max} = 680$ lm/W bei $\lambda = 555$ nm | | |
| Es gilt: | $K(\lambda) = K_{max} V(\lambda)$ | 6 | lm/W |
| *Leuchtdichte* | $L_v = \frac{dI_v}{dA_1 \cos\alpha_1}$ | 7 | $cd/m^2$ |
| | $A_1$ Senderfläche | | $m^2$ |
| | $\alpha_1$ Winkel zwischen Strahlrichtung und Flächennormale der Senderfläche | | ° |
| *Beleuchtungsstärke* | $E_v = \frac{d\Phi_v}{dA_2}$ | 8 | $lm/m^2$ = lx (Lux) |
| | $E_v = \frac{d\Phi_v}{dA} \cos\alpha_2$ | 9 | lx |
| | $E_v = \frac{I_v}{r^2} \cos\alpha_2$ | 10 | lx |
| | $A_2$ Empfängerfläche | | $m^2$ |
| | $A$ Querschnittsfläche des Lichtstroms | | $m^2$ |
| | $\alpha_2$ Winkel zwischen der Richtung des Lichtstroms und der Normalen der Empfängerfläche | | ° |
| | $r$ Entfernung des Empfängers vom Sender | | m |

Aus **10** folgt:

> Bei gleicher Beleuchtungsstärke verhalten sich die Lichtstärken zweier Lichtquellen wie die Quadrate ihrer Abstände von der beleuchteten Fläche:
>
> $$I_{v1} : I_{v2} = r_1^2 : r_2^2. \quad \textbf{11}$$

| | | | |
|---|---|---|---|
| *Lichtmenge* | $Q_v = \int \Phi_v dt$ $\quad Q_v = \Phi_v t$ | 12 | lm s |
| | $t$ Zeit | | s |
| *Belichtung* | $H_v = \int E_v dt$ $\quad H_v = E_v t$ | 13 | lx s |

## 31.2 Lichtabsorption (Transmission, Reflexion, Absorption, Extinktion)

| | | | |
|---|---|---|---|
| *Transmissionsgrad* | $\tau(\lambda) = \dfrac{\Phi_t}{\Phi_0}$ | **14** | 1 |
| *Reflexionsgrad* | $\varrho(\lambda) = \dfrac{\Phi_r}{\Phi_0}$ | **15** | 1 |
| *Absorptionsgrad* | $\alpha(\lambda) = \dfrac{\Phi_a}{\Phi_0}$ | **16** | 1 |
| | $\lambda$ Wellenlänge des Lichts | | m |
| | $\Phi_0$ auftreffender Lichtstrom | | lm |
| | $\Phi_t$ hindurchgehender Lichtstrom | | lm |
| | $\Phi_r$ reflektierter Lichtstrom | | lm |
| | $\Phi_a$ absorbierter Lichtstrom | | lm |
| *Energieerhaltungssatz* | $\tau + \varrho + \alpha = 1$ | **17** | 1 |
| für undurchlässige Körper ($\tau = 0$) | $\varrho + \alpha = 1$ | **18** | 1 |

Reflexion an einer planparallelen Platte bei senkrechtem Lichteinfall (nach *Fresnel*, vgl. 29.4):

| | | | |
|---|---|---|---|
| *Reflexionsgrad* | $\varrho = \left(\dfrac{n_1 - n_0}{n_1 + n_0}\right)^2$ | **19** | |
| | $n_1$ Brechzahl des Plattenmaterials | | 1 |
| | $n_0$ Brechzahl des umgebenden Mediums (für Luft $\approx 1$) | | 1 |
| *Extinktionsgesetz* | $\Phi_e = \Phi_1 e^{-m_n d} = \Phi_1 e^{-md}$ | **20** | lm |
| | $m = \dfrac{m_n}{2{,}30}$ | **21** | 1/m |
| | $\Phi_1$ eindringender Lichtstrom | | lm |
| | $\Phi_e$ austretender Lichtstrom | | lm |
| | $m_n$ natürlicher Extinktionsmodul | | 1/m |
| | $m$ dekadischer Extinktionsmodul | | 1/m |
| | $d$ Schichtdicke | | m |
| *Natürliche Extinktion* | $E_n = m_n d$ | **22** | 1 |
| *Dekadische Extinktion* | $E = md$ | **23** | 1 |

# B

1. Zum Lesen ist eine Beleuchtung von 50 lx nötig. Es steht eine 60-W-Glühlampe zur Verfügung, die einen gleichmäßig über alle Raumrichtungen verteilten Lichtstrom von 600 lm erzeugt. Berechne a) die »Lichtausbeute« (Lichtstrom/elektrische Leistung); b) die Lichtstärke der Lampe; c) die Höhe, in der die Lampe aufgehängt werden muß, damit auf dem senkrecht darunter befindlichen Arbeitsplatz die vorgeschriebene Beleuchtungsstärke erzielt wird!

   *Lösung:* a) Die Lichtausbeute ist $\Phi/P = 600$ lm/(60 W) = 10 lm/W. b) Nach 1 ist die Lichtstärke

$$I_v = \frac{\Phi}{\Omega} = \frac{600\ \text{lm}}{4\pi\ \text{sr}} = 48\ \text{cd}.$$

c) Aus **10** folgt mit $\cos\alpha_2 = 1$ (senkrechte Anordnung) und $E_v = 50$ lx:

$$r = \sqrt{I_v/E_v} = 98\ \text{cm}.$$

**2.** Durch Vergleich mit einer geeichten Glühlampe (Lichtstärke 250 cd) soll die Lichtstärke einer Niedervoltglühlampe dadurch ermittelt werden, daß die Lampen in solchen Abständen von einem weißen Schirm aufgestellt werden, daß jede von ihnen auf dem Schirm genau die gleiche Beleuchtungsstärke hervorruft. Dabei ergeben sich folgende Werte: Abstand der geeichten Lampe vom Schirm $r_1 = 118$ cm, Abstand der zu eichenden Lampe vom Schirm $r_2 = 32$ cm.

*Lösung:* Aus **10** folgt wegen $E_{v1} = E_{v2}$: $I_{v1}/I_{v2} = r_1^2/r_2^2$. Daraus ergibt sich

$$I_{v2} = \frac{r_2^2}{r_1^2} I_{v1} = 18{,}4\ \text{cd}.$$

# 32 Temperaturstrahlung

## 32.1 Strahlungsfeldgrößen

Objektiv meßbare, über die Strahlungsenergie (Index »e«) definierte *physikalische Strahlungsgrößen*, im Unterschied zu den physiologischen Größen der Lichtstrahlung (Index »v«; vgl. 31.1).

*Strahlungsfluß, Strahlungsleistung*

$$\Phi_e = \frac{dE}{dt}$$ **1** W (Watt)

- $E$ abgestrahlte bzw. empfangene Strahlungsenergie — J
- $t$ Zeit — s

*Strahlungsflußdichte*

$$D_e = \frac{d\Phi_e}{dA_\perp}$$ **2** W/m²

- $A_\perp$ Querschnittsfläche des Strahlungsflusses — m²

*Raumwinkel,*

unter dem der Empfänger vom Sender aus erscheint

$$\Omega_1 = \frac{A_2}{r^2}\cos\alpha_2$$ **3** sr ≡ 1

unter dem der Sender vom Empfänger aus erscheint (für kleine Sender- bzw. Empfängerflächen)

$$\Omega_2 = \frac{A_1}{r^2}\cos\alpha_1$$ **4** sr ≡ 1

- $A_1$ Senderfläche — m²
- $A_2$ Empfängerfläche — m²
- $\alpha_1$ Winkel zwischen der Richtung des Strahlungsflusses und der Normalen der Senderfläche — °
- $\alpha_2$ Winkel zwischen der Richtung des Strahlungsflusses und der Normalen der Empfängerfläche — °
- $r$ Kugelradius (Abstand des Empfängers vom Sender) — m

| | | | |
|---|---|---|---|
| *Strahlstärke* | $I_e = \frac{d\Phi_e}{d\Omega_1}$ | 5 | W/sr ≡ W |
| *Strahldichte* | $L_e = \frac{dI_e}{dA_1 \cos \alpha_1}$ | 6 | W/(m² sr) ≡ W/m² |
| | $L_e = \frac{d^2\Phi_e}{d\Omega_1 \, dA_1 \cos \alpha_1}$ | 7 | |
| *Spektrale Strahldichte* bei der Wellenlänge $\lambda$ und der Temperatur $T$ | $L_e(\lambda, T) = \frac{\partial L_e}{\partial \lambda}$ | 8 | W/(m³ sr) ≡ W/m³ |
| *Bestrahlungsstärke* | $E_e = \frac{d\Phi_e}{dA_2} = \frac{d\Phi_e}{dA_\perp} \cos \alpha_2$ | 9 | W/m² |
| | $E_e = D_e \cos \alpha_2$ | 10 | W/m² |
| | $E_e = \int L_e \cos \alpha_2 \, d\Omega_2$ | 11 | W/m² |
| | $E_e = \frac{I_e}{r^2} \cos \alpha_2$ | 12 | W/m² |

## 32.2 Kirchhoffsches Strahlungsgesetz. Schwarzer Körper

| | | | |
|---|---|---|---|
| *Absorptionsgrad* für Strahlung der Wellenlänge $\lambda$ bei der Temperatur $T$ | $\alpha(\lambda, T) = \frac{\Phi_a}{\Phi_0}$ | 13 | 1 |
| | $\Phi_0$ auf den Körper auftreffender Strahlungsfluß | | W |
| | $\Phi_a$ vom Körper absorbierter Strahlungsfluß | | W |
| *Absorptionsgrad des »schwarzen Körpers«* | $\alpha_s(\lambda, T) = 1$ | 14 | 1 |

*»Schwarzer Körper«*
Ein Körper, der sämtliche auftreffende Strahlung vollständig absorbiert, dessen Absorptionsgrad $\alpha(\lambda, T)$ also *für alle Wellenlängen und Temperaturen* gleich 1 ist, heißt »schwarzer Körper«.

| | | | |
|---|---|---|---|
| *Emissionsgrad* eines Körpers für Strahlung der Wellenlänge $\lambda$ bei der Temperatur $T$ | $\varepsilon(\lambda, T) = \frac{L_e(\lambda, T)}{L_{es}(\lambda, T)}$ | 15 | 1 |
| | $L_e(\lambda, T)$ spektrale Strahldichte des (nichtschwarzen) Körpers | | W/(m³ sr) |
| | $L_{es}(\lambda, T)$ spektrale Strahldichte des schwarzen Körpers | | W/(m³ sr) |

*Kirchhoffsches Strahlungsgesetz*

$$\frac{\varepsilon(\lambda, T)}{\alpha(\lambda, T)} = \varepsilon_s(\lambda, T) = 1 \qquad 16$$

Für alle Körper ist bei gegebener Temperatur das Verhältnis von Emissionsgrad zu Absorptionsgrad konstant und dem Betrage nach gleich dem Emissionsgrad des schwarzen Körpers bei dieser Temperatur.

Ein Körper, der viel Strahlung absorbiert, kann auch viel Strahlung emittieren (und umgekehrt).

| | | | |
|---|---|---|---|
| *Spektrale Strahldichte eines nichtschwarzen Körpers* | $L_e(\lambda,T) = \alpha(\lambda,T)\,L_{es}(\lambda,T)$<br>$L_e(\lambda,T) = L_{es}(\lambda,T_s)$ | **17** | $W/(m^3\,sr) \equiv W/m^3$ |

Der nichtschwarze Körper strahlt bei der Temperatur $T$ mit der gleichen Strahldichte wie der schwarze Körper bei der Temperatur $T_s$.

## 32.3 Stefan-Boltzmannsches Strahlungsgesetz

| | | | |
|---|---|---|---|
| *Gesamtstrahlungsfluß des schwarzen Körpers* (alle Wellenlängen umfassend) | $\Phi_{es} = \sigma A T^4$ | **18** | W |
| | $A$ Strahlerfläche | | $m^2$ |
| | $T$ Temperatur | | K |
| | $\sigma = 5{,}67 \cdot 10^{-8}\ W/(m^2 K^4)$ | | |

> Der Gesamtstrahlungsfluß des schwarzen Körpers ist der vierten Potenz der absoluten Temperatur proportional *(Stefan-Boltzmannsches Gesetz)*.

| | | | |
|---|---|---|---|
| *Gesamtstrahlungsfluß eines nichtschwarzen Körpers* | $\Phi_e = \varepsilon\sigma A T^4$ | **19** | W |
| | $\varepsilon$ Emissionsgrad (integraler) | | 1 |
| *Strahlungsleistung eines Körpers* | $\Phi_e = \varepsilon\sigma A\,(T_1^4 - T_2^4)$ | **20** | W |
| | $T_1$ Temperatur des Körpers | | K |
| | $T_2$ Temperatur der Umgebung | | K |

## 32.4 Plancksches Strahlungsgesetz. Wiensches Verschiebungsgesetz

> *Plancksches Wirkungsquantum* $h = 6{,}6261 \cdot 10^{-34}$ J s **21**

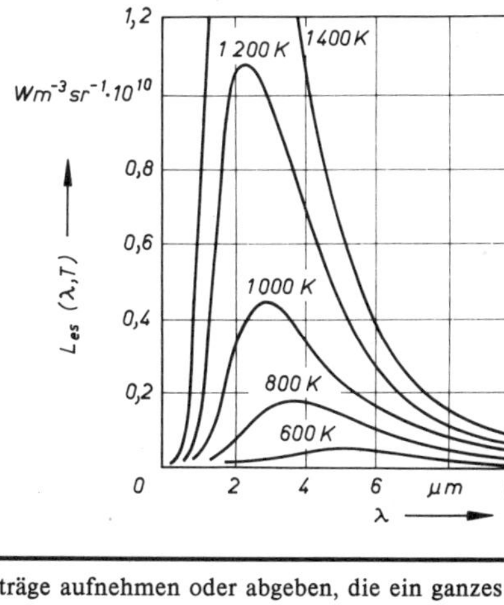


> Ein Oszillator kann nur Energiebeträge aufnehmen oder abgeben, die ein ganzes Vielfaches der mit $h$ multiplizierten Eigenfrequenz $f$ des Oszillators sind (*Planck*, 1900):
>
> $$E = nhf \quad (n = 1, 2, 3, \ldots) \qquad \textbf{22}$$

Die Energie einer jeden Strahlung ist *gequantelt*, d. h., sie setzt sich aus elementaren (unteilbaren) Energieportionen der Größe $hf$ zusammen.

| | | | |
|---|---|---|---|
| *Plancksches Strahlungsgesetz* (→ Bild) | $L_{es}(\lambda,T) = \frac{2hc_0^2}{\lambda^5} \frac{1}{e^{hc_0/(\lambda kT)} - 1}$ | **23** | $W/(m^3\,sr)$ |
| | $L_{es}(\lambda, T)$ spektrale Strahldichte des schwarzen Körpers (s. 32.1) | | $W/(m^3\,sr)$ |
| | $\lambda$ Wellenlänge | | m |
| | $T$ Temperatur | | K |
| | $c_0$ Vakuum-Lichtgeschwindigkeit | | m/s |
| | $k$ Boltzmann-Konstante | | J/K |
| *Wiensches Verschiebungsgesetz* | $\lambda_{max} T = 2{,}898 \cdot 10^{-3}\,m\,K$ | **24** | |
| | $\lambda_{max}$ Wellenlänge, bei der $L_{es}(\lambda, T)$ ein Maximum hat | | m |

# B

**1.** Wieviel Watt strahlt die Wolframwendel (strahlende Oberfläche $300\,mm^2$) einer Glühlampe bei 2 500 K und einer Raumtemperatur von 20 °C ab? $\varepsilon = 0{,}3$; $\sigma = 5{,}7 \times 10^{-8}\,W/(m^2 K^4)$

*Lösung:* Nach **20** berechnet sich die Strahlungsleistung mit $T_1 = 2\,500\,K$ und $T_2 = 293\,K$ zu $\Phi_e = 200\,W$.

**2.** Welche Temperatur erreicht eine elektrische Kochplatte von 20 cm Durchmesser bei einer Leistung von 1 000 W? (Umgebungstemperatur 20 °C; $\varepsilon = 0{,}5$)

*Lösung:* Die strahlende Fläche beträgt $A = 3{,}14 \cdot 10^{-2}\,m^2$. Damit sowie mit $\Phi_e = 1\,000\,W$ und $T_2 = 293\,K$ erhält man aus **20**

$$T_1 = \sqrt[4]{\frac{\Phi_e}{\varepsilon\sigma A} + T_2^4} \approx 1\,030\,K \quad \text{oder} \quad 757\,°C.$$

**3.** Berechne aus der Solarkonstante $E_{eS} = 1{,}35\,kW/m^2$ (von der Sonne ausgehende Bestrahlungsstärke der Erdoberfläche) die Strahlungsleistung der Sonne und daraus deren Oberflächentemperatur! (Entfernung Sonne – Erde $1{,}5 \cdot 10^{11}\,m$; Sonnenoberfläche $A_S = 6{,}1 \cdot 10^{18}\,m^2$; $\varepsilon = 1$ vorausgesetzt)

*Lösung:* Nach **9** ergibt sich die in alle Richtungen des Raumes von der Sonne abgestrahlte Leistung zu $\Phi_{eS} = E_{eS}A$, wenn $A$ die Fläche der Kugel um die Sonne mit dem Abstand Sonne – Erde als Radius ist; letztere beträgt $A = 28{,}2 \cdot 10^{22}\,m^2$. Damit wird $\Phi_{eS} = 37{,}2 \cdot 10^{22}\,kW$ (!) und nach **19** $T_S = \sqrt[4]{\Phi_{eS}/(\sigma A_S)} \approx 5\,700\,K$.

**4.** Bei welcher Wellenlänge liegt das Maximum der spektralen Strahldichte der Sonnenstrahlung? (Sonnentemperatur $T_S = 5\,700\,K$)

*Lösung:* Nach **24** ergibt sich $\lambda_{max} = 2{,}9 \cdot 10^{-3}\,m\,K/(5\,700\,K) \approx 510 \cdot 10^{-9}\,m = 510\,nm$. Es ist bemerkenswert, daß in diesem Wellenlängenbereich die Empfindlichkeit des menschlichen Auges am größten ist (vgl. 31.1).

# QUANTENTHEORIE UND ATOMPHYSIK

## 33 Welle-Teilchen-Dualismus

### 33.1 Lichtquanten (Photonen)

| | | | |
|---|---|---|---|
| *Energie eines Lichtquants (Photonenenergie)* | $E = hf \qquad E = \frac{hc}{\lambda}$ | 1 | J |
| | $h$ Plancksches Wirkungsquantum | | J s |
| | $c$ Vakuum-Lichtgeschwindigkeit | | m/s |
| | $f$ Frequenz des Lichtquants | | 1/s = Hz |
| | $\lambda$ Wellenlänge des Lichtquants im Vakuum | | m |
| *Impuls eines Lichtquants (Quantenimpuls)* | $p = \frac{h}{\lambda} \qquad p = \frac{hf}{c}$ | 2 | N s |
| *Masse eines Lichtquants (Impulsmasse des Photons)* | $m = \frac{h}{\lambda c} \qquad m = \frac{hf}{c^2}$ | 3 | kg |

Die Ruhmasse des Photons ist gleich Null.

| | | | |
|---|---|---|---|
| *Maximale kinetische Energie der beim Photoeffekt emittierten Elektronen* | $E_k = hf - W_A$ | 4 | J |
| | $W_A$ Austrittsarbeit der Elektronen (vgl. 20.3) | | J |
| *Rückstoßenergie bei der Emission eines Lichtquants* | $E_R = \frac{E^2}{2Mc^2}$ | 5 | J |
| | $E$ Energie des Quants (= $hf$) | | J |
| | $M$ Masse des emittierenden Atoms | | kg |
| *Relative Energie- bzw. Frequenzänderung eines Quants infolge des Rückstoßes* | $\frac{\Delta E}{E} = \frac{\Delta f}{f} = \frac{E_R}{E} = \frac{E}{2Mc^2}$ | 6 | 1 |

### 33.2 De-Broglie-Wellenlänge. Heisenbergsche Unbestimmtheitsrelation

Jedes Mikroteilchen (Photon, Elektron, Kernteilchen usw.) besitzt zugleich Korpuskel- und Welleneigenschaften.

| | | | |
|---|---|---|---|
| *De-Broglie-Wellenlänge eines Teilchens* | $\lambda = \frac{h}{p} \qquad \lambda = \frac{h}{mv}$ | 7 | m |
| | $p$ Impuls des Teilchens (= $mv$) | | N s |
| | $m$ Masse des Teilchens | | kg |
| | $v$ Geschwindigkeit des Teilchens | | m/s |
| | $h$ Plancksches Wirkungsquantum | | J s |

*De-Broglie-Wellenlänge eines nichtrelativistischen Elektrons*

$$\lambda = \frac{h}{\sqrt{2em_e U}} \qquad \textbf{8} \quad \text{m}$$

| | | |
|---|---|---|
| $e$ | Elementarladung | C = A s |
| $m_e$ | Ruhmasse des Elektrons | kg |
| $U$ | Beschleunigungsspannung | V |

*Mittlere De-Broglie-Wellenlänge für ein Gasatom*

$$\lambda = \frac{h}{\sqrt{3kTm}} \qquad \textbf{9} \quad \text{m}$$

| | | |
|---|---|---|
| $T$ | Temperatur | K |
| $k$ | Boltzmann-Konstante | J/K |

*Heisenbergsche Unbestimmtheitsrelation (Unschärferelation)*

$$\Delta p_x \Delta x \geqq \frac{\hbar}{2} \qquad \textbf{10} \quad \text{J s}$$

$$\Delta E \Delta t \geqq \frac{\hbar}{2} \qquad \textbf{11} \quad \text{J s}$$

| | | |
|---|---|---|
| $\Delta p_x$ | Unbestimmtheit (Unschärfe) der $x$-Komponente des Impulses | N s |
| $\Delta x$ | Unbestimmtheit (Unschärfe) der $x$-Koordinate des Ortes | m |
| $\Delta E$ | Unbestimmtheit (Unschärfe) der Energie | J |
| $\Delta t$ | Unbestimmtheit (Unschärfe) der Zeit | s |
| $\hbar = h/(2\pi)$ | Drehimpulsquantum | J s |

*Heisenbergsches Unbestimmtheitsprinzip*
Es können niemals Ort *und* Impuls eines Mikroteilchens genau bekannt sein. Das Produkt aus der Unbestimmtheit (»Unschärfe«) $\Delta p_x$ des augenblicklichen Impulses eines Teilchens und der Unbestimmtheit $\Delta x$ seiner augenblicklichen Ortskoordinate ist mindestens von der Größe $\hbar/2$.

Jede Steigerung der Genauigkeit in der Ortsbestimmung eines Teilchen geht auf Kosten der Genauigkeit in der Impulsbestimmung und umgekehrt. Analoges gilt für die Unbestimmtheit der Energie eines Teilchens $\Delta E$ und die Zeitdauer für die Energiemessung $\Delta t$.

## B

1. Gelbes Licht ($\lambda = 600$ nm) kann der Mensch mit bloßem Auge wahrnehmen, wenn die Netzhaut mindestens die Lichtleistung $1{,}7 \cdot 10^{-18}$ W empfängt. Wie viele Photonen treffen dabei je Sekunde auf die Netzhaut?

   *Lösung:* Ist $N$ die Anzahl der Photonen, so errechnet sich mit **1** als Energie eines Photons die Leistung zu

   $$P = \frac{E}{t} = \frac{Nhf}{t} = \frac{Nhc}{t\lambda}.$$

   Hieraus folgt mit $t = 1$ s: $N \approx 5$.

2. Beim sog. Paarbildungseffekt entstehen aus einem energiereichen Photon (Gammaquant) zwei gleichartige Elementarteilchen entgegengesetzter elektrischer Ladung. Welche Wellenlänge bzw. Energie (in eV) muß ein Gammaquant haben, damit seine Masse gleich der Ruhmasse a) eines Elektronenpaares (Elektron-Positron-Zwilling), b) eines Protonenpaares (Proton-Antiproton-Zwilling) ist? ($m_e = 9{,}11 \cdot 10^{-31}$ kg; $m_p = 1{,}673 \cdot 10^{-27}$ kg; $c = 3 \cdot 10^8$ m/s; $h = 6{,}626 \cdot 10^{-34}$ J s)

*Lösung:* Aus **3** folgt a) mit $m = 2m_e$:

$$\lambda = \frac{h}{2m_e c} = 1{,}21 \cdot 10^{-12}\,\text{m}$$ und aus **1** $E = 1{,}02\,\text{MeV}$.

b) Entsprechend folgt mit $m = 2m_p$: $\lambda = 6{,}60 \cdot 10^{-16}\,\text{m}$; $E = 1{,}88\,\text{GeV}$.

3. Die »rote Grenze« des Photoeffekts entspricht derjenigen Wellenlänge $\lambda_0$, bei der der Photoeffekt beginnt, d. h. die kinetische Energie der freigesetzten Photoelektronen genau Null ist. Sie beträgt für ein bestimmtes Metall $\lambda_0 = 2{,}75 \cdot 10^{-7}\,\text{m}$. Gesucht sind a) die Austrittsarbeit; b) die maximale kinetische Energie der Elektronen, die aus dem Metall mit Licht der Wellenlänge $1{,}80 \cdot 10^{-7}\,\text{m}$ abgelöst werden; c) ihre maximale Geschwindigkeit.

*Lösung:* a) Aus **4** folgt mit $E_k = 0$ und $f = c/\lambda$: $W_A = hc/\lambda_0 = 7{,}23 \cdot 10^{-19}\,\text{J} = 4{,}5\,\text{eV}$.
b) Nach **4** erhält man mit $f = c/\lambda = 1{,}67 \cdot 10^{15}\,\text{Hz}$: $E_k = 3{,}8 \cdot 10^{-19}\,\text{J} = 2{,}4\,\text{eV}$.
c) $v = \sqrt{2E_k/m_e} = 9{,}1 \cdot 10^5\,\text{m/s}$.

4. Wie groß muß die Beschleunigungsspannung für Elektronen sein, damit diese eine Wellenlänge von $10^{-10}\,\text{m}$ haben? Welche Geschwindigkeit haben die Elektronen dann? ($e = 1{,}6 \cdot 10^{-19}\,\text{C}$)

*Lösung:* Nach **8** ist $U = h^2/(2em_e\lambda^2) = 150\,\text{V}$. Aus **7** erhält man $v = h/(m_e\lambda) = 7{,}28 \times 10^6\,\text{m/s}$.

5. Wie groß ist die Mindestgeschwindigkeit und die zugehörige kinetische Energie eines Elektrons, das »gezwungen« ist, sich auf einer endlichen Strecke der Länge $L = 10^{-10}\,\text{m}$ (Größenordnung des Atomdurchmessers) zu bewegen? (Die Mindestgeschwindigkeit ist durch die Unbestimmtheit der Geschwindigkeit gegeben, die gemäß der Heisenbergschen Unschärferelation für das Elektron am absoluten Nullpunkt notwendig vorhanden sein muß.)

*Lösung:* Aus **10** folgt mit $\Delta x = L$ und $\Delta p_x = \Delta(m_e v_x) = m_e \Delta v_x$ mit $\hbar = h/(2\pi)$:

$$v_x = \frac{\hbar}{2m_e L} \approx 5{,}8 \cdot 10^5\,\text{m/s}; \qquad E_k = \frac{m_e v_x^2}{2} = 0{,}95\,\text{eV}.$$

# 34 Atome, Spektren

## 34.1 Bohrsches Atommodell. Atomhülle

*1. Bohrsches Postulat*
Von allen klassisch möglichen Elektronenbahnen sind nur diejenigen erlaubt (auf denen die Elektronen strahlungsfrei kreisen können), für die der Betrag des Drehimpulses der Elektronen ein ganzzahliges Vielfaches des Planckschen Wirkungsquantums $h$, geteilt durch $2\pi$, ist:

| | | | |
|---|---|---|---|
| *Bohrsche Quantenbedingung* | $m_e v r = n \frac{h}{2\pi} = n\hbar$ | **1** | J s |

| | | |
|---|---|---|
| $n$ | $= 1, 2, 3, \ldots$ Hauptquantenzahl | 1 |
| $m_e$ | Masse des Elektrons | kg |
| $v$ | Bahngeschwindigkeit des Elektrons | m/s |

$r$ Bahnradius — m

$\hbar$ Drehimpulsquantum (= $1{,}0546 \cdot 10^{-34}$ J s)

> *2. Bohrsches Postulat*
> Jeder Quantenbahn entspricht ein bestimmter Energiezustand des Atoms. Beim Übergang des Elektrons von einem höheren auf ein niedrigeres Energieniveau wird ein Strahlungsquant emittiert, dessen Energie gleich dem Energieverlust des Elektrons ist:
>
> *Bohrsche Frequenzbedingung* (→ Bild) $\quad E_m - E_n = hf \quad$ **2** J

$E_m$ höheres Energieniveau mit der Quantenzahl $m$ — J

$E_n$ niedrigeres Energieniveau mit der Quantenzahl $n$ — J

$f$ Frequenz des Strahlungsquants — 1/s = Hz

*Energie des Elektrons auf der n-ten Bahn* (Einelektronensystem)

$$E_n = -\frac{m_e Z^2 e^4}{8 \varepsilon_0^2 h^2 n^2} \qquad \textbf{3} \quad \text{J}$$

$Z$ Kernladungszahl — 1

$e$ Elementarladung — C = A s

$\varepsilon_0$ elektrische Feldkonstante — A s/(V m)

$$E_n = -(13{,}6\ \text{eV}) \frac{Z^2}{n^2} \qquad \textbf{4} \quad \text{J}$$

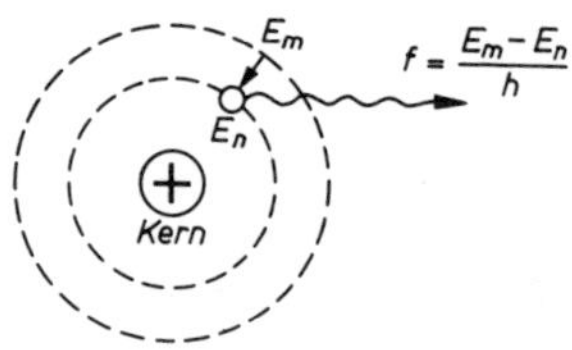


*Radius der n-ten Bohrschen Bahn*

$$r_n = \frac{\varepsilon_0 h^2 n^2}{\pi m_e Z e^2} \qquad \textbf{5} \quad \text{m}$$

*Bahngeschwindigkeit des Elektrons auf der n-ten Bahn* (Einelektronensystem)

$$v_n = \frac{Z e^2}{2 \varepsilon_0 h n} \qquad \textbf{6} \quad \text{m/s}$$

## 34.2. Lichtemission der Atome. Wasserstoffspektrum

*Frequenz des emittierten Lichtquants*

$$f = \frac{\Delta E}{h} \qquad \textbf{7} \quad 1/\text{s} = \text{Hz}$$

$\Delta E$ Energieverlust des Elektrons beim Quantensprung — J

$h$ Plancksches Wirkungsquantum — J s

*Wellenlänge*

$$\lambda = \frac{hc}{\Delta E} \qquad \textbf{8} \quad \text{m}$$

$c$ Lichtgeschwindigkeit — m/s

| | | | |
|---|---|---|---|
| *Wellenzahl* | $\tilde{\nu} = \frac{1}{\lambda} = \frac{\Delta E}{hc} = \frac{f}{c}$ | 9 | 1/m |
| *Frequenz einer Spektrallinie* (für wasserstoffähnliche Atome und Ionen) | $f = R\left(\frac{1}{n^2} - \frac{1}{m^2}\right)$<br>$m > n$<br>$m$ und $n$ ganzzahlig | 10 | 1/s = Hz |
| *Rydberg-Frequenz* | $R = \frac{R_\infty}{1 + \frac{m_e}{M}}$ | 11 | 1/s = Hz |
| | $m_e$ Elektronenmasse | | kg |
| | $M$ Kernmasse | | kg |
| *Rydberg-Frequenz für unendlich große Kernmasse* | $R_\infty = \frac{m_e Z^2 e^4}{8 \varepsilon_0^2 h^3}$ | 12 | 1/s = Hz |
| | $Z$ Kernladungszahl | | 1 |
| | $e$ Elementarladung | | C = A s |
| | $\varepsilon_0$ elektrische Feldkonstante | | A s/(V m) |
| *Rydberg-Konstante* | $\tilde{R} = \frac{R}{c} \qquad \tilde{R}_\infty = \frac{R_\infty}{c}$ | 13 | 1/m |
| *Rydberg-Frequenz und Rydberg-Konstante für das Wasserstoffatom* (Z = 1) | $R_H = 3{,}288\,051 \cdot 10^{15}$ Hz | 14 | |
| | $\tilde{R}_H = 1{,}096\,776 \cdot 10^7\ \mathrm{m}^{-1}$ | 15 | |
| *Frequenzen f und Wellenzahlen $\tilde{\nu}$ der Spektralserien des Wasserstoffatoms (Serienformel)* | $f = R_H\left(\frac{1}{n^2} - \frac{1}{m^2}\right)$ | 16 | 1/s = Hz |
| | $\tilde{\nu} = \tilde{R}_H\left(\frac{1}{n^2} - \frac{1}{m^2}\right)$<br>$m > n$<br>$n$ und $m$ ganzzahlig | 17 | 1/m |

**Spektralserien des Wasserstoffatoms** (gemäß **16** bzw. **17**) → Bild

| | | | |
|---|---|---|---|
| *Lyman-Serie* (im Ultraviolett) | $n = 1;\ m = 2, 3, 4, \ldots$ | 18 | |
| *Balmer-Serie* (im Sichtbaren) | $n = 2;\ m = 3, 4, 5, \ldots$ | 19 | |

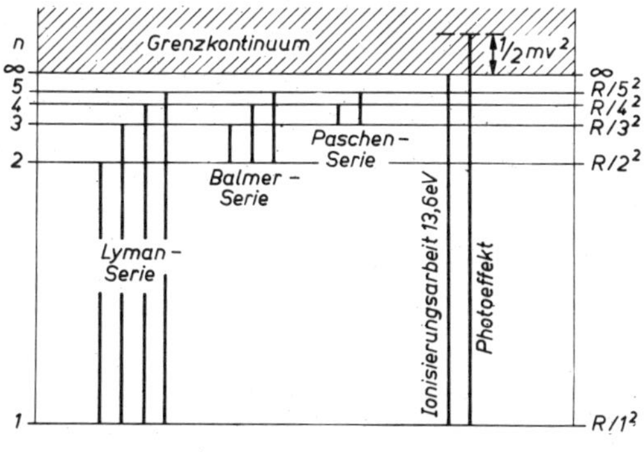

| | | | |
|---|---|---|---|
| *Paschen-Serie* (im Infrarot) | $n = 3;\ m = 4, 5, 6, \ldots$ | 20 | |
| *Brackett-Serie* (im Infrarot) | $n = 4;\ m = 5, 6, 7, \ldots$ | 21 | |
| *Pfund-Serie* (im Infrarot) | $n = 5;\ m = 6, 7, 8, \ldots$ | 22 | |

## 34.3 Schrödinger-Gleichung. Wellenmechanisches Atommodell

| | | | |
|---|---|---|---|
| *Zeitfreie Schrödinger-Gleichung* (beschreibt den stationären Zustand eines Elektrons) | $\Delta\psi + \frac{8\pi^2 m}{h^2}(E - E_p)\,\psi = 0$ | 23 | |
| | $\psi = \psi(x, y, z)$ von den Ortskoordinaten abhängige Wellenfunktion des Elektrons | | $1/m^{3/2}$ |
| | $m$ Elektronenmasse | | kg |
| | $E$ Gesamtenergie des Elektrons | | J |
| | $E_p$ potentielle Energie des Elektrons | | J |
| | $h$ Plancksches Wirkungsquantum | | J s |
| | $\Delta$ Laplace-Operator | | $1/m^2$ |
| | $\Delta = \frac{\partial^2}{\partial x^2} + \frac{\partial^2}{\partial y^2} + \frac{\partial^2}{\partial z^2}$ | | |
| *Aufenthaltswahrscheinlichkeit für das Elektron* | $\mathrm{d}w = \psi\psi^*\mathrm{d}V = \lvert\psi\rvert^2\,\mathrm{d}V$ | 24 | 1 |
| | $\psi^*$ konjugiert komplexe Wellenfunktion | | $1/m^{3/2}$ |

kennzeichnet die Wahrscheinlichkeit, das Elektron im Volumen $\mathrm{d}V = \mathrm{d}x\mathrm{d}y\mathrm{d}z$ um den Raumpunkt $(x, y, z)$ anzutreffen.

| | | | |
|---|---|---|---|
| *Normierungsbedingung für die Wellenfunktion* | $\int\limits_{(V)} \psi\psi^*\mathrm{d}V = 1;\quad \int\limits_{(V)} \lvert\psi\rvert^2\mathrm{d}V = 1$ | 25 | |

bedeutet, daß sich – entsprechend der Wahrscheinlichkeit 1 – das Elektron mit Sicherheit in dem Gesamtvolumen $V$ aufhält.

| | | | |
|---|---|---|---|
| *Wellenfunktionen (Eigenfunktionen) des Elektrons im eindimensionalen Kastenpotential* (→ Bild) | $\psi_n(x) = \psi_m \sin\frac{n\pi x}{l}$ | 26 | $1/m^{1/2}$ |
| | $n = 1, 2, 3, \ldots$ | | |
| | $\psi_m = \sqrt{2/l}$ Amplitude der Wellenfunktion | | $1/m^{1/2}$ |
| | $l$ räumlicher Abstand der (unendlich hohen) Potentialwände | | m |

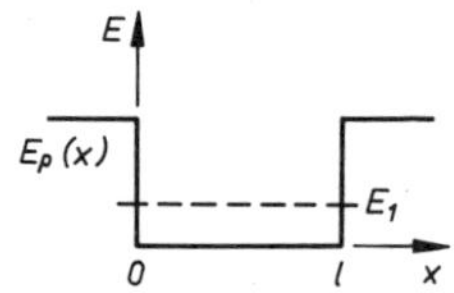


Die Eigenfunktionen $\psi_n(x)$ kennzeichnen *stehende Elektronenwellen*, für welche gilt $l = n(\lambda/2)$ bzw. $\lambda/2 = l/n$.

*Energieeigenwerte des Elektrons im eindimensionalen kastenförmigen Potential* $$E_n = \frac{h^2 n^2}{8ml^2}$$ **27** J

**Elektron im Coulomb-Potential des Wasserstoffkerns** (→ Bild)

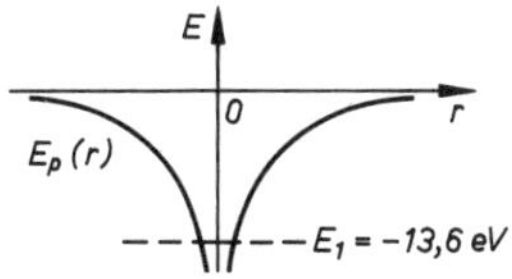


*Potentielle Energie* $$E_p(r) = -\frac{e^2}{4\pi\varepsilon_0 r}$$ **28** J

| | | |
|---|---|---|
| $r$ | Kernabstand | m |
| $e$ | Elementarladung | C = A s |
| $\varepsilon_0$ | elektrische Feldkonstante | A s/(V m) |

*Schrödinger-Gleichung* $$\Delta\psi + \frac{8\pi^2 m}{h^2}\left(E + \frac{e^2}{4\pi\varepsilon_0 r}\right)\psi = 0$$ **29**

*Energieeigenwerte des Wasserstoffatoms* $$E_n = -\frac{me^4}{8\varepsilon_0^2 h^2 n^2}$$ **30** J

(vgl. **3** für $Z = 1$)

## 34.4 Quantenzahlen, Drehimpulse und magnetische Momente von Einelektronensystemen

**Quantenzahlen**

*Hauptquantenzahl* $n = 1, 2, 3, \ldots$ **31** 1

*Bahndrehimpulsquantenzahl (Nebenquantenzahl)* $l = 0, 1, 2, \ldots, (n-1)$ **32** 1

*Orientierungsquantenzahl für den Bahndrehimpuls (Magnetquantenzahl)* $m_l = 0, \pm 1, \pm 2, \ldots, \pm l$ **33** 1

*Spinquantenzahl* $s = \frac{1}{2}$ **34** 1

*Orientierungsquantenzahl für den Spin* $m_s = \pm s$ **35** 1

*Quantenzahl des Gesamtdrehimpulses (innere Quantenzahl)* $j = l + m_s = l \pm \frac{1}{2}$ **36** 1

*Orientierungsquantenzahl für den Gesamtdrehimpuls* $m_j = 0, \pm 1, \pm 2, \ldots, \pm j$ **37** 1

**Unterscheidung der Elektronen**

s-Elektronen: alle Elektronen mit $l = 0$ ($m_l = 0$)
p-Elektronen: alle Elektronen mit $l = 1$ ($m_l = -1, 0, +1$)
d-Elektronen: alle Elektronen mit $l = 2$ ($m_l = -2, -1, 0, +1, +2$)
f-Elektronen: alle Elektronen mit $l = 3$ ($m_l = -3, -2, -1, 0, +1, +2, +3$)

Für alle Elektronen sind 2 Spineinstellungen möglich ($m_s = \pm\frac{1}{2}$).

**Elektronendrehimpulse und zugehörige magnetische Momente**

| | | |
|---|---|---|
| *Drehimpulsquantum* | $\hbar = \dfrac{h}{2\pi} = 1{,}054\,57 \cdot 10^{-34}$ | J s |

| | | |
|---|---|---|
| | $h$ Plancksches Wirkungsquantum | J s |

| | | |
|---|---|---|
| *Bohrsches Magneton* | $\mu_B = \dfrac{\mu_0 e \hbar}{2 m_e} = 1{,}165\,41 \cdot 10^{-29}$ | V s m |

| | | |
|---|---|---|
| | $e$ Elementarladung | C = A s |
| | $m_e$ Masse des Elektrons | kg |
| | $\mu_0$ magnetische Feldkonstante | V s/(A m) |

Das Bohrsche Magneton $\mu_B$ kennzeichnet das von einem kreisenden Elektron hervorgerufene *magnetische Dipolmoment*. (Häufig wird auch die Größe $\mu_B^* = \mu_B/\mu_0 = e\hbar/(2m_e) = 9{,}274 \cdot 10^{-24}$ A m² als Bohrsches Magneton bezeichnet.)

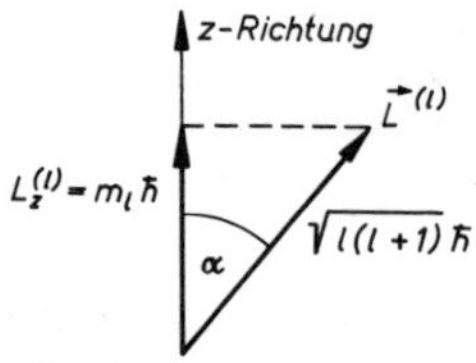


| | | | |
|---|---|---|---|
| *Bahndrehimpuls* (→ Bild) | $\boldsymbol{L}^{(l)}$ | **38** | J s |
| Betrag | $L^{(l)} = \sqrt{l(l+1)}\ \hbar$ | **39** | J s |
| *z*-Komponente | $L_z^{(l)} = m_l \hbar$ | **40** | J s |
| *Magnetisches Bahnmoment* (→ Bild) | $\boldsymbol{\mu}^{(l)}$ | **41** | V s m |
| Betrag | $\mu^{(l)} = \sqrt{l(l+1)}\ \mu_B$ | **42** | V s m |
| *z*-Komponente | $\mu_z^{(l)} = m_l \mu_B$ | **43** | V s m |

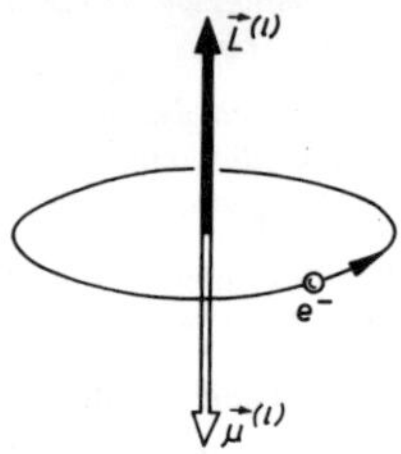


| | | | |
|---|---|---|---|
| *Spindrehimpuls (Spin)* | $\boldsymbol{L}^{(s)}$ | **44** | J s |
| Betrag | $L^{(s)} = \sqrt{s(s+1)}\ \hbar$ | **45** | J s |
| *z*-Komponente | $L_z^{(s)} = m_s \hbar = \pm\frac{1}{2}\hbar$ | **46** | J s |

| | | |
|---|---|---|
| *Magnetisches Spinmoment* | $\boldsymbol{\mu}^{(s)}$ | **47** V s m |
| Betrag | $\mu^{(s)} = 2\sqrt{s(s+1)}\,\mu_B$ | **48** V s m |
| $z$-Komponente | $\mu_z^{(s)} = 2m_s\mu_B = \pm\mu_B$ | **49** V s m |
| *Gesamtdrehimpuls* | $\boldsymbol{L}^{(j)} = \boldsymbol{L}^{(l)} + \boldsymbol{L}^{(s)}$ | **50** J s |
| Betrag | $L^{(j)} = \sqrt{j(j+1)}\,\hbar$ | **51** J s |
| $z$-Komponente | $L_z^{(j)} = m_j\hbar$ | **52** J s |

### 34.5 Pauli-Prinzip und Schalenbau der Atome. Periodensystem der Elemente

*Pauli-Prinzip* 53
Innerhalb eines Atoms kann sich in jedem möglichen Zustand, der durch die Quantenzahlen $n$, $l$, $m_l$, $m_s$ (vgl. 34.4) beschrieben wird, nur ein Elektron befinden.

Das Pauli-Prinzip gilt für alle atomaren Teilchen mit *halbzahligem Spin* (außer für Elektronen also auch z. B. für Protonen und Neutronen).

*Besetzungsschema der ersten vier Elektronenschalen im Atom*

| Bezeichnung der Schale | K | L | | M | | | N | | | |
|---|---|---|---|---|---|---|---|---|---|---|
| Hauptquantenzahl $n$ | 1 | 2 | | 3 | | | 4 | | | |
| Drehimpulsquantenzahl $l$ | 0 | 0 | 1 | 0 | 1 | 2 | 0 | 1 | 2 | 3 |
| Symbol des Zustandes | 1s | 2s | 2p | 3s | 3p | 3d | 4s | 4p | 4d | 4f |
| Anzahl der verschiedenen Werte der Magnetquantenzahl $m_l$ | 1 | 1 | 3 | 1 | 3 | 5 | 1 | 3 | 5 | 7 |
| Anzahl der verschiedenen Spineinstellungen ($m_s$-Werte) | 2 | 2 | 2 | 2 | 2 | 2 | 2 | 2 | 2 | 2 |
| Anzahl der verschiedenen Elektronen in der zu $l$ gehörigen Unterschale | 2 | 2 | 6 | 2 | 6 | 10 | 2 | 6 | 10 | 14 |
| Anzahl der verschiedenen Elektronen in der zu $n$ gehörigen Schale | 2 | 8 | | 18 | | | 32 | | | |

Allgemein ergibt sich die Anzahl der nach dem Pauli-Prinzip für einen bestimmten Wert der Hauptquantenzahl $n$ möglichen Elektronenzustände und damit die *Zahl der chemischen Elemente, die in einer Periode des Periodensystems enthalten sind*, wie folgt:

Zu jedem Wert von $l$ gehören nach **32** $(2l+1)$ Werte von $m_l$, also wegen $l = 0, 1, 2, \ldots, n-1$ insgesamt $\sum_{l=0}^{n-1}(2l+1)$ Werte, womit sich wegen der beiden möglichen Spineinstellungen ($m_s = \pm\frac{1}{2}$) die Anzahl der Elektronen, die sich mindestens in einer Quantenzahl unterscheiden, zu $2\sum_{l=0}^{n-1}(2l+1) = 2n^2$ ergibt.

## Periodensystem der Elemente

Die in Klammern gesetzten relativen Atommassen gehören zu einem wichtigen Isotop des betreffenden Elements.

| Perioden | Elektronenschalen | Gruppe I | Gruppe II | Gruppe III | Gruppe IV | Gruppe V | Gruppe VI | Gruppe VII | Gruppe VIII | | | Gruppe 0 |
|---|---|---|---|---|---|---|---|---|---|---|---|---|
| 1 | K | 1 H<br>1,00797<br>1 | | | | | | | | | | 2 He<br>4,0026<br>2 |
| 2 | K L | 3 Li<br>6,939<br>2 1 | 4 Be<br>9,0122<br>2 2 | 5 B<br>10,811<br>2 3 | 6 C<br>12,01115<br>2 4 | 7 N<br>14,0067<br>2 5 | 8 O<br>15,9994<br>2 6 | 9 F<br>18,9984<br>2 7 | | | | 10 Ne<br>20,179<br>2 8 |
| 3 | K L M | 11 Na<br>22,9898<br>2 8 1 | 12 Mg<br>24,305<br>2 8 2 | 13 Al<br>26,9815<br>2 8 3 | 14 Si<br>28,086<br>2 8 4 | 15 P<br>30,9738<br>2 8 5 | 16 S<br>32,064<br>2 8 6 | 17 Cl<br>35,453<br>2 8 7 | | | | 18 Ar<br>39,948<br>2 8 8 |
| 4 | L M N | 19 K<br>39,102<br>8 8 1 | 20 Ca<br>40,08<br>8 8 2 | 21 Sc<br>44,956<br>8 9 2 | 22 Ti<br>47,90<br>8 10 2 | 23 V<br>50,942<br>8 11 2 | 24 Cr<br>51,996<br>8 13 1 | 25 Mn<br>54,9381<br>8 13 2 | 26 Fe<br>55,847<br>8 14 2 | 27 Co<br>58,9332<br>8 15 2 | 28 Ni<br>58,71<br>8 16 2 | |
| | L M N | 29 Cu<br>63,546<br>8 18 1 | 30 Zn<br>65,37<br>8 18 2 | 31 Ga<br>69,72<br>8 18 3 | 32 Ge<br>72,59<br>8 18 4 | 33 As<br>74,9216<br>8 18 5 | 34 Se<br>78,96<br>8 18 6 | 35 Br<br>79,904<br>8 18 7 | | | | 36 Kr<br>83,80<br>8 18 8 |
| 5 | M N O | 37 Rb<br>85,47<br>18 8 1 | 38 Sr<br>87,62<br>18 8 2 | 39 Y<br>88,905<br>18 9 2 | 40 Zr<br>91,22<br>18 10 2 | 41 Nb<br>92,906<br>18 12 1 | 42 Mo<br>95,94<br>18 13 1 | 43 Tc<br>(98,906)<br>18 13 2 | 44 Ru<br>101,07<br>18 15 1 | 45 Rh<br>102,905<br>18 16 1 | 46 Pd<br>106,4<br>18 18 0 | |
| | M N O | 47 Ag<br>107,868<br>18 18 1 | 48 Cd<br>112,40<br>18 18 2 | 49 In<br>114,82<br>18 18 3 | 50 Sn<br>118,69<br>18 18 4 | 51 Sb<br>121,75<br>18 18 5 | 52 Te<br>127,60<br>18 18 6 | 53 J<br>126,9044<br>18 18 7 | | | | 54 Xe<br>131,30<br>18 18 8 |
| 6 | N O P | 55 Cs<br>132,905<br>18 8 1 | 56 Ba<br>137,34<br>18 8 2 | 57 La [···71]<br>138,91<br>18 9 2 | 72 Hf<br>178,49<br>32 10 2 | 73 Ta<br>180,948<br>32 11 2 | 74 W<br>183.85<br>32 12 2 | 75 Re<br>186,2<br>32 13 2 | 76 Os<br>190,2<br>32 14 2 | 77 Ir<br>192,2<br>32 15 2 | 78 Pt<br>195,09<br>32 17 1 | |
| | N O P | 79 Au<br>196,967<br>32 18 1 | 80 Hg<br>200,59<br>32 18 2 | 81 Tl<br>204,37<br>32 18 3 | 82 Pb<br>207,19<br>32 18 4 | 83 Bi<br>208,980<br>32 18 5 | 84 Po<br>(209,983)<br>32 18 6 | 85 At<br>(209,987)<br>32 18 7 | | | | 86 Rn<br>(222,018)<br>32 18 8 |
| 7 | O P Q | 87 Fr<br>(223,02)<br>18 8 1 | 88 Ra<br>226,05<br>18 8 2 | 89 Ac [···103]<br>(227,027)<br>18 9 2 | 104 Ku<br>(258)<br>32 10 2 | 105 Ns<br>(260)<br>32 10 3 | 106<br>(263) | 107<br>(261) | | | | |

### Lanthaniden (Seltene Erden)

| | | | | | | | | | | | | | | | |
|---|---|---|---|---|---|---|---|---|---|---|---|---|---|---|---|
| zu 6 | N O P | 58 Ce<br>140,12<br>19 9 2 | 59 Pr<br>140,907<br>21 8 2 | 60 Nd<br>144,24<br>22 8 2 | 61 Pm<br>(146,915)<br>23 8 2 | 62 Sm<br>150,35<br>24 8 2 | 63 Eu<br>151,96<br>25 8 2 | 64 Gd<br>157,25<br>25 9 2 | 65 Tb<br>158,924<br>26 9 2 | 66 Dy<br>162,50<br>27 9 2 | 67 Ho<br>164,930<br>28 9 2 | 68 Er<br>167,26<br>29 9 2 | 69 Tm<br>168,934<br>31 8 2 | 70 Yb<br>173,04<br>32 8 2 | 71 Lu<br>174,97<br>32 9 2 |

### Actiniden

| | | | | | | | | | | | | | | | |
|---|---|---|---|---|---|---|---|---|---|---|---|---|---|---|---|
| zu 7 | O P Q | 90 Th<br>232,038<br>18 10 2 | 91 Pa<br>(231,036)<br>20 9 2 | 92 U<br>238,03<br>21 9 2 | 93 Np<br>(237,048)<br>22 9 2 | 94 Pu<br>(242,059)<br>24 8 2 | 95 Am<br>(243,061)<br>25 8 2 | 96 Cm<br>(245,07)<br>25 9 2 | 97 Bk<br>(247,07)<br>27 8 2 | 98 Cf<br>(250,076)<br>28 8 2 | 99 Es<br>(254,088)<br>29 8 2 | 100 Fm<br>(255)<br>30 8 2 | 101 Md<br>(255,09)<br>31 8 2 | 102 No<br>(254)<br>32 8 2 | 103 Lr<br>(257)<br>32 9 2 |

**Muster:**

N O P — 74 W — 183,85 — 32 12 2

- Ordnungszahl
- Symbol
- Besetzung d. drei letzten Schalen
- rel. Atommasse
- Elektronenschalen

## 34.6 Röntgenstrahlen

**Kontinuierliches Röntgenspektrum (Bremsstrahlung)** → Bild

| | | | |
|---|---|---|---|
| *Energiegleichung der Röntgen-Bremsstrahlung* | $hf_G = eU$ | **54** | J |
| | $hf_G = \left(\frac{1}{\sqrt{1-(v/c)^2}} - 1\right) m_0 c^2$ | **55** | J |
| | $\approx \frac{1}{2} m_0 v^2$ (für niedrige Spannungen $U$) | | |

| | | |
|---|---|---|
| $f_G$ | Grenzfrequenz (Höchstfrequenz) der Röntgenstrahlung | 1/s = Hz |
| $U$ | Spannung an der Röntgenröhre | V |
| $e$ | Elementarladung | C = As |
| $m_0$ | Ruhmasse des Elektrons | kg |
| $v$ | Geschwindigkeit der Elektronen | m/s |
| $h$ | Plancksches Wirkungsquantum | Js |
| $c$ | Lichtgeschwindigkeit | m/s |

| | | | |
|---|---|---|---|
| *Kurzwellige Grenze im Röntgen-Bremsspektrum (Grenzwellenlänge)* | $\lambda_G = \frac{hc}{eU}$ | **56** | m |
| | *(Duane-Huntsches Gesetz)* | | |
| | $\frac{\lambda_G}{\text{nm}} = \frac{1{,}239}{U/\text{kV}}$ | **57** | |

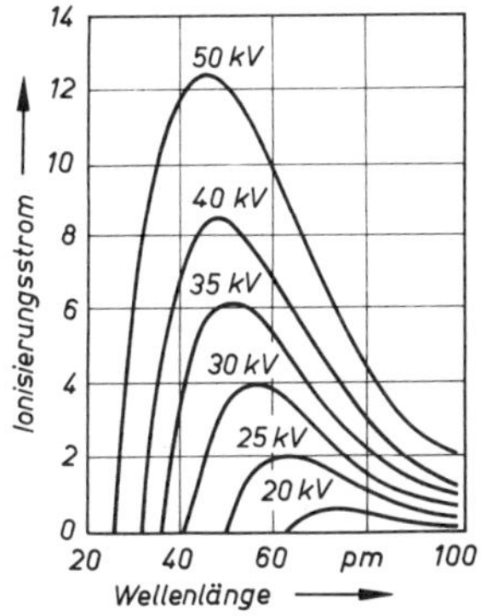


**Charakteristisches Röntgenspektrum (Eigenstrahlung)**

| | | | |
|---|---|---|---|
| *Frequenz der* $K_\alpha$*-Linie* (Übergang L → K-Schale) | $f(K_\alpha) = R_H (Z-1)^2 \left(\frac{1}{1^2} - \frac{1}{2^2}\right)$ | **58** | 1/s = Hz |

| | | |
|---|---|---|
| $R_H$ | Rydberg-Frequenz **14** | 1/s = Hz |
| $Z$ | Ordnungszahl des Anodenmaterials | 1 |

| | | | |
|---|---|---|---|
| *Frequenz der* $L_\alpha$*-Linie* (Übergang M → L-Schale) | $f(L_\alpha) = R_H (Z-7{,}4)^2 \left(\frac{1}{2^2} - \frac{1}{3^2}\right)$ | **59** | 1/s = Hz |

(Im → Bild ist die Eigenstrahlung einer Molybdän-Anode der Bremsstrahlung überlagert; dabei entspricht die $K_\beta$-Strahlung dem Elektronenübergang von der M- zur K-Schale.)

| *Moseleysches Gesetz* | **60** |
|---|---|
| Die Quadratwurzel aus der Frequenz der charakteristischen Röntgenspektren wächst linear mit der Ordnungszahl des Elements. | |

**Schwächung von Röntgenstrahlung**

| | | | |
|---|---|---|---|
| *Schwächungsgesetz* | $J = J_0 e^{-\mu d}$ | **61** | |
| | $J_0$ Strahlungsintensität vor dem Absorber (Strahlungsflußdichte) | | W/m² |
| | $J$ Strahlungsintensität hinter dem Absorber | | W/m² |
| | $d$ Dicke des Absorbers | | m |
| *Schwächungskoeffizient* (vgl. 36.3) → Bild für Blei als Absorber | $\mu = \tau + \sigma + \varkappa$ | **62** | 1/m |
| | $\tau$ Absorptionskoeffizient | | 1/m |
| | $\sigma$ Streukoeffizient | | 1/m |
| | $\varkappa$ Paarbildungskoeffizient | | 1/m |
| *Massenschwächungskoeffizient* | $\mu/\varrho$ | **63** | m²/kg |
| | $\varrho$ Dichte des Absorbers | | kg/m³ |
| *Halbwertsdicke* | $d_{1/2} = \frac{\ln 2}{\mu} = \frac{0,693}{\mu}$ | **64** | m |

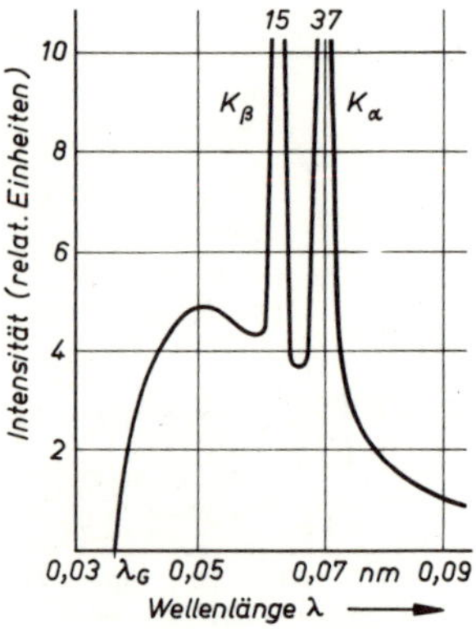


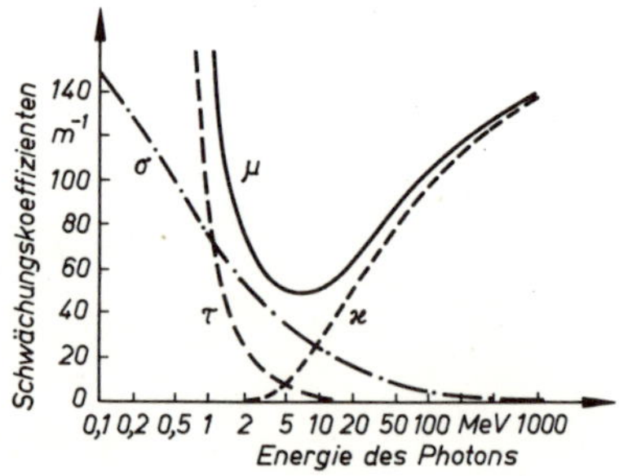


# B

1. Berechne für das Wasserstoffatom im Grundzustand, d. h. für $n = 1$, a) den Atomdurchmesser; b) die Geschwindigkeit des um den Atomkern kreisenden Elektrons im Verhältnis zur Lichtgeschwindigkeit; c) die Ionisierungsenergie!

   *Lösung:* a) Aus **5** folgt mit $Z = 1$, $n = 1$ und den übrigen in der Gleichung vorkommenden Konstanten: $2r_1 = 1{,}06 \cdot 10^{-10}$ m. b) Aus **6** erhält man $v_1 = 2{,}18 \cdot 10^6$ m/s und somit $v_1/c = 1/137{,}6$. c) Die Ionisierungsenergie ist diejenige Energie, die aufgewendet werden muß, um das Elektron aus dem H-Atom gänzlich zu entfernen, d.h. vom Grundzustand $n = 1$ in den Zustand $n \to \infty$ zu bringen. Dazu ist die Energie $E_i = E_\infty - E_1$ bzw. mit **4** $E_i = -E_1 = 13{,}6$ eV erforderlich.

2. Gesucht sind die kleinste und die größte Wellenlänge der Spektrallinien des Wasserstoffs im sichtbaren Spektralbereich.

*Lösung:* Im Sichtbaren liegen nur die Linien der Balmer-Serie **19** mit $n = 2$ und $m = 3, 4, 5, \ldots$ in der Serienformel **16** bzw. **17**. Mit **9** erhält man aus **17** für $m = 3$ die größte Wellenlänge dieser Serie:

$$\frac{1}{\lambda_1} = \tilde{R}_H \left(\frac{1}{2^2} - \frac{1}{3^2}\right); \text{ mit } \mathbf{15} \text{ wird } \lambda_1 = 656 \text{ nm (rot)}.$$

Die kleinste Wellenlänge im Sichtbaren ergibt sich mit $m = 8$ zu $\lambda_2 = 389$ nm (violett). Dazwischen liegen 4 Spektrallinien.

3. Um welchen Betrag ändern sich die kinetische und die potentielle Energie des Elektrons im H-Atom bei Aussendung eines Photons mit der Wellenlänge $\lambda = 486{,}0$ nm?

*Lösung:* Berechnet man mit **6** die kinetische Energie $E_k = m_e v^2/2$ und vergleicht das Ergebnis mit der Gesamtenergie des Elektrons gemäß Gleichung **3**, so findet man $E_k = -E$. Demzufolge ist die Abnahme der Gesamtenergie des Elektrons infolge Aussendung des Photons nach 33.1, Gleichung **1**:

$$-\Delta E = \frac{hc}{\lambda} = 4{,}09 \cdot 10^{-19}\,\text{J} = 2{,}56\,\text{eV} = +\Delta E_k.$$

Die kinetische Energie des Elektrons (und damit seine Geschwindigkeit) nimmt also um den errechneten Betrag zu (!). Dafür nimmt aber die potentielle Energie um das Doppelte dieses Betrages ab; denn nach dem Energieerhaltungssatz $E_p + E_k = E$ gilt wegen $E_k = -E$ (s. o.): $E_p = 2E$ und somit $\Delta E_p = 2\Delta E = -2\Delta E_k = -5{,}12$ eV.

4. An die Elektroden einer Röntgenröhre wird eine Spannung von 60 kV angelegt. Die kleinste Wellenlänge der Röntgenstrahlen, die mit dieser Röhre erzeugt werden, beträgt $2{,}06 \cdot 10^{-11}$ m.
Gesucht ist das Plancksche Wirkungsquantum.

*Lösung:* Aus Gleichung **56** folgt mit den gegebenen Werten für $U$ und $\lambda_G$ sowie den übrigen Konstanten

$$h = \frac{\lambda_G e U}{c} \approx 6{,}6 \cdot 10^{-34}\,\text{J s}.$$

5. Wieviel Halbwertsdicken muß man für die Schwächung der Röntgenstrahlintensität auf 1/80 verwenden?

*Lösung:* Aus dem Schwächungsgesetz **61** folgt mit $J = J_0/80$, Gleichung **64** und $d = nd_{1/2}$:

$$\ln 80 = \mu d = n\mu d_{1/2} = n \ln 2\,; \quad n = \frac{\ln 80}{\ln 2} = 6{,}32.$$

# 35 Atomkerne und Elementarteilchen

## 35.1 Ladung, Masse und Zusammensetzung der Kerne. Massendefekt und Bindungsenergie

| | | | |
|---|---|---|---|
| *Ladung eines Atomkerns* | $q = Ze$ | **1** | C = As |
| | $e$ Elementarladung | | C = As |

*Kernladungszahl* $Z = \frac{q}{e}$ **2** 1

> Die *Kernladungszahl* Z eines Atomkerns ist gleich der *Ordnungszahl* des betreffenden chemischen Elements im Periodensystem der Elemente.

*Massenzahl eines Kerns* (Anzahl der Nukleonen) $A = Z + N$ **3** 1

$N$ Anzahl der Neutronen 1

Die *Massenzahl A* ist gleich der auf ganze Zahlen auf- bzw. abgerundeten *relativen Atommasse* $A_r$ je eines Isotops des betreffenden Elements (vgl. 12.1).

*Kennzeichnung eines Kerns:* ${}^{A}_{Z}X$ (X Symbol des chemischen Elements)

*Isotope*

sind verschiedene Atomarten ein und desselben chemischen Elements, d. h. Atome bzw. Kerne mit gleicher Ordnungszahl (Kernladungszahl) $Z$, aber verschiedener Massenzahl $A$ und damit verschiedener Anzahl von Neutronen $N = A - Z$ (z.B. ${}^{234}_{92}U$, ${}^{235}_{92}U$, ${}^{238}_{92}U$).

Für *isobare* Kerne gilt: $A = Z + N = \text{const}$ **4** 1
(z.B. ${}^{40}_{18}Ar$, ${}^{40}_{19}K$, ${}^{40}_{20}Ca$)

Für *isotone* Kerne gilt: $N = A - Z = \text{const}$ **5** 1
(z.B. ${}^{37}_{17}Cl$, ${}^{39}_{19}K$, ${}^{40}_{20}Ca$)

*Radius des Atomkerns* $R \approx 1{,}4 \cdot 10^{-15}\sqrt[3]{A}$ m **6** m

Die Dichte der Atomkerne ist näherungsweise konstant und beträgt $\varrho_K \approx 2 \cdot 10^{17}$ kg/m³.

> *Atomare Masseneinheit* $\text{u} = 1{,}660\,540\,2 \cdot 10^{-27}$ kg **7**
> Sie ist der 12te Teil der Masse eines Atoms des Kohlenstoffisotops $^{12}C$.

*Massen m und relative Atommassen* $A_r = m/\text{u}$ (Auswahl für die Rechenbeispiele)

| Elementarteilchen bzw. Nuklid | $m$/kg | $A_r$ |
|---|---|---|
| Elektron (${}^{0}_{-1}e$) | $9{,}109\,389\,7 \cdot 10^{-31}$ | $0{,}548\,58 \cdot 10^{-3}$ |
| Proton (${}^{1}_{1}p = {}^{1}_{1}H$) | $1{,}672\,623\,1 \cdot 10^{-27}$ | 1,007 28 |
| Neutron (${}^{1}_{0}n$) | $1{,}674\,928\,6 \cdot 10^{-27}$ | 1,008 67 |
| ${}^{2}_{1}H$ (Deuterium) | $3{,}343\,586\,8 \cdot 10^{-27}$ | 2,013 55 |
| ${}^{3}_{1}H$ (Tritium) | $5{,}007\,360\,9 \cdot 10^{-27}$ | 3,015 50 |
| ${}^{3}_{2}He$ | $5{,}006\,416\,7 \cdot 10^{-27}$ | 3,014 93 |
| ${}^{4}_{2}He$ | $6{,}644\,661\,5 \cdot 10^{-27}$ | 4,001 51 |
| ${}^{6}_{3}Li$ | $9{,}985\,623\,6 \cdot 10^{-27}$ | 6,013 48 |
| ${}^{7}_{3}Li$ | $11{,}647\,623\,9 \cdot 10^{-27}$ | 7,014 36 |

**Massendefekt und Bindungsenergie der Kerne**

*Masse eines Atomkerns (Ruhmasse)* $m_K = Zm_p + Nm_n - B$ **8** kg

$m_p$ Ruhmasse des Protons kg
$m_n$ Ruhmasse des Neutrons kg

> Die Masse eines Atomkerns ist um den Massendefekt $B$ kleiner als die Summe der Massen der Nukleonen im ungebundenen Zustand.

| | | | |
|---|---|---|---|
| *Massendefekt* | $B = Zm_p + Nm_n - m_K$ | **9** | kg |
| | $B_r = ZA_{rp} + NA_{rn} - A_{rK}$ ( $= B/u$) | **10** | 1 |
| | mit $A_{rK} = A_r - Z \cdot 0{,}54858 \cdot 10^{-3}$ | | |
| *Kernbindungsenergie* | $E = Bc^2$ | **11** | J, eV |
| | $c$ Lichtgeschwindigkeit | | m/s |
| | $\frac{E}{\text{MeV}} = 0{,}560959 \cdot 10^{30} \frac{B}{\text{kg}}$ | **12** | |
| | $\frac{E}{\text{MeV}} = 931{,}494\, B_r$ | **13** | |

> Einem Massendefekt von der Größe der atomaren Masseneinheit 1 u entspricht eine Bindungsenergie von rund 931 MeV.

## 35.2 Elementarteilchen (Quantenzahlen, Eigenschaften)

### Quantenzahlen der Elementarteilchen

(Beispiele vgl. die nachfolgende Tabelle)

$Q$ *Ladungsquantenzahl* (Anzahl der Elementarladungen)
$Q = 0,\ +1,\ -1$

$B$ *Baryonenzahl (Baryonenladung)*
Bei Kernen ist die Baryonenzahl gleich der Kernladungszahl $Z$.

$L$ *Leptonenzahl (Leptonenladung)*

$s$ *Spinquantenzahl*
$s = 0,\ 1/2,\ 1$; ergibt mit $\hbar$ multipliziert den Drehimpuls des Teilchens.
Anzahl der möglichen Spineinstellungen: $2s + 1$

$I$ *Isospin*
Dient der Unterscheidung verschiedener Zustände von Teilchen nahezu gleicher Masse (wie z. B. der Nukleonen in Proton und Neutron).
Anzahl der möglichen Zustände: $2I + 1$

$S$ *Strangeness* (»Seltsamkeit«)
Charakterisiert die Tatsache, daß Hyperonen nur zusammen mit K-Mesonen entstehen; Teilchen mit $S \neq 0$ (strange particles) entstehen nur paarweise.

$Y$ *Hyperladung*
$Y = B + S$

$P$ *Parität*
Kennzeichnet den Symmetriecharakter der Wellenfunktion des Teilchens bezüglich der Spiegelung an den Raumkoordinaten (ändert die Wellenfunktion bei Spiegelung ihr Vorzeichen, so ist $P = -1$; bleibt das Vorzeichen erhalten, ist $P = +1$).

> *Teilchen* und *Antiteilchen* unterscheiden sich dadurch, daß alle ladungsartigen Quantenzahlen ($Q$, $B$, $L$, $S$, $Y$) das entgegengesetzte Vorzeichen haben. Nicht unterscheidbar sind Teilchen und zugehörige Antiteilchen nur dann, wenn alle diese Quantenzahlen gleich Null sind.

**Übersicht über die Elementarteilchen**

(Ohne Mesonen- und Baryonenresonanzen. Bei γ, $\pi^{\circ}$ und η sind Teilchen und Antiteilchen identisch.)

*m* Ruhmasse des Elementarteilchens, $m_e$ Ruhmasse des Elektrons, $T_{1/2}$ Halbwertszeit (vgl. 35.4)

| Gruppe | Bezeichnung | Symbol | $Q$ | $\frac{m}{m_e}$ | $s$ | $B$ | $L$ | $I$ | $Y$ | $S$ | $\frac{T_{1/2}}{s}$ | häufigste Zerfallsarten |
|---|---|---|---|---|---|---|---|---|---|---|---|---|
| Photonen | Photon, Quant | γ | 0 | 0 | 1 | 0 | 0 | | 0 | 0 | | – |
| Leptonen | Elektron-Neutrino | $\nu_e$ | 0 | 0 | 1/2 | 0 | +1 | | 0 | 0 | ∞ | – |
| | Anti-Elektron-Neutrino | $\bar{\nu}_e$ | 0 | 0 | 1/2 | 0 | −1 | | 0 | 0 | ∞ | – |
| | Myon-Neutrino | $\nu_\mu$ | 0 | 0 | 1/2 | 0 | +1 | | 0 | 0 | ∞ | – |
| | Anti-Myon-Neutrino | $\bar{\nu}_\mu$ | 0 | 0 | 1/2 | 0 | −1 | | 0 | 0 | ∞ | – |
| | Elektron | $e^-$ | −1 | 1 | 1/2 | 0 | +1 | | 0 | 0 | ∞ | – |
| | Positron | $e^+$ | +1 | 1 | 1/2 | 0 | −1 | | 0 | 0 | ∞ | – |
| | Myon | $\mu^+$ | +1 | 207 | 1/2 | 0 | −1 | | 0 | 0 | $2{,}2 \cdot 10^{-6}$ | $e^+ + \nu_e + \bar{\nu}_\mu$ |
| | | $\mu^-$ | −1 | 207 | 1/2 | 0 | +1 | | 0 | 0 | $2{,}2 \cdot 10^{-6}$ | $e^- + \bar{\nu}_e + \nu_\mu$ |
| Mesonen | Pion (π-Meson) | $\pi^{\circ}$ | 0 | 264 | 0 | 0 | 0 | 1 | 0 | 0 | $0{,}8 \cdot 10^{-16}$ | 2γ |
| | | | | | | | | | | | | $e^+ + e^- + \gamma$ |
| | | $\pi^+$ | +1 | 273 | 0 | 0 | 0 | 1 | 0 | 0 | $2{,}6 \cdot 10^{-8}$ | $\mu^+ + \nu_\mu$ |
| | | $\pi^-$ | −1 | 273 | 0 | 0 | 0 | 1 | 0 | 0 | $2{,}6 \cdot 10^{-8}$ | $\mu^- + \bar{\nu}_\mu$ |
| | Kaon (K-Meson) | $K^+$ | +1 | 966,7 | 0 | 0 | 0 | 1/2 | −1 | +1 | $1{,}2 \cdot 10^{-8}$ | $\mu^+ + \nu_\mu$ |
| | | | | | | | | | | | | $\pi^+ + \pi^0$ |
| | | $K^-$ | −1 | 965,8 | 0 | 0 | 0 | 1/2 | +1 | −1 | $1{,}2 \cdot 10^{-8}$ | $\mu^- + \bar{\nu}_\mu$ |
| | | | | | | | | | | | | $\pi^- + \pi^0$ |
| | | $K^0$, $\bar{K}^0$ | 0 | 974 | 0 | 0 | 0 | 1/2 | ∓1 | ±1 | $0{,}9 \cdot 10^{-10}$ | $\pi^+ + \pi^-$ |
| | | | | | | | | | | | | $\pi^0 + \pi^0$ |
| | | | | | | | | | | | | $\pi^+ + \mu^- + \bar{\nu}_\mu$ |
| | | | | | | | | | | | | $\pi^+ + \pi^- + \bar{\nu}_e$ |
| | η-Meson | η | 0 | 1 150 | 0 | 0 | 0 | 0 | 0 | 0 | $0{,}4 \cdot 10^{-18}$ | $\gamma + \gamma$ |
| | | | | | | | | | | | | $\pi^0 + \pi^0 + \pi^0$ |

| | | | | | | | | | | | | |
|---|---|---|---|---|---|---|---|---|---|---|---|---|
| Nukleonen | Proton | p | +1 | 1836,1 | 1/2 | +1 | 0 | 1/2 | −1 | 0 | $\infty$ | – |
| | Antiproton | $\bar{p}$ | −1 | 1836,1 | 1/2 | −1 | 0 | 1/2 | +1 | 0 | $\infty$ | – |
| | Neutron | n | 0 | 1838,6 | 1/2 | +1 | 0 | 1/2 | −1 | 0 | 918 | $p + e^- + \bar{\nu}_e$ |
| | Antineutron | $\bar{n}$ | 0 | 1838,6 | 1/2 | −1 | 0 | 1/2 | +1 | 0 | 918 | $\bar{p} + e^+ + \nu_e$ |
| Hyperonen | Lambda-Hyperon | $\Lambda^0$ | 0 | 2183 | 1/2 | +1 | 0 | 0 | 0 | −1 | $2{,}6 \cdot 10^{-10}$ | $p + \pi^-$ |
| | | | | | | | | | | | | $n + \pi^0$ |
| | Anti-Lambda-Hyperon | $\bar{\Lambda}^0$ | 0 | 2183 | 1/2 | −1 | 0 | 0 | 0 | +1 | $2{,}6 \cdot 10^{-10}$ | $\bar{p} + \pi^+$ |
| | | | | | | | | | | | | $\bar{n} + \pi^0$ |
| | Sigma-Hyperonen | $\Sigma^+$ | +1 | 2328 | 1/2 | +1 | 0 | 1 | 0 | −1 | $0{,}8 \cdot 10^{-10}$ | $p + \pi^0$ |
| | | | | | | | | | | | | $n + \pi^+$ |
| | | $\bar{\Sigma}^-$ | −1 | 2328 | 1/2 | −1 | 0 | 1 | 0 | +1 | $0{,}8 \cdot 10^{-10}$ | $\bar{p} + \pi^0$ |
| | | | | | | | | | | | | $\bar{n} + \pi^-$ |
| | | $\Sigma^0, \bar{\Sigma}^0$ | 0 | 2332 | 1/2 | ±1 | 0 | 1 | 0 | ∓1 | $<10^{-14}$ | $\Lambda + \gamma$ |
| | | | | | | | | | | | | $\bar{\Lambda} + \pi^0$ |
| | | $\Sigma^-$ | −1 | 2343 | 1/2 | +1 | 0 | 1 | 0 | −1 | $1{,}5 \cdot 10^{-10}$ | $n + \pi^-$ |
| | | $\bar{\Sigma}^+$ | +1 | 2343 | 1/2 | −1 | 0 | 1 | 0 | +1 | $1{,}5 \cdot 10^{-10}$ | $\bar{n} + \pi^+$ |
| | Xi-Hyperonen | $\Xi^0, \bar{\Xi}^0$ | 0 | 2572 | 1/2 | ±1 | 0 | 1/2 | ∓1 | ∓2 | $3 \cdot 10^{-10}$ | $\Lambda + \pi^0$ |
| | | | | | | | | | | | | $\bar{\Lambda} + \pi^0$ |
| | | $\Xi^-$ | −1 | 2586 | 1/2 | +1 | 0 | 1/2 | −1 | −2 | $1{,}7 \cdot 10^{-10}$ | $\Lambda + \pi^-$ |
| | | $\Xi^+$ | +1 | 2586 | 1/2 | −1 | 0 | 1/2 | +1 | +2 | $1{,}7 \cdot 10^{-10}$ | $\bar{\Lambda} + \pi^+$ |
| | Omega-Hyperonen | $\Omega^-$ | −1 | 3278 | 3/2 | +1 | 0 | 0 | −2 | −3 | $1{,}3 \cdot 10^{-10}$ | $\Xi^- + \pi^0$ |
| | | | | | | | | | | | | $\Lambda + K^-$ |
| | | $\Omega^+$ | +1 | 3278 | 3/2 | −1 | 0 | 0 | +2 | +3 | $1{,}3 \cdot 10^{-10}$ | $\bar{\Xi}^+ + \pi^0$ |
| | | | | | | | | | | | | $\bar{\Lambda} + K^+$ |

## 35.3 Wechselwirkungen

| Bezeichnung | Relative Stärke | Reichweite | Beispiele | Dauer |
|---|---|---|---|---|
| Starke Wechselwirkung | 1 | klein $\approx 10^{-15}$ m | Kernkräfte; Prozesse, die sich im Beisein von Nukleonen, Hyperonen sowie K- und $\pi$-Mesonen abspielen | $10^{-23} \ldots 10^{-22}$ s |
| Elektromagnetische Wechselwirkung | $10^{-2}$ | sehr groß | Wechselwirkungen zwischen elektrischen und magnetischen Feldern; Coulomb-Kräfte zwischen geladenen Teilchen; Paarbildungsprozesse | $10^{-20} \ldots 10^{-16}$ s |
| Schwache Wechselwirkung | $10^{-13}$ | sehr klein $< 10^{-15}$ m | $\beta$-Zerfall; charakteristisch für Leptonen sowie für Wechselwirkungen zwischen Leptonen und Kernen | $10^{-10} \ldots 10^{-8}$ s |
| Gravitation | $10^{-40}$ | sehr groß | Kräfte zwischen Massen; spielen in der Teilchenphysik kaum eine Rolle. | – |

## 35.4 Radioaktivität

Massenzahl des Ausgangskerns $A$
Ordnungszahl des Ausgangskerns $Z$
Kernenergie $E_K$

Symbole der Elementarteilchen vgl. Tabelle in 35.2

| Art der Radioaktivität | Kernladungszahl des Endkernes | Massenzahl des Endkernes | Bemerkungen |
|---|---|---|---|
| $\alpha$-Zerfall | $Z-2$ | $A-4$ | Emission eines $\alpha$-Teilchens, He-Kern |
| $\beta$-Zerfall | $Z \pm 1$ | $A$ | Umwandlung eines Neutrons in ein Proton bzw. umgekehrt innerhalb des Kerns |
| $\beta^-$-Zerfall | $Z+1$ | $A$ | $n \rightarrow p + (e^- + \bar{\nu}_e)$ |
| $\beta^+$-Zerfall | $Z-1$ | $A$ | $p \rightarrow n + (e^+ + \nu_e)$ *) |
| Elektroneneinfang | $Z-1$ | $A$ | $p + e^- \rightarrow n + (\nu_e)$ Eingeklammerte Teilchen werden emittiert. |
| Protonenaktivität | $Z-1$<br>$Z-2$ | $A-1$<br>$A-2$ | Kern emittiert ein Proton bzw. zwei Protonen. |
| Spaltung | $\approx \left(Z - \frac{1}{2}Z\right)$ | $\approx \left(A - \frac{1}{2}A\right)$ | Kern wird meistens in etwa zwei gleiche Teile gespaltet. |

*) Die Umwandlung beim $\beta^+$-Zerfall geschieht genauer nach folgender Beziehung:

$$p + E_K \rightarrow p + e^+ + e^- + \nu_e + \bar{\nu}_e \rightarrow n + (e^+ + \nu_e)$$

Jede Art von Radioaktivität kann mit der Aussendung von γ-Quanten verbunden sein. Die Wellenlänge dieser Strahlung liegt meistens zwischen $10^{-11}$ m und $10^{-13}$ m.

| | | | |
|---|---|---|---|
| *Aktivität (Zerfallsrate)* | $A = -\frac{dN}{dt} = \lambda N$ | **14** | 1/s = Bq (Becquerel) |
| | $N$ Anzahl der zur Zeit $t$ vorhandenen Kerne | | 1 |
| | $\lambda$ Zerfallskonstante | | 1/s |
| *Zerfallsgesetz* | $N = N_0 e^{-\lambda t}$ | **15** | 1 |
| | $A = A_0 e^{-\lambda t}$ | **16** | Bq ≡ 1/s |
| | $N_0$ ursprünglich vorhandene Anzahl der Kerne (zur Zeit $t = 0$) | | 1 |
| | $A_0$ Anfangsaktivität | | Bq ≡ 1/s |
| *Halbwertszeit* | $T_{1/2} = \frac{\ln 2}{\lambda} = \frac{0,693}{\lambda}$ | **17** | s |

## 35.5 Kernreaktionen. Wirkungsquerschnitt

| | | |
|---|---|---|
| *Kurzschreibweise für eine Kernreaktion (Austauschreaktion)* | $K_1(a,b)K_2$ | |
| | $K_1$ Targetkern (Ausgangskern) | |
| | $K_2$ Endkern | |
| | a einfallendes Teilchen (Kerngeschoß) | |
| | b emittiertes Teilchen nach der Kernreaktion | |
| Beispiel: (erste künstliche Kernreaktion, *Rutherford* 1919) | $^{14}_{7}N(\alpha,p)^{17}_{8}O$ | |
| | α α-Teilchen ($^{4}_{2}He$-Kern) | |
| | p Proton ($^{1}_{1}H$-Kern) | |

**Auswahl wichtiger Kernreaktionen**

| | | |
|---|---|---|
| *Elastische Streuung* | $K_1(a,a)K_2$ | **18** |
| *Unelastische Streuung* | $K_1(a,a')K_2$ | **19** |
| | a′ hat geringere Energie als a; Endkern ist im angeregten Zustand | |
| *Kernphotoeffekt* | $K_1(\gamma,b)K_2$ | **20** |
| | γ Gammaquant | |
| Beispiel: | $^{2}_{1}D(\gamma,n)^{1}_{1}H$ (D Deuterium) | |
| | n Neutron | |
| *Einfangreaktion (Umkehrung des Kernphotoeffekts)* | $K_1(a,\gamma)K_2$ | **21** |
| Beispiel: Neutroneneinfang durch Cd-Regelstäbe im Reaktor | $^{113}_{48}Cd(n,\gamma)^{114}_{48}Cd$ (stabil) | |
| *Kernspaltung* | $K_1(n,2\ldots3n)K_2'\,K_2''$ | **22** |

| | |
|---|---|
| Beispiel einer möglichen Spaltung von U 235 | ${}^{235}_{92}U + {}^{1}_{0}n \rightarrow {}^{236}_{92}U \rightarrow {}^{144}_{56}Ba + {}^{89}_{36}Kr + 3\,{}^{1}_{0}n$ |

**Übersicht über mögliche Kernreaktionen**

d Deuteron (Kern des Deuteriums $D \equiv {}^{2}_{1}H$)
t Triton (Kern des Tritiums $T \equiv {}^{3}_{1}H$)
f Kernspaltung
s Kernzersplitterung
α, p, n, γ vgl. oben

| Kerngeschoß | Bei der Kernreaktion entstehen | | | | | | | | |
|---|---|---|---|---|---|---|---|---|---|
| | α | t | p | 2n | n | d | γ | f | s |
| α | – | – | (α, p) | – | (α, n) | (α, d) | – | (α, f) | (α, s) |
| t | – | – | (t, p) | – | (t, n) | – | – | – | – |
| d | (d, α) | – | (d, p) | (d, 2n) | (d, n) | – | – | (d, f) | (d, s) |
| p | (p, α) | (p, t) | – | – | (p, n) | – | (p, γ) | – | – |
| n | (n, α) | (n, t) | (n, p) | (n, 2n) | – | – | (n, γ) | (n, f) | (n, s) |
| γ | – | – | (γ, p) | – | (γ, n) | – | – | – | – |

**Wirkungsquerschnitt bei Kernreaktionen**

*Mikroskopischer Wirkungsquerschnitt (Streu-, Einfang-, Spaltquerschnitt)*

$$\sigma = \frac{V}{nz}\frac{dz}{dx}$$ **23** m²

| | | |
|---|---|---|
| $V$ | Volumen | m³ |
| $n$ | Anzahl der Atome im Volumen $V$ | 1 |
| $z$ | Anzahl der Teilchen, die auf das Volumen $V$ auftreffen | 1 |
| $dx$ | Schichtdicke, in der bestimmte Reaktionen ausgelöst werden | m |
| $dz$ | Anzahl der Teilchen, die in einer Schicht der Dicke $dx$ bestimmte Reaktionen auslösen | 1 |

$\sigma$ kennzeichnet die fiktive Querschnittsfläche, die ein Teilchen (Atom, Molekül, Kern) einem Teilchen- oder Quantenstrahl darbietet.

*Wirkungsquerschnitt für die Absorption eines Neutrons der Wellenlänge λ (Einfangquerschnitt)*

$$\sigma = \pi\left(R + \frac{\lambda}{2\pi}\right)^2$$ **24** m²

$R$ Kernradius — m

SI-fremde Einheit des Wirkungsquerschnitts: Barn (b)

$$1\,b = 10^{-28}\,m^2 = 100\,fm^2.$$

*Makroskopischer Wirkungsquerschnitt (linearer Schwächungskoeffizient)*

$$\mu = N\sigma \qquad \mu = \frac{\varrho N_A}{A_r M}\sigma$$ **25** 1/m

| | | |
|---|---|---|
| $N$ | Anzahl der Kerne in einem bestimmten Volumen | 1/m³ |
| $\varrho$ | Dichte des durchstrahlten Stoffes | kg/m³ |

| | | | |
|---|---|---|---|
| | $N_A$ Avogadro-Konstante | | 1/mol |
| | $A_r$ relative Atommasse des durchstrahlten Stoffes | | 1 |
| | $M$ molare Masse des durchstrahlten Stoffes | | kg/mol |
| *Reaktionsrate* | $\frac{dN'}{dt} = N\sigma\varphi$ | **26** | $1/(m^3\,s)$ |
| | $dN'$ Anzahl der Reaktionen im Zeitintervall $dt$ | | 1 |
| | $\varphi$ Teilchenflußdichte (Anzahl der je Flächen- und Zeiteinheit einfallenden Teilchen) | | $1/(m^2\,s)$ |

## 35.6 Massen- und Energiebilanz von Kernreaktionen

| | | | |
|---|---|---|---|
| *Massen- und Energiebilanz einer Kernreaktion* | $m_1 + m_2 + \frac{E}{c^2} = m_1' + m_2' + \frac{E'}{c^2}$ | **27** | kg |
| | $Q = E' - E$ | **28** | J, MeV |
| | $m_1$, $m_2$ Massen der Reaktionspartner | | kg |
| | $m_1'$, $m_2'$ Massen der Reaktionsprodukte | | kg |
| | $E$ kinetische Energie der Kerne vor der Reaktion | | J, MeV |
| | $E'$ kinetische (+ Strahlungs-) Energie nach der Reaktion | | J, MeV |
| | $c$ Lichtgeschwindigkeit | | m/s |
| | $Q$ Energietönung der Reaktion, Reaktionsenergie ($Q > 0$ exotherm, $Q < 0$ endotherm) | | J, MeV |

*Kernspaltung und Kernfusion*

| Kernreaktion | Massendefekt $B$/u | Freiwerdende Energie $Q$/MeV |
|---|---|---|
| ${}^{1}_{0}n + {}^{235}_{92}U \rightarrow {}^{94}_{40}Zr + {}^{140}_{58}Ce + 2\,{}^{1}_{0}n + 6\,{}^{0}_{-1}e$ | 0,233 | 217 |
| ${}^{1}_{0}n + {}^{235}_{92}U \rightarrow {}^{95}_{39}Y + {}^{139}_{57}La + 2\,{}^{1}_{0}n + 4\,{}^{0}_{-1}e$ | 0,217 | 202 |
| ${}^{1}_{0}n + {}^{235}_{92}U \rightarrow {}^{90}_{35}Br + {}^{143}_{57}La + 3\,{}^{1}_{0}n$ | 0,207 | 193 |
| *Fusion* | | |
| ${}^{1}_{1}p + {}^{1}_{0}n \rightarrow {}^{2}_{1}d$ | 0,002 40 | 2,2 355 |
| $2\,{}^{1}_{1}p + 2\,{}^{1}_{0}n \rightarrow {}^{4}_{2}He$ | 0,030 39 | 28,3 076 |

Bei vollständiger Spaltung von 1 kg Uran 235 entstehen rund 20 GWh. Bei der Fusion von Wasserstoff zu Helium entstehen je Kilogramm Helium rund 200 GWh.

1. Gesucht ist die Anzahl der Protonen und Neutronen von drei Isotopen des Magnesiums: a) $^{24}_{12}Mg$; b) $^{25}_{12}Mg$; c) $^{26}_{12}Mg$.

   *Lösung:* Die Anzahl der Protonen ist überall gleich 12. Die Anzahl der Neutronen ist bei a) 12, bei b) 13 und bei c) 14.

2. Gesucht ist die Bindungsenergie der isobaren Kerne a) $^{3}_{1}H$ und b) $^{3}_{2}He$. Welcher dieser Kerne ist stabiler? (Die relativen Atommassen der Nuklide entnehme man der Tabelle in 35.1.)

   *Lösung:* a) Zunächst wird der relative (auf die atomare Masseneinheit u bezogene) Massendefekt $B_r$ berechnet. Nach **10** ergibt sich dieser hier zu

   $$B_r = 1 \cdot 1{,}007\,28 + 2 \cdot 1{,}008\,67 - 3{,}015\,50 = 0{,}009\,12.$$

   Damit folgt nach **13** als Bindungsenergie des Kerns $^{3}_{1}H$: $E = 8{,}50$ MeV.
   b) Hier beträgt der Massendefekt

   $$B_r = 2 \cdot 1{,}007\,28 + 1 \cdot 1{,}008\,67 - 3{,}014\,93 = 0{,}008\,3$$

   und damit die Bindungsenergie $E = 7{,}73$ MeV. Der Kern $^{3}_{1}H$ (Triton) ist also stabiler als der Kern $^{3}_{2}He$.

3. Gesucht ist die bei den folgenden Kernsynthesereaktionen freiwerdende Energie:

   a) $^{2}_{1}H + ^{3}_{2}He \rightarrow ^{1}_{1}H + ^{4}_{2}He$

   b) $^{6}_{3}Li + ^{2}_{1}H \rightarrow ^{4}_{2}He + ^{4}_{2}He$

   c) $^{6}_{3}Li + ^{1}_{1}H \rightarrow ^{3}_{2}He + ^{4}_{2}He$.

   *Lösung:* a) Die Summe der Massen der Ausgangskerne ist $m_1 + m_2 = 5{,}028\,48$ u, die Summe der Massen der entstehenden Kerne $m_1' + m_2' = 5{,}008\,79$ u. Nach Gleichung **27** ist demnach

   $$(m_1 + m_2) - (m_1' + m_2') = (E' - E)/c^2 = 0{,}0197\,\text{u} = 3{,}27 \cdot 10^{-29}\,\text{kg}$$

   der auftretende Massendefekt, woraus sich mit **28** die Energietönung der Reaktion ergibt zu

   $$Q = E' - E = 2{,}94 \cdot 10^{-12}\,\text{J} = 18{,}4\,\text{MeV}.$$

   b) Hierfür erhält man analog $Q = 22{,}4$ MeV und im Fall c) $Q = 4{,}02$ MeV.

4. Berechne die bei der Spaltung eines Uran-235-Kerns freiwerdende Energie! Die Spaltung soll nach der Reaktion

   $$^{1}_{0}n + ^{235}_{92}U \rightarrow ^{94}_{40}Zr + ^{140}_{58}Ce + 2\,^{1}_{0}n + 6\,^{0}_{-1}e$$

   verlaufen. Die relativen Atommassen sind für U 235: 235,0439; für Zr 94: 93,9063; für Ce 140: 139,9054.

   *Lösung:* Es wird analog verfahren wie in Beispiel **3**. Die Summe der Massen vor der Spaltung ist (in atomaren Masseneinheiten) 236,052 6 und nach der Spaltung 235,832 3. Der Massendefekt beträgt demnach $B_r = 0{,}220\,3$ und somit nach **13** die freiwerdende Energie 205,2 MeV.

5. Wieviel von 1 Million Poloniumatomen zerfallen in 24 Stunden? Die Halbwertszeit des Poloniums beträgt 138 d (Tage).

   *Lösung:* Aus **17** berechnet sich die Zerfallskonstante zu $\lambda = (\ln 2)/T_{1/2} = 5{,}0 \times 10^{-2}\,\text{d}^{-1}$. Damit sowie mit $N_0 = 10^6$ und $t = 1$ d folgt aus **15** die Anzahl der nach 24 Stunden noch nicht zerfallenen Atome zu $N \approx 995\,000$. Es ist somit $\Delta N \approx 5\,000$.

6. Geiger-Müller-Zählrohre haben auch beim Fehlen eines radioaktiven Präparats einen bestimmten Pegel, der durch kosmische Strahlung und radioaktive Verunreinigungen hervorgerufen wird (Nulleffekt). Welcher Radonmenge entspricht ein Pegel von einem Impuls in 5 Sekunden? Die spezifische Aktivität von Radon, d.h. die Zahl der Zerfallsakte je Sekunde und Masseeinheit des zerfallenden Stoffes, beträgt $5{,}7 \cdot 10^{18}$ Bq/kg.

*Lösung:* Die Aktivität **14** beträgt $A = \mathrm{d}N/\mathrm{d}t = 1/(5\ \mathrm{s}) = 0{,}2$ Bq, das entspricht der Aktivität von $0{,}2/(5{,}7 \cdot 10^{18})$ kg $= 3{,}5 \cdot 10^{-20}$ kg Radon.

# 36. Dosimetrie und Strahlenschwächung

## 36.1 Aktivität, Teilchen- und Energiefluenz, Energiedosis, Ionendosis

| | | | |
|---|---|---|---|
| *Aktivität (Zerfallsrate)* | $A = -\dfrac{\mathrm{d}N}{\mathrm{d}t} \qquad A = \lambda N$ | **1** | 1/s = Bq (Becquerel) |
| | $A = \dfrac{\ln 2}{T_{1/2}} N = 0{,}693 \dfrac{N}{T_{1/2}}$ | **2** | |
| | $N$ Anzahl der vorhandenen Kerne | | 1 |
| | $\mathrm{d}N$ Anzahl der in der Zeit $\mathrm{d}t$ zerfallenden Kerne ($\mathrm{d}N < 0$) | | 1 |
| | $\lambda$ Zerfallskonstante (vgl. 36.4) | | 1/s |
| | $T_{1/2}$ Halbwertszeit (vgl. 36.4) | | s |
| *Spezifische Aktivität* | $a = \dfrac{A}{m} \qquad a = \dfrac{\lambda N_A}{M}$ | **3** | Bq/kg |
| | $m$ Masse des radioaktiven Stoffes | | kg |
| | $M$ molare Masse | | kg/mol |
| | $N_A$ Avogadro-Konstante | | 1/mol |
| *Fluenz, Teilchenfluenz* | $\Phi = \dfrac{\mathrm{d}z}{\mathrm{d}A}$ | **4** | $1/\mathrm{m}^2$ |
| | $z$ Anzahl der Teilchen oder Quanten | | 1 |
| | $A$ Fläche senkrecht zur Strahlrichtung | | $\mathrm{m}^2$ |
| *Teilchenstrom* | $I = \dfrac{\mathrm{d}z}{\mathrm{d}t}$ | **5** | 1/s |
| | $t$ Zeit | | s |
| *Teilchenstromdichte* | $j = \dfrac{\mathrm{d}I}{\mathrm{d}A}$ | **6** | $1/(\mathrm{m}^2\,\mathrm{s})$ |
| *Teilchenflußdichte* | $\varphi = \dfrac{\mathrm{d}\Phi}{\mathrm{d}t} \qquad \varphi = j$ | **7** | $1/(\mathrm{m}^2\,\mathrm{s})$ |
| *Energiefluenz* | $\Psi = \dfrac{\mathrm{d}(zE_0)}{\mathrm{d}A} \qquad \Psi = E_0 \Phi$ | **8** | $\mathrm{J/m}^2$ |
| | $E_0$ Energie eines Teilchens oder Quants | | J |

| | | | |
|---|---|---|---|
| *Energieflußdichte* | $\psi = \frac{d\Psi}{dt}$ $\quad \psi = E_0\varphi$ | **9** | W/m² |
| *Energiedosis* (definiert für alle Strahlenarten) | $D = \frac{dE}{dm}$ $\quad D = \frac{E}{m}$ | **10** | J/kg = Gy (Gray) |
| | $D = \frac{1}{\varrho}\frac{dE}{dV}$ $\quad D = \frac{E}{\varrho V}$ | | |
| | $E$ Energie, die durch ionisierende Strahlung infolge Absorption einem homogenen Körper zugeführt wird | | J |
| | $m$ Masse des Körpers | | kg |
| | $\varrho$ Dichte des Körpers | | kg/m³ |
| | $V$ Volumen des Körpers | | m³ |
| | $D = \frac{k_{\beta,\gamma}At}{r^2k}$ | **11** | Gy |
| | $k_{\beta,\gamma}$ spezifische Strahlenkonstante | | m²Gy/(s Bq) |
| | $A$ Aktivität 1 | | Bq |
| | $t$ Zeit | | s |
| | $r$ Abstand von der Strahlenquelle | | m |
| | $k$ Abschirmfaktor (aus Tabellen zu entnehmen) | | 1 |

SI-fremde Einheit der Energiedosis: Rad (rd)

$$1\,\text{rd} = 10^{-2}\,\text{Gy}$$

| | | | |
|---|---|---|---|
| *Energiedosisleistung (Energiedosisrate)* | $P_D = \frac{dD}{dt}$ $\quad P_D = \frac{D}{t}$ | **12** | Gy/s = W/kg |

Für zwei Punkte in den Entfernungen $r_1$ und $r_2$ von einer punktförmigen Strahlungsquelle gilt für die dort vorhandenen Dosisleistungen $P_{D1}$ und $P_{D2}$ wegen **7**:

$$P_{D1} : P_{D2} = r_2^2 : r_1^2 \qquad \textbf{13}$$

| | | | |
|---|---|---|---|
| *Ionendosis, Exposition, Expositionsdosis* (nur für Photonenstrahlung definiert) | $X = \frac{dQ}{dm}$ $\quad X = \frac{Q}{m}$ | **14** | C/kg = A s/kg |
| | $X = \frac{1}{\varrho}\frac{dQ}{dV}$ $\quad X = \frac{Q}{\varrho V}$ | | |
| | $Q$ durch Ionisation hervorgerufene Ladung eines Vorzeichens in Luft von 0 °C und 1013,25 hPa | | C = A s |
| | $m$ Masse der durchstrahlten Luft | | kg |
| | $V$ zugehöriges Volumen der Luft | | m³ |
| | $\varrho$ Dichte der Luft | | kg/m³ |

SI-fremde Einheit der Ionendosis: Röntgen (R)

$$1\,\text{R} = 2{,}58 \cdot 10^{-4}\,\text{C/kg}$$

Für die Umrechnung der Ionendosis $X$ in die Energiedosis $D$ gilt:

$$\frac{D}{\text{Gy}} = f\frac{X}{\text{C/kg}} \qquad \textbf{15}$$

*Umrechnungsfaktoren für die Energiedosis*

| Photonenenergie in keV | $f$ Luft | Wasser | Muskel | kompakter Knochen |
|---|---|---|---|---|
| 10 | 33,7 | 35,2 | 36,0 | 137,5 |
| 20 | 33,7 | 34,1 | 35,6 | 164,6 |
| 40 | 33,7 | 34,1 | 35,6 | 160,8 |
| 80 | 33,7 | 36,0 | 36,4 | 73,6 |
| 200 | 33,7 | 37,6 | 37,2 | 38,0 |
| 1 000 | 33,7 | 37,6 | 37,2 | 35,6 |

Bei Verwendung der SI-fremden Einheiten für $D$ und $X$ (s. o.) gilt: 1 rd ≈ 1 R.

*Ionendosisleistung, Expositionsdosisleistung* $\quad P_X = \frac{dX}{dt} \qquad P_X = \frac{X}{t}$ **16** A/kg

*Integralexposition* $\quad X = \int_{t_1}^{t_2} P_X(t)\,dt$ **17** C/kg

Nach einer Kernwaffendetonation gilt:

$$X = 5 P_{X0} t_0^{1/2} (t_1^{-0,2} - t_2^{-0,2}) \qquad \text{C/kg}$$

Für den Zeitpunkt $t_0$, an dem $P_{X0}$ gemessen wird, wählt man eine Stunde nach der Kernwaffendetonation. Die Zeiten $t_1$ und $t_2$ werden von $t_0$ an gezählt; $t_1$ ist die Zeit zu Beginn, $t_2$ die Zeit am Ende der Strahleneinwirkung.

## 36.2 Physikalisches und biologisches Röntgen-Äquivalent

Größen und Einheiten wie in 36.1.

*Physikalisches Röntgen-Äquivalent*

Die SI-fremde Einheit rep (roentgen-equivalent-physical) ist eine radiologische Einheit der Energiedosis **10**.

> 1 rep ist diejenige Korpuskularstrahlungsmenge, die wie eine Röntgenstrahlung oder eine Gammastrahlung von $2,58 \cdot 10^{-4}$ C/kg (= 1 Röntgen) wirkt und in einem Kilogramm Luft bei vollständiger Absorption 8,38 mJ bzw. in einem Kilogramm tierischen Gewebe 9,4 mJ freisetzt.

*Biologisches Röntgen-Äquivalent*

*Relative biologische Wirksamkeit* $\quad Q = \frac{D_{Co}}{D}$ **18** 1

$D_{Co}$ Energiedosis der Gamma-Strahlung von Kobalt 60 — Gy = J/kg

$D$ Energiedosis der vorhandenen Strahlung, die auf das zu untersuchende Objekt einwirkt und die gleiche biologische Wirkung hervorruft wie $D_{Co}$ — Gy = J/kg

Für die relative biologische Wirksamkeit $Q$ gelten folgende Richtwerte:

| Art der Strahlung | $Q$ |
|---|---|
| Röntgen- und γ-Strahlung | 1 |
| β-Strahlung | 1 |
| α-Strahlung | 10 |
| Langsame (thermische) Neutronen | 3...5 |
| Schnelle Neutronen (1 MeV) und Protonen bis 10 MeV | 10 |
| Schwere Rückstoßkerne | 20 |

*Biologisches Röntgen-Äquivalent, bewertete Energiedosis, Äquivalentdosis*

$$\frac{H}{\text{Sv}} = Q\frac{D}{\text{Gy}} \qquad \textbf{19}$$

> 1 Sievert (Sv) ist diejenige Äquivalentdosis $H$ der betreffenden Strahlung, die unter gleichen Bedingungen die gleiche biologische Wirkung hervorruft wie die der Energiedosis 1 Gy entsprechende Röntgen- oder Gammastrahlung (1 Sv = 1 Gy für $Q = 1$).

SI-fremde Einheit für $H$: rem (1 rem = $10^{-2}$ Sv).

*Äquivalentdosisleistung*

$$P_H = \frac{\mathrm{d}H}{\mathrm{d}t} \qquad P_H = \frac{H}{t} \qquad \textbf{20}$$

Sv/s, Sv/h, mSv/h

## 36.3 Schwächung von β- und γ-Strahlung

### Schwächung von β-Strahlung

*Schwächungsgesetz*

$$\psi = \psi_0 e^{-\mu d} \qquad \textbf{21}$$

$\psi_0$, $\psi$ Energieflußdichten **9** der Strahlung vor und hinter dem Absorber — W/m²
$d$ Dicke des Absorbers — m
$\mu$ linearer Schwächungskoeffizient — 1/m

*Schwächungskoeffizient* (für Elektronenenergien $E_{max} > 0{,}5$ MeV)

$$\frac{\mu}{\text{cm}^{-1}} \approx 0{,}022 \frac{\dfrac{\varrho}{\text{kg/m}^3}}{\left(\dfrac{E_{max}}{\text{MeV}}\right)^{1{,}333}} \qquad \textbf{22}$$

$\varrho$ Dichte des Absorbers — kg/m³

### Schwächung von γ-Strahlung

*Energiebilanz beim Photoeffekt* (vgl. 20.3) (→ Bild)

$$hf = W_A + \tfrac{1}{2} m_e v^2 \qquad \textbf{23} \quad \text{J}$$

| | | |
|---|---|---|
| $f$ | Frequenz des Lichtquants | Hz = 1/s |
| $h$ | Plancksches Wirkungsquantum | J s |
| $W_A$ | Bindungsenergie des Elektrons (Austrittsarbeit) | J |
| $m_e$ | Masse des Elektrons | kg |
| $v$ | Geschwindigkeit des abgelösten Photoelektrons | m/s |

| | | | |
|---|---|---|---|
| *Energiebilanz beim Compton-Effekt* (→ Bild) | $hf = \frac{1}{2} m_e v^2 + hf'$ | **24** | J |
| | $f$ Frequenz des auftreffenden γ-Quants | | Hz = 1/s |
| | $f'$ Frequenz des gestreuten γ-Quants | | Hz = 1/s |
| | $v$ Geschwindigkeit des abgelösten Compton-Elektrons | | m/s |

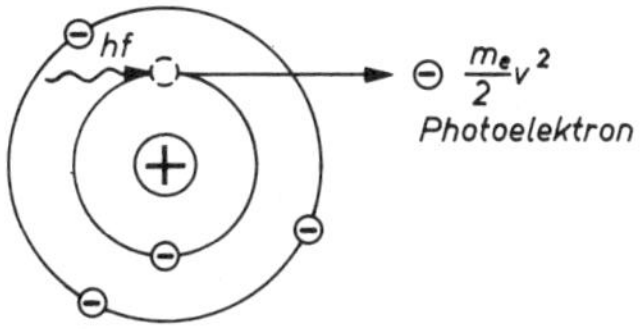


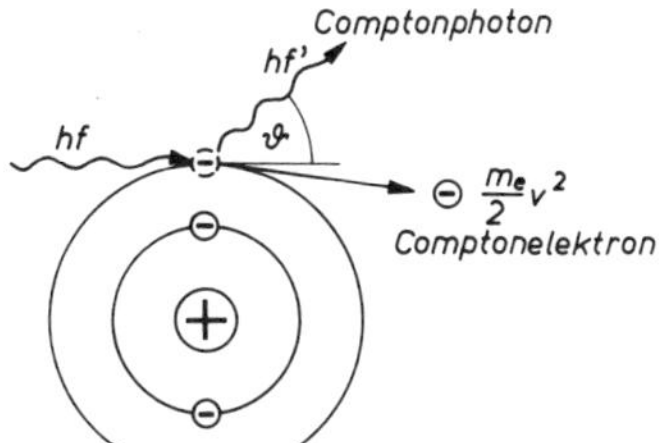


| | | | |
|---|---|---|---|
| *Wellenlängenänderung des durch Compton-Effekt gestreuten γ-Quants* | $\Delta\lambda = \frac{h}{m_{e0} c} (1 - \cos \vartheta)$ | **25** | m |
| | $m_{e0}$ Ruhmasse des Elektrons | | kg |
| | $c$ Lichtgeschwindigkeit | | m/s |
| | $\vartheta$ Streuwinkel zwischen der Richtung des auftreffenden und des gestreuten γ-Quants | | ° |
| *Compton-Wellenlänge des Elektrons* (Naturkonstante) | $\lambda_C = \frac{h}{m_{e0} c}$ | **26** | m |
| | $\lambda_C = 2{,}426\,31 \cdot 10^{-12}$ m | | |
| *Energiebilanz bei der Paarbildung* (→ Bild) | $hf = 2 m_{e0} c^2 + \frac{1}{2} m_e (v_{e^-}^2 + v_{e^+}^2)$ | **27** | J |
| | $v_{e^-}$ Geschwindigkeit des gebildeten Elektrons | | m/s |
| | $v_{e^+}$ Geschwindigkeit des gebildeten Positrons | | m/s |

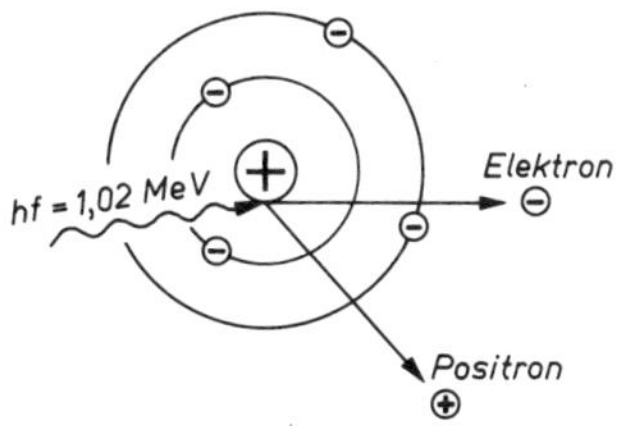


Die für die Paarbildung erforderliche Mindestenergie des γ-Quants beträgt $2 m_{e0} c^2 = 1{,}634 \cdot 10^{-13}$ J = 1,02 MeV (vgl. 33, Beispiel 2).

| | | | |
|---|---|---|---|
| *Schwächungsgesetz* | $P = P_0 e^{-\mu d}$ | **28** | |
| | $P_0$ Dosisleistung ohne Schwächung | | Gy/s |
| | $P$ Dosisleistung nach Schwächung durch Materie | | Gy/s |

| | | | |
|---|---|---|---|
| *Linearer Schwächungskoeffizient* (vgl. 35.5) | $\mu = \tau + \sigma + \varkappa$ | | 1/m |
| | $\tau$ Schwächungskoeffizient für Photoeffekt (Absorptionskoeffizient) | | 1/m |
| | $\sigma$ Schwächungskoeffizient für Compton-Effekt (Streukoeffizient) | | 1/m |
| | $\varkappa$ Schwächungskoeffizient für Paarbildung | | 1/m |
| *Massenschwächungskoeffizient* | $\mu/\varrho$ | **29** | $m^2/kg$ |
| *Halbwertsdicke, Halbwertsschicht* (vgl. 34.6) | $d_{1/2} = \frac{\ln 2}{\mu} = \frac{0{,}693}{\mu}$ | **30** | m |

> Die Halbwertsdicke ist diejenige Schichtdicke eines Stoffes, durch die die Dosisleistung $P$ auf die Hälfte des ungeschwächten Wertes verringert wird.

## B

1. Wie kann man die Energiedosis direkt aus der Luftionisation bestimmen?

   *Lösung:* Indem man die in einem bestimmten Luftvolumen $V$ enthaltene elektrische Ladung eines Vorzeichens $Q$ mißt, erhält man mit **14** die Ionendosis $X$ und daraus nach **15** mit dem für alle Photonenenergien einheitlichen Umrechnungsfaktor $f = 33{,}7$ (s. Tabelle) die Energiedosis $D$. Da die Expositionsdosis $X$ nur für Photonenstrahlung definiert ist, ist ein solches Vorgehen bei anderen Strahlenarten nicht statthaft.

2. Wie groß ist die Dosisleistung in einer Entfernung von 0,4 m von der Quelle, wenn in 1 m Entfernung 2,5 mGy/h gemessen werden? Die Quelle ist annähernd punktförmig.

   *Lösung:* Aus der Proportion **13** folgt mit $P_{D1} = 2{,}5$ mGy/h, $r_1 = 1$ m und $r_2 = 0{,}4$ m: $P_{D2} = (r_1/r_2)^2 P_{D1} = 15{,}6$ mGy/h.

3. Im Abstand von 1,5 m von einer $^{60}$Co-Strahlenquelle mit einer Aktivität von 400 MBq befindet sich ein Arbeitsplatz. Zur Beurteilung der Strahlensituation ist die Dosis für einen Arbeitstag (8 h) zu berechnen. (Spezifische Strahlenkonstante für $^{60}$Co: $k_\gamma = 93{,}2 \cdot 10^{-18}\ m^2\ Gy/(s\ Bq)$; Abschirmfaktor $k = 1$)

   *Lösung:* Nach **11** erhält man mit $A = 400 \cdot 10^6$ Bq, $t = 2{,}88 \cdot 10^4$ s, $r = 1{,}5$ m und den angegebenen Werten für $k_\gamma$ und $k$: $D = 4{,}8 \cdot 10^{-4}$ Gy $= 480\ \mu$Gy.

# FESTKÖRPERPHYSIK

## 37 Kristallgitter. Kristallbindung

### 37.1 Kristallsysteme, Bravais-Gitter, Wigner-Seitz-Zelle

> *Kristalle* sind dreidimensional periodische Anordnungen von Gitterbausteinen (Atome, Ionen, Moleküle).

| | | | |
|---|---|---|---|
| *Basisvektoren der Elementarzelle* (→ Bild) | $\boldsymbol{a}, \boldsymbol{b}, \boldsymbol{c}$ | **1** | m |
| *Gitterkonstanten* (Atomabstände in den Achsenrichtungen des Kristalls) | $a, b, c$ (Beträge von **1**) | **2** | m |
| *Winkel zwischen den Kristallachsen* (→ Bild) | $\sphericalangle(\boldsymbol{b}, \boldsymbol{c}) = \alpha$ | **3** | ° |
| | $\sphericalangle(\boldsymbol{c}, \boldsymbol{a}) = \beta$ | | ° |
| | $\sphericalangle(\boldsymbol{a}, \boldsymbol{b}) = \gamma$ | | ° |

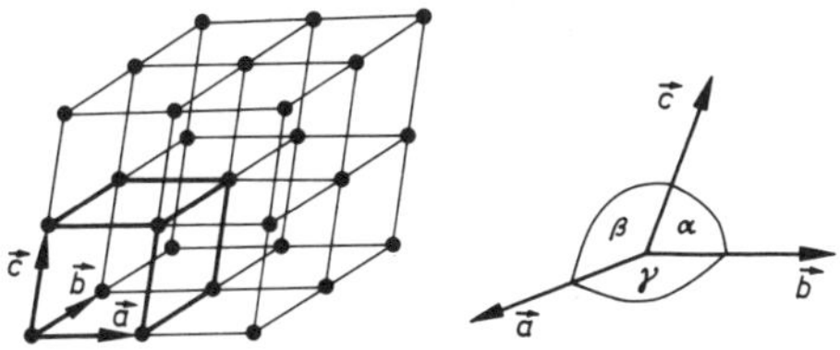


| | | | |
|---|---|---|---|
| *Gitter-Translationsvektor* | $\boldsymbol{R} = n_1\boldsymbol{a} + n_2\boldsymbol{b} + n_3\boldsymbol{c}$ | **4** | m |
| | $n_1, n_2, n_3$ ganze Zahlen | | 1 |

kennzeichnet die Lage eines beliebigen Gitterpunktes im Kristall.

| | | | |
|---|---|---|---|
| *Volumen der Elementarzelle* | $V = \boldsymbol{a} \cdot \boldsymbol{b} \times \boldsymbol{c} = \begin{vmatrix} a_1 & a_2 & a_3 \\ b_1 & b_2 & b_3 \\ c_1 & c_2 & c_3 \end{vmatrix}$ | **5** | m³ |
| | $a_1, a_2, a_3$ Koordinaten von $\boldsymbol{a}$ | | m |
| | $b_1, b_2, b_3$ Koordinaten von $\boldsymbol{b}$ | | m |
| | $c_1, c_2, c_3$ Koordinaten von $\boldsymbol{c}$ | | m |

**Die 7 Kristallsysteme** (in der Reihenfolge zunehmender Symmetrie)

| Kristall-system | Kennzeichnung (→ Bild) | Mögliche Bravais-Gitter (s. u.) |
|---|---|---|
| Triklin | $a \neq b \neq c;\ \alpha \neq \beta \neq \gamma \neq 90°$ | P |
| Monoklin | $a \neq b \neq c;\ \alpha = \gamma = 90° \neq \beta$ | P, C |
| Rhombisch | $a \neq b \neq c;\ \alpha = \beta = \gamma = 90°$ | P, C, I, F |

| | | |
|---|---|---|
| Hexagonal | $a = b \neq c;\ \alpha = \beta = 90°;\ \gamma = 120°$ | P |
| Rhomboedrisch | $a = b = c;\ \alpha = \beta = \gamma \neq 90°$ | P (R) |
| Tetragonal | $a = b \neq c;\ \alpha = \beta = \gamma = 90°$ | P, I |
| Kubisch | $a = b = c;\ \alpha = \beta = \gamma = 90°$ | P, I, F |

**Bravais-Gitter** (→ Bild)

P: *primitive* Elementarzelle (enthält $8 \cdot \frac{1}{8} = 1$ Gitterpunkt)

I: *innenzentrierte (raumzentrierte)* Elementarzelle (enthält $8 \cdot \frac{1}{8} + 1 = 2$ Gitterpunkte)

C: *einseitig flächenzentrierte* Elementarzelle (enthält $8 \cdot \frac{1}{8} + 2 \cdot \frac{1}{2} = 2$ Gitterpunkte)

F: *(allseitig) flächenzentrierte* Elementarzelle (enthält $8 \cdot \frac{1}{8} + 6 \cdot \frac{1}{2} = 4$ Gitterpunkte)

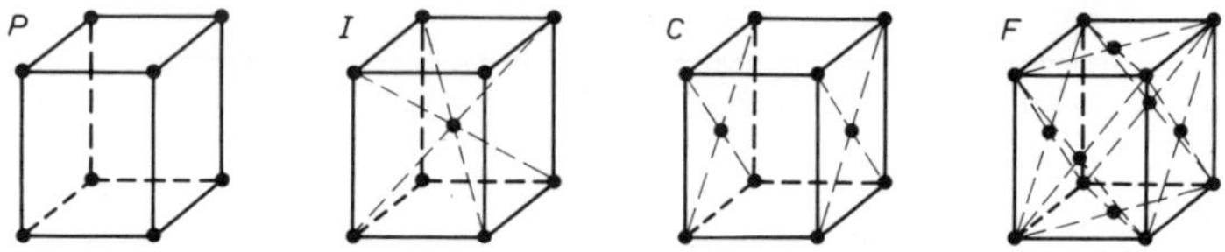


In einem gegebenen Kristallgitter hat die primitive Elementarzelle das kleinstmögliche Volumen. Sie enthält nur einen Gitterpunkt.

*Bravais-Gitter*
Es gibt genau 14 Translationsgitter, die sich durch primitive Elementarzellen darstellen lassen. Es sind dies die in obiger Tabelle der Kristallsysteme aufgeführten Bravais-Gittertypen (P, I, C, F), die den einzelnen Kristallsystemen angehören. Die zugehörigen Basisvektoren $\boldsymbol{a}$, $\boldsymbol{b}$, $\boldsymbol{c}$ in **4** heißen dann *primitive Basisvektoren* $\boldsymbol{a}_1$, $\boldsymbol{a}_2$, $\boldsymbol{a}_3$.

**Die 3 Bravais-Gitter des kubischen Kristallsystems** (→ Bild)

| | | | |
|---|---|---|---|
| a) *Kubisch-primitives Gitter* | $\boldsymbol{a}_1 = a\boldsymbol{e}_x$ | **6** | m |
| | $\boldsymbol{a}_2 = a\boldsymbol{e}_y$ | | m |
| | $\boldsymbol{a}_3 = a\boldsymbol{e}_z$ | | m |
| | $\boldsymbol{e}_x, \boldsymbol{e}_y, \boldsymbol{e}_z$ orthogonale Einheitsvektoren | | 1 |
| b) *Kubisch-flächenzentriertes (kfz) Gitter* | $\boldsymbol{a}_1 = \frac{a}{2}(\boldsymbol{e}_x + \boldsymbol{e}_z)$ | **7** | m |
| | $\boldsymbol{a}_2 = \frac{a}{2}(\boldsymbol{e}_x + \boldsymbol{e}_y)$ | | m |
| | $\boldsymbol{a}_3 = \frac{a}{2}(\boldsymbol{e}_y + \boldsymbol{e}_z)$ | | m |
| c) *Kubisch-raumzentriertes (krz) Gitter* | $\boldsymbol{a}_1 = \frac{a}{2}(+\boldsymbol{e}_x - \boldsymbol{e}_y - \boldsymbol{e}_z)$ | **8** | m |
| | $\boldsymbol{a}_2 = \frac{a}{2}(-\boldsymbol{e}_x - \boldsymbol{e}_y + \boldsymbol{e}_z)$ | | m |
| | $\boldsymbol{a}_3 = \frac{a}{2}(-\boldsymbol{e}_x + \boldsymbol{e}_y - \boldsymbol{e}_z)$ | | m |

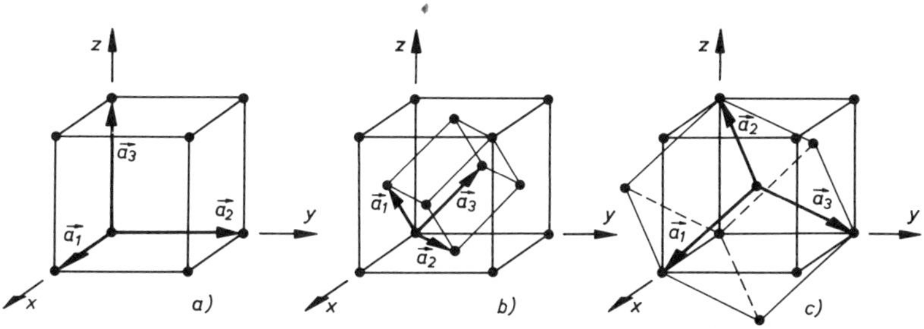


### Wigner-Seitz-Zelle

Es gibt noch eine andere Art der primitiven Elementarzelle als die durch ein primitives Vektortripel $\boldsymbol{a}_1$, $\boldsymbol{a}_2$, $\boldsymbol{a}_3$ beschriebene spatförmige Zelle, die sog. *Wigner-Seitz-Zelle* (→ Bild). In ihr ist jeder Gitterpunkt Mittelpunkt einer Zelle. Sie wird dadurch gebildet, daß der Gitterpunkt mit seinen Nachbarpunkten verbunden wird und durch die Mittelpunkte der Verbindungsgeraden Ebenen gelegt werden, die auf diesen Geraden senkrecht stehen. Das Volumen der Wigner-Seitz-Zelle ist gleich dem Volumen 5 des aus den primitiven Basisvektoren $\boldsymbol{a}_1$, $\boldsymbol{a}_2$, $\boldsymbol{a}_3$ gebildeten Spats: $V = \boldsymbol{a}_1 \cdot \boldsymbol{a}_2 \times \boldsymbol{a}_3$.

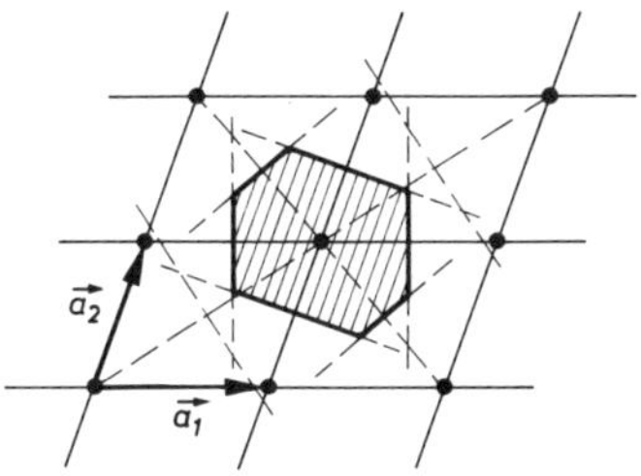


## 37.2 Netzebenen. Millersche Indizes

*Netzebenen*

sind parallele, in gleichem Abstand $d$ verlaufende (gedachte) Ebenen im Kristall, welche gleichmäßig mit Gitterpunkten belegt sind (→ Bild).

| | | | |
|---|---|---|---|
| *Achsenabschnitte einer Netzebene auf den Kristallachsen* (→ Bild) | $m = n_1 a;\ n = n_2 b;\ p = n_3 c$ | 9 | m |
| | $a, b, c$ Gitterkonstanten 2 | | m |
| | $n_1, n_2, n_3$ ganze Zahlen | | |

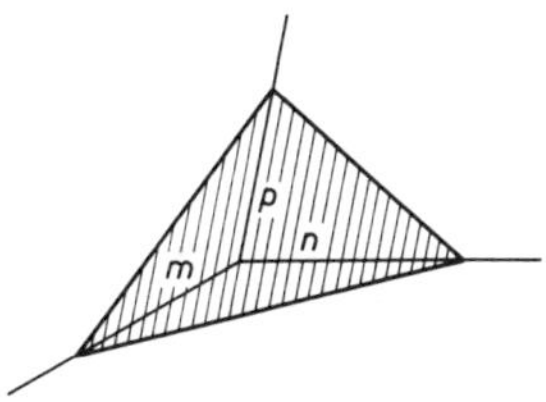


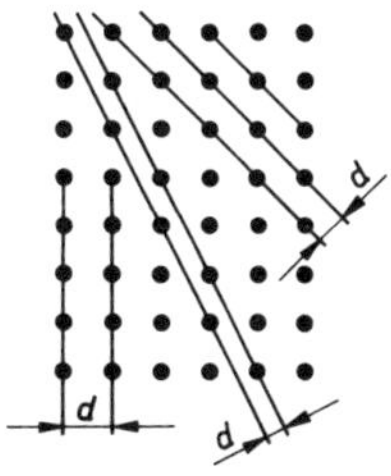

*Millersche Indizes einer Netzebenenschar*

$$h = \frac{1}{(m/a)} = \frac{1}{n_1}$$ **10** 1

$$k = \frac{1}{(n/b)} = \frac{1}{n_2}$$ 1

$$l = \frac{1}{(p/c)} = \frac{1}{n_3}$$ 1

> Die *Millerschen Indizes (hkl)* einer Netzebene sind definiert als die reziproken Werte der auf die Gitterkonstanten bezogenen Achsenabschnitte der Netzebene auf den Kristallachsen. Ihr Verhältnis $h:k:l$ beschreibt die Lage der betreffenden Netzebenenschar im Kristallgitter.

*Wichtige Netzebenen im kubischen Kristallsystem* (→ Bild)
a) Würfelfläche: (100)
b) Rhombendodekaeder-Fläche: (110)
c) Oktaeder-Fläche: (111)
Negative Achsenabschnitte werden durch Überstreichen der betreffenden Millerschen Indizes gekennzeichnet; z. B. $(1\bar{1}0)$.

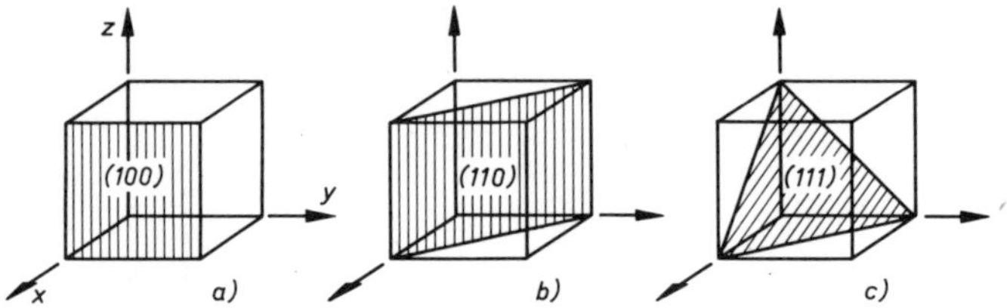


*Netzebenenabstand im kubischen Kristallgitter*

$$d = \frac{a}{\sqrt{h^2 + k^2 + l^2}}$$ **11** m

$a$ Gitterkonstante m

*Quadratische Form des kubischen Kristallsystems* (vgl. 37.3)

$$\frac{1}{d^2} = \frac{h^2 + k^2 + l^2}{a^2}$$ **12** 1/m²

## 37.3 Reziprokes Gitter. Brillouin-Zonen

*Reziproke Basisvektoren* (primitives Tripel)

$$\boldsymbol{a}_1^* = \frac{\boldsymbol{a}_2 \times \boldsymbol{a}_3}{\boldsymbol{a}_1 \cdot \boldsymbol{a}_2 \times \boldsymbol{a}_3} = \frac{\boldsymbol{a}_2 \times \boldsymbol{a}_3}{V}$$ **13** 1/m

$$\boldsymbol{a}_2^* = \frac{\boldsymbol{a}_3 \times \boldsymbol{a}_1}{\boldsymbol{a}_1 \cdot \boldsymbol{a}_2 \times \boldsymbol{a}_3} = \frac{\boldsymbol{a}_3 \times \boldsymbol{a}_1}{V}$$ 1/m

$$\boldsymbol{a}_3^* = \frac{\boldsymbol{a}_1 \times \boldsymbol{a}_2}{\boldsymbol{a}_1 \cdot \boldsymbol{a}_2 \times \boldsymbol{a}_3} = \frac{\boldsymbol{a}_1 \times \boldsymbol{a}_2}{V}$$ 1/m

$\boldsymbol{a}_1, \boldsymbol{a}_2, \boldsymbol{a}_3$ primitives Tripel der Basisvektoren (vgl. 37.1) m
$V$ Volumen der primitiven Elementarzelle m³

Es gilt:

$$\boldsymbol{a}_i \cdot \boldsymbol{a}_j^* = \begin{cases} 1 & \text{für } i = j \\ 0 & \text{für } i \neq j. \end{cases}$$

$\boldsymbol{a}_1^*$ steht auf $\boldsymbol{a}_2$ und $\boldsymbol{a}_3$, $\boldsymbol{a}_2^*$ auf $\boldsymbol{a}_1$ und $\boldsymbol{a}_3$ sowie $\boldsymbol{a}_3^*$ auf $\boldsymbol{a}_1$ und $\boldsymbol{a}_2$ *senkrecht.*

| | | |
|---|---|---|
| *Volumen der primitiven Zelle des reziproken Gitters* | $V^* = \boldsymbol{a}_1^* \cdot \boldsymbol{a}_2^* \times \boldsymbol{a}_3^*$ | **14** 1/m³ |
| | $V^* = \frac{1}{V} = \frac{1}{\boldsymbol{a}_1 \cdot \boldsymbol{a}_2 \times \boldsymbol{a}_3}$ | **15** 1/m³ |
| *Reziproker Gittervektor* | $\boldsymbol{H} = h\boldsymbol{a}_1^* + k\boldsymbol{a}_2^* + l\boldsymbol{a}_3^*$ | **16** 1/m |
| | $h, k, l$ Millersche Indizes **10** der betreffenden Netzebenenschar | 1 |
| *Betrag des reziproken Gittervektors* | $H = \frac{1}{d_{(hkl)}}$ | **17** 1/m |
| | $d_{(hkl)}$ Netzebenenabstand der Ebenenschar *(hkl)* | m |

> Der *reziproke Gittervektor* ***H*** steht senkrecht auf der zugehörigen Netzebenenschar *(hkl)* und ist dem Betrage nach gleich dem reziproken Wert des Netzebenenabstandes *d*. Er ordnet jeder Netzebenenschar *(hkl)* des wirklichen Gitters einen *Punkt (hkl) im reziproken Gitter* zu (***H*** als Ortsvektor mit dem Anfangspunkt im Nullpunkt (000) des reziproken Gitters).

| | | |
|---|---|---|
| *Quadratische Form* | $H^2 = \frac{1}{d^2}$ | **18** 1/m² |
| im kubischen Gitter | $H^2 = \frac{h^2 + k^2 + l^2}{a^2}$ | **19** 1/m² |
| im tetragonalen Gitter | $H^2 = \frac{h^2 + k^2}{a^2} + \frac{l^2}{c^2}$ | **20** 1/m² |
| im rhombischen Gitter | $H^2 = \frac{h^2}{a^2} + \frac{k^2}{b^2} + \frac{l^2}{c^2}$ | **21** 1/m² |
| im hexagonalen Gitter | $H^2 = \frac{4}{3}\,\frac{h^2 + k^2 + hk}{a^2} + \frac{l^2}{c^2}$ | **22** 1/m² |
| | $a, b, c$ Gitterkonstanten in den Achsenrichtungen | m |

**Brillouin-Zonen**

eines Gitters sind *Wigner-Seitz-Zellen* (vgl. 37.1) im zugehörigen reziproken Gitter.

→ Bild: Erste Brillouin-Zone des kubisch-primitiven Gitters (a), des kubisch-raumzentrierten Gitters (b) und des kubisch-flächenzentrierten Gitters (c); vgl. hierzu Beispiel **6** (*Konstruktion* der Wigner-Seitz-Zellen vgl. 37.1)

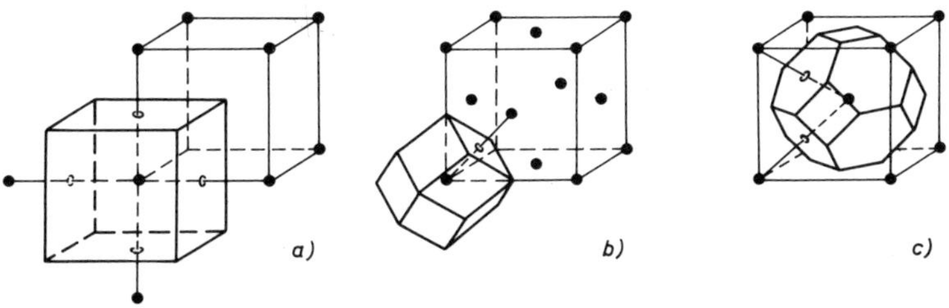

## 37.4 Beugung von Röntgenstrahlen am Kristallgitter

| | | | |
|---|---|---|---|
| *Interferenzbedingung für an benachbarten Netzebenen »reflektierte« Röntgenstrahlen (Braggsche Gleichung)* → Bild | $2d \sin \vartheta = n\lambda$ | **23** | m |
| | $d$ Netzebenenabstand | | m |
| | $\vartheta$ Braggscher Glanzwinkel | | ° |
| | $\lambda$ Wellenlänge der Röntgenstrahlen | | m |
| | $n$ Ordnung der Interferenz (= 1, 2, 3, …) | | 1 |

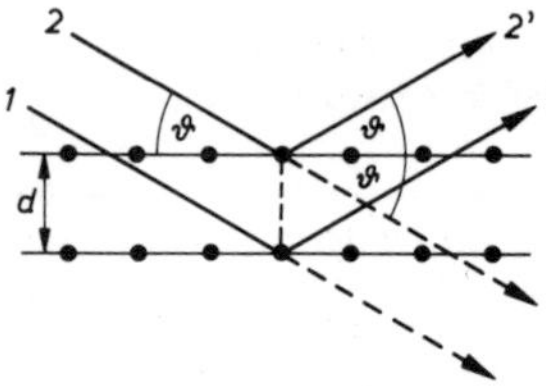


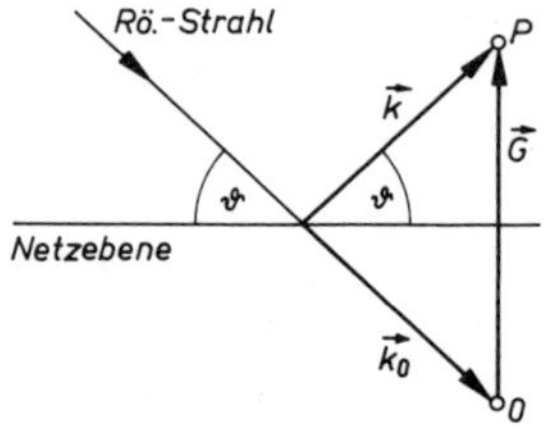


| | | | |
|---|---|---|---|
| *Interferenzbedingung* **23** *im reziproken Gitter (Laue-Gleichung)* → Bild | $\boldsymbol{k} - \boldsymbol{k}_0 = \boldsymbol{G}$ | **24** | 1/m |
| | $\boldsymbol{k}_0$ Wellenvektor der einfallenden Röntgenwelle (Betrag $2\pi/\lambda$) | | 1/m |
| | $\boldsymbol{k}$ Wellenvektor der gestreuten Röntgenwelle (Betrag $2\pi/\lambda$) | | 1/m |
| | $\boldsymbol{G} = 2\pi\boldsymbol{H}$ Streuvektor | | 1/m |
| | $\boldsymbol{H}$ reziproker Gittervektor **16** | | 1/m |
| | $O, P$ (→ Bild) Punkte des reziproken Gitters | | |

Skalare Form der Laue-Gleichung **24** vgl. 29.3.

## 37.5 Bindungsenergie von Kristallen

Die *Bindungsenergie (Gitterenergie)* ist gleich derjenigen Energie, die zur Abtrennung einzelner Gitterbausteine (Atome, Ionen) aus dem Festkörper bei der Temperatur 0 K aufzuwenden ist.

*Übersicht über die wichtigsten Bindungsarten*

| Bindungsart | Bindungspartner | Bindungsenergie in eV |
|---|---|---|
| *Van-der-Waals*-Bindung | neutrale Atome (z. B. der festen Edelgase) | 0,01…0,2 |
| Ionenbindung (polare oder heteropolare Bindung) | ungleichartige Ionen (z. B. NaCl) | 3…15 |
| Atombindung (kovalente oder homöopolare Bindung) | gleichartige Atome mit sich überlappenden Elektronenhüllen (z.B. Diamant) | 1…7 |
| Metallische Bindung | Metallionen und freie Elektronen (Elektronengas) | 1…8 |

| | | | |
|---|---|---|---|
| *Van-der-Waals-Potential* | $V(r) = -\frac{A}{r^6}$ (Anziehung) | **25** | J, eV |
| | $r$ Atomabstand | | m |
| | $A$ Konstante ($\approx 10^{-77}$) | | $\mathrm{J\,m^6}$ |
| *Wechselwirkungsenergie zweier Atome bei der Van-der-Waals-Bindung* | $U(r) = -\frac{A}{r^6} + \frac{B}{r^{12}}$ | **26** | J, eV |
| | $-A/r^6$ weitreichendes Anziehungspotential | | |
| | $+B/r^{12}$ kurzreichweitiges Abstoßungspotential ($B$ Konstante) | | |
| *Wechselwirkungsenergie zweier Ionen bei der Ionenbindung* (→ Bild) | $U(r) = -\frac{q^2}{4\pi\varepsilon_0 r} + \frac{C}{r^n}$ | **27** | J, eV |
| | $q$ Ionenladung | | C = A s |
| | $\varepsilon_0$ elektrische Feldkonstante | | A s/(V m) |
| | $n$ Abstoßungsexponent ($\approx 9 \ldots 10$) | | 1 |

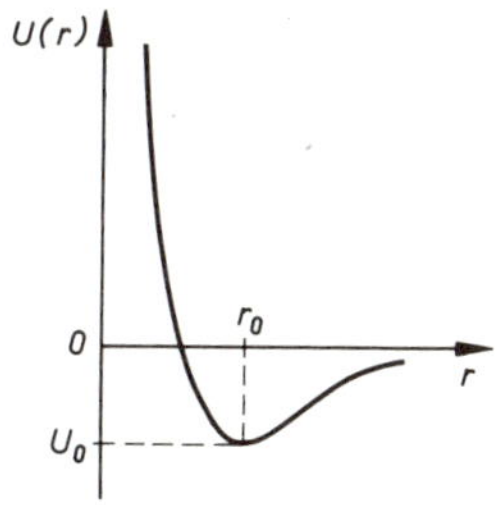


| | | | |
|---|---|---|---|
| *Bindungsenergie (Gitterenergie) des Kristalls bei der Ionenbindung* | $U_0 = -\frac{\alpha N q^2}{4\pi\varepsilon_0 r_0}\left(1 - \frac{1}{n}\right)$ | **28** | J, eV |
| | $\alpha$ Madelung-Konstante ($\approx 1{,}75$ für NaCl) | | 1 |
| | $N$ Anzahl der Ionenpaare im Kristall | | 1 |
| | $r_0$ Gleichgewichtsabstand der Ionen (Gitterkonstante, → Bild) | | m |

Um die *molare Gitterenergie* zu erhalten, ist in **28** für $N$ zu setzen $N_A = 6{,}022 \times 10^{23}\ \mathrm{mol^{-1}}$ (Avogadro-Konstante).

## B

1. Berechne das Volumen der primitiven Elementarzelle für a) das kubisch-flächenzentrierte und b) das kubisch-raumzentrierte Gitter!

*Lösung:* a) Mit dem primitiven Vektortripel 7 für das kfz-Gitter erhält man nach 5

$$V_{\mathrm{kfz}} = \left(\frac{a}{2}\right)^3 \begin{vmatrix} 1 & 0 & 1 \\ 1 & 1 & 0 \\ 0 & 1 & 1 \end{vmatrix} = \frac{a^3}{8} \cdot 2 = \frac{a^3}{4}\,.$$

Dieses Ergebnis steht im Einklang mit der Tatsache, daß die flächenzentrierte kubische Elementarzelle mit ihren 4 Atomen (vgl. 37.1, Bravais-Gitter) das Volumen $a^3$

einnimmt. Die zugehörige primitive Zelle mit *einem* Atom darf daher nur ein Viertel dieses Volumens einnehmen.

b) Für das krz-Gitter erhält man mit den primitiven Basisvektoren **8**

$$V_{\text{krz}} = \left(\frac{a}{2}\right)^3 \begin{vmatrix} 1 & -1 & -1 \\ -1 & -1 & 1 \\ -1 & 1 & -1 \end{vmatrix} = \frac{a^3}{8} \cdot 4 = \frac{a^3}{2},$$

entsprechend der Tatsache, daß die raumzentrierte kubische Elementarzelle 2 Atome im Volumen $a^3$ enthält.

**2.** Eine Netzebene schneidet auf den Kristallachsen eines kubischen Gitters a) die Abschnitte 2, 1, 1 (in Einheiten der Gitterkonstante $a$) ab; b) eine zweite Ebene die Abschnitte 1, $-2$, 3 und c) eine dritte Ebene die Abschnitte 2, 2, $\infty$. Wie lauten die Millerschen Indizes *(hkl)* dieser drei Ebenen?

*Lösung:* Entsprechend der Definition der Millerschen Indizes als die reziproken Maßzahlen der Achsenabschnitte $n_1$, $n_2$ und $n_3$ gemäß Gleichung **10** erhalten wir im Fall a) 1/2, 1/1, 1/1 bzw. multipliziert mit dem Faktor 2: (122). Im Fall b) erhält man entsprechend 1/1, $-1/2$, 1/3 bzw. durchmultipliziert mit dem Hauptnenner 6: $(6\bar{3}2)$. Im Fall c) folgt 1/2, 1/2, $1/\infty$, also (110). Ist ein Index Null, so bedeutet dies stets, daß die Netzebene zu der entsprechenden Achse parallel verläuft.

**3.** Wieviel unterschiedliche Netzebenen mit den Abschnitten $\pm 1$, $\pm 1$, $\pm 1$ auf den Achsen eines kubischen Kristallgitters gibt es?

*Lösung:* Insgesamt sind die folgenden 8 Ebenen möglich: (111), $(\bar{1}11)$, $(1\bar{1}1)$, $(11\bar{1})$, $(\bar{1}\bar{1}1)$, $(\bar{1}1\bar{1})$, $(1\bar{1}\bar{1})$, $(\bar{1}\bar{1}\bar{1})$. Es sind dies die 8 Flächen eines Oktaeders; man bezeichnet sie zusammengenommen mit dem Symbol $\{111\}$. Jeweils zwei von ihnen sind einander parallel, gehören also zur selben Ebenenschar; man erhält sie, indem man mit $(-1)$ durchmultipliziert.

**4.** Zeige analog zu Beispiel **3**, daß es im kubischen Gitter 12 Flächen vom Typ $\{110\}$ gibt! (Diese bilden ein Rhombendodekaeder.)

**5.** Welchen Abstand haben die Netzebenen (111) in einem kubischen Gitter mit der Gitterkonstante $a$ voneinander?

*Lösung:* Nach **11** ist $d_{(111)} = a/\sqrt{3}$ (= 1/3 der Raumdiagonale des Würfels).

**6.** Berechne das zu den primitiven Basisvektoren $\boldsymbol{a}_1$, $\boldsymbol{a}_2$, $\boldsymbol{a}_3$ gehörige reziproke Vektortripel $\boldsymbol{a}_1^*$, $\boldsymbol{a}_2^*$, $\boldsymbol{a}_3^*$ a) für das kubisch-flächenzentrierte Gitter; b) für das kubisch-raumzentrierte Gitter!

*Lösung:* Die Berechnung erfolgt nach **13**. a) Das Volumen der primitiven Zelle wurde in Beispiel **1** zu $V = a^3/4$ ermittelt. Mit den Basisvektoren **7** erhält man

$$\boldsymbol{a}_1^* = \frac{\boldsymbol{a}_2 \times \boldsymbol{a}_3}{V} = \frac{4}{a^3} \cdot \frac{a^2}{4} (\boldsymbol{e}_x + \boldsymbol{e}_y) \times (\boldsymbol{e}_y + \boldsymbol{e}_z) = \frac{1}{a} (\boldsymbol{e}_x - \boldsymbol{e}_y + \boldsymbol{e}_z).$$

Analog folgt $\boldsymbol{a}_2^* = (1/a)\,(\boldsymbol{e}_x + \boldsymbol{e}_y - \boldsymbol{e}_z)$ und $\boldsymbol{a}_3^* = (1/a)\,(-\boldsymbol{e}_x + \boldsymbol{e}_y + \boldsymbol{e}_z)$. Bis auf einen konstanten Faktor sind dies Vektoren der Form **8**, d.h., das zum kubisch-flächenzentrierten Gitter reziproke Gitter erweist sich als das kubisch-raumzentrierte Gitter.

b) Das Volumen der primitiven Elementarzelle ist hier nach Beispiel **1** $V = a^3/2$. Damit und mit den Basisvektoren **8** für das krz-Gitter erhält man ein reziprokes Vektortripel, welches bis auf einen konstanten Faktor von der Form **7** ist, d.h., daß das kubisch-flächenzentrierte Gitter das reziproke krz-Gitter ist. Beide Gitter sind also zueinander reziprok!

**7.** Leite über den reziproken Gittervektor $\boldsymbol{H}$ die quadratische Form **18** für das rhombische Kristallgitter her!

*Lösung:* Die Basisvektoren des rhombischen Gitters (vgl. die Tabelle der Kristallsysteme in 37.1) lauten

$$\boldsymbol{a} = a\boldsymbol{e}_x\,, \qquad \boldsymbol{b} = b\boldsymbol{e}_y\,, \qquad \boldsymbol{c} = c\boldsymbol{e}_z\,.$$

Hieraus errechnet sich nach **13** (mit $\boldsymbol{a}$, $\boldsymbol{b}$, $\boldsymbol{c}$ anstelle von $\boldsymbol{a}_1$, $\boldsymbol{a}_2$, $\boldsymbol{a}_3$) das zugehörige reziproke Vektortripel zu

$$\boldsymbol{a}^* = \frac{\boldsymbol{b} \times \boldsymbol{c}}{\boldsymbol{a} \cdot \boldsymbol{b} \times \boldsymbol{c}} = \frac{bc}{abc}\,\frac{\boldsymbol{e}_y \times \boldsymbol{e}_z}{\boldsymbol{e}_x \cdot \boldsymbol{e}_y \times \boldsymbol{e}_z} = \frac{1}{a}\,\boldsymbol{e}_x\,; \quad \boldsymbol{b}^* = \frac{1}{b}\,\boldsymbol{e}_y\,; \quad \boldsymbol{c}^* = \frac{1}{c}\,\boldsymbol{e}_z\,.$$

Damit folgt für den reziproken Gittervektor **16**

$$\boldsymbol{H} = h\boldsymbol{a}^* + k\boldsymbol{b}^* + l\boldsymbol{c}^* = \frac{h}{a}\,\boldsymbol{e}_x + \frac{k}{b}\,\boldsymbol{e}_y + \frac{l}{c}\,\boldsymbol{e}_z$$

und nach **18**

$$H^2 = \frac{1}{d^2} = \frac{h^2}{a^2} + \frac{k^2}{b^2} + \frac{l^2}{c^2}\,,$$ in Übereinstimmung mit **21**.

**8.** Aus einem Röntgenbeugungsdiagramm, welches mit Röntgenstrahlung der Wellenlänge $\lambda = 0{,}1542$ nm von Aluminium erhalten wurde, werden für die Netzebenen (111) und (200) in 1. Beugungsordnung ($n = 1$) die Bragg-Winkel $\vartheta_{(111)} = 19{,}25°$ und $\vartheta_{(200)} = 22{,}38°$ ermittelt. Bestimme die Gitterkonstante $a$ des Aluminiums!

*Lösung:* Aus der Braggschen Gleichung **23** erhält man zunächst als Netzebenenabstand der (111)-Ebenen $d_{(111)} = 0{,}2338$ nm, für die (200)-Ebenen $d_{(200)} = 0{,}2024$. Nach **11** (Aluminium besitzt ein kubisches Kristallgitter) ist

$$a = d_{(111)}\sqrt{3} = d_{(200)}\sqrt{4} = 0{,}4049\ \text{nm}\,.$$

**9.** Zur Abtrennung eines Atoms Silber aus dem festen Zustand wird eine Energie von 2,97 eV benötigt. Wie groß ist die molare Bindungsenergie (Gitterenergie) von Silber?

*Lösung:* Die molare Bindungsenergie ist diejenige Energie, die erforderlich ist, um 1 mol des betreffenden Festkörpers in alle seine einzelnen Gitterbausteine zu zerlegen. Die Zahl der Teilchen in einem Mol ist durch die Avogadro-Konstante $N_A = 6{,}022 \cdot 10^{23}\ \text{mol}^{-1}$ gegeben. Es ist somit

$$U_m = 2{,}97\ \text{eV} \cdot 6{,}022 \cdot 10^{23}\ \text{mol}^{-1} \cdot 1{,}6 \cdot 10^{-19}\ \text{J/eV} \approx 286\ \text{kJ/mol}\,.$$

**10.** Berechne aus dem Minimum der Wechselwirkungsenergie $U(r)$ den Gleichgewichtsabstand $r_0$ zweier neutraler Argon-Atome (Edelgas) und daraus deren Bindungsenergie! (Parameter im Wechselwirkungspotential **26**: $A = 1{,}03 \cdot 10^{-77}\ \text{J m}^6$; $B = 1{,}59 \cdot 10^{-134}\ \text{J m}^{12}$)

*Lösung:* Für das Minimum der Wechselwirkungsenergie gilt mit **26**

$$\left.\frac{\mathrm{d}U(r)}{\mathrm{d}r}\right|_{r=r_0} = \frac{6A}{r_0^7} - \frac{12B}{r_0^{13}} = 0\,; \quad r_0^6 = \frac{2B}{A} = 3{,}09 \cdot 10^{-57}\ \text{m}^6\,;$$

$$r_0 = 3{,}82 \cdot 10^{-10}\ \text{m}\,.$$

Einsetzen dieses Wertes in **26** ergibt als Bindungsenergie der beiden Argon-Atome

$$U(r_0) = U_0 = -3{,}33 \cdot 10^{-21}\ \text{J} = -0{,}02\ \text{eV}\,.$$

# 38 Gitterschwingungen (Phononen)

## 38.1 Phononenarten. Energie und Frequenz von Phononen

> *Phononen* sind Quanten (kleinste Energiebeträge) elastischer Gitterschwingungen bzw. des von diesen erzeugten Wellenfeldes.

*Akustische Phononen:*

Alle Atome des Kristalls schwingen *gleichsinnig*, unabhängig von ihrer elektrischen Ladung (bei Ionen). Akustische Phononen sind auch ohne äußere Anregung infolge der thermischen Energie des Kristalls vorhanden.

→ Bild a) transversale akustische Phononenwelle.

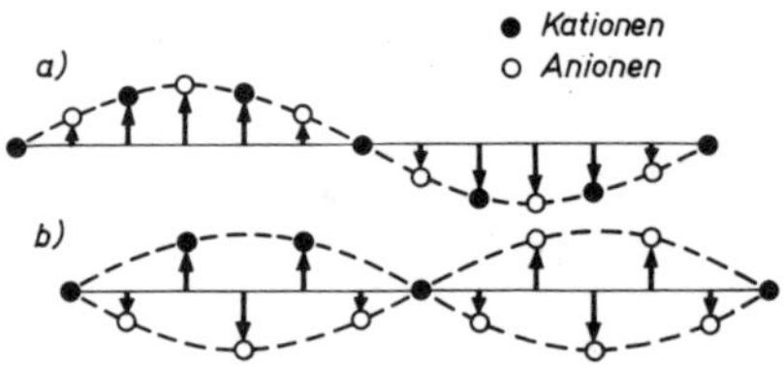


*Optische Phononen:*

Die Auslenkung der positiv bzw. negativ geladenen Gitterbausteine erfolgt *gegensinnig*. Optische Phononen werden durch Einstrahlung elektromagnetischer Wellen (z. B. Licht) erregt.

→ Bild b) optische Phononenwelle.

| | | | |
|---|---|---|---|
| *Energie eines Phonons* | $E = hf$ | **1** | J, eV |
| | $h$ Plancksches Wirkungsquantum | | J s |
| | $f$ Frequenz des Phonons | | 1/s = Hz |
| *Maximale Frequenz eines Phonons (Grenzfrequenz)* | $f_m = \frac{1}{2\pi}\sqrt{\frac{4E'a}{\mu}}$ | **2** | Hz |
| | $E'$ Elastizitätsmodul des Stoffes | | Pa |
| | $a$ Gitterkonstante (Atomabstand) | | m |
| | $\mu$ Masse eines Gitterbausteins | | kg |

## 38.2 Phononenspektrum. Dispersionsrelation und Ausbreitungsgeschwindigkeit von Phononen

**Eindimensionale Kette gleichartiger Atome**

($N + 1$ Atome in der Kette; feste Randbedingungen, d. h., erstes und letztes Atom werden festgehalten; Anzahl der schwingungsfähigen Atome demzufolge $N - 1$; Wechselwirkung der Atome nur mit den nächsten Nachbarn.)

| | | | |
|---|---|---|---|
| *Eigenwerte für den Betrag des Wellenzahlvektors $k = 2\pi/\lambda$ der Phononen* | $k = n\frac{\pi}{L}$ | **3** | 1/m |
| | $n = \pm1, \pm2, \ldots, \pm(N-1)$ | | |
| | $L = Na$ Länge der Atomkette | | m |
| | $a$ Gitterkonstante | | m |
| | $\lambda$ Wellenlänge | | m |

| In einem Kristall ist die Anzahl der möglichen Schwingungszustände (Eigenwerte für $k$ bzw. zugehörige Eigenfrequenzen $f$) gleich der Zahl vorhandener schwingungsfähiger Atome. |
|---|

Für $n = \pm N$ folgt aus **3** mit $L = Na$: $k = \pm N\pi/L = \pm\pi/a$, entsprechend $\lambda = 2\pi/k = 2a$ (kürzestmögliche Wellenlänge der Phononen).

| Den Bereich des Wellenzahlvektors zwischen $+\pi/a$ und $-\pi/a$ (im eindimensionalen Gitter) bezeichnet man als **1. Brillouin-Zone**. In ihr ist das gesamte Schwingungsspektrum eines Kristalls enthalten. |
|---|

*Dispersionsrelation für akustische Phononen*
→ Bild

$$\omega(k) = \omega_m \sin\frac{ka}{2} \qquad \mathbf{4} \quad 1/s = Hz$$

$\omega = 2\pi f$ Kreisfrequenz — Hz
$\omega_m = 2\pi f_m$ ($f_m$ Grenzfrequenz **2**) — Hz

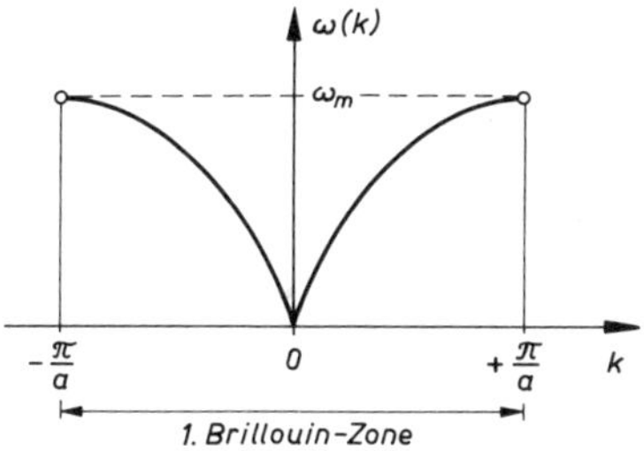


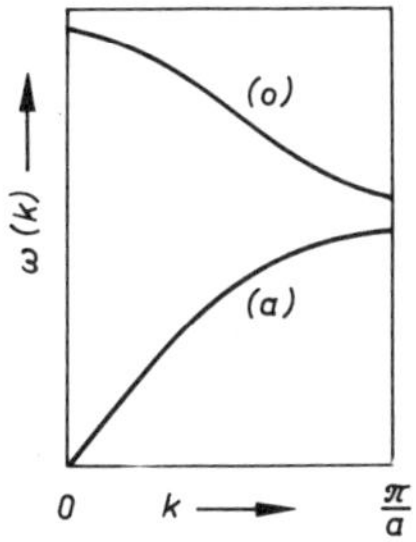


Für $\lambda \gg a$ wird $\sin(ka/2) \approx ka/2$ und somit nach **4** $\omega \approx (\omega_m a/2)k$, also $\omega \sim k$ (linearer Anstieg der Dispersionskurve für sehr kleine Werte von $k$, d. h. *keine Dispersion*).

*Ausbreitungsgeschwindigkeit von Phononen*

$$c = \frac{d\omega}{dk} = \frac{a\omega_m}{2}\cos\frac{ka}{2} \qquad \mathbf{5} \quad m/s$$

$d\omega/dk = c$ kennzeichnet den Anstieg der Dispersionskurve $\omega(k)$ für einen bestimmten Wert der Wellenzahl $k$. Für $k = \pm\pi/a$ (Grenze der 1. Brillouin-Zone), entsprechend $\lambda/2 = a$ und $\omega = \omega_m$, ergeben sich *stehende Wellen* ($c = 0$).

**Dispersionsspektrum einer zweiatomigen Kette** (→ Bild), z. B. $Na^+Cl^-$, mit 2 Ästen, dem *akustischen* Phononenzweig (a) und dem *optischen* Phononenzweig (o).

### 38.3 Masse und Impuls von Phononen. Streuung zwischen Photon und Phonon

*Impuls eines Phonons*

$$\boldsymbol{p} = \hbar \boldsymbol{K} \qquad \mathbf{6} \quad Ns$$

Betrag

$$p = \hbar K = \frac{h}{\lambda} \qquad \mathbf{7} \quad Ns$$

| | | |
|---|---|---|
| $\boldsymbol{K}$ | Wellenzahlvektor des Phonons | 1/m |
| $\lambda$ | Wellenlänge ($= 2\pi/K$) | m |
| $\hbar$ | $= h/(2\pi)$ Drehimpulsquantum | J s |
| $h$ | Plancksches Wirkungsquantum | J s |

*Masse eines Phononen* $m = \dfrac{h}{\lambda c}$ **8** kg

$c$ Ausbreitungsgeschwindigkeit des Phonons 5 — m/s

*Impulserhaltung bei der Streuung eines Photons an einem Phonon* (→ Bild)

$\hbar \boldsymbol{k} = \hbar \boldsymbol{k}' + \hbar \boldsymbol{K}$ oder **9** N s

$\boldsymbol{k} = \boldsymbol{k}' + \boldsymbol{K}$ **10** 1/m

$K = 2k \sin \dfrac{\varphi}{2} \; (k' \approx k)$ **11** 1/m

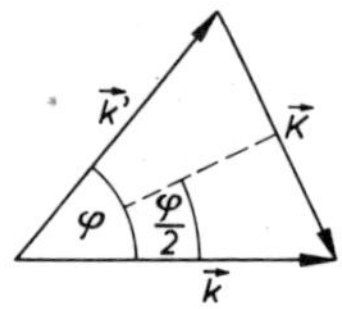


| | | |
|---|---|---|
| $\boldsymbol{k}$ | Wellenzahlvektor des auftreffenden Photons | 1/m |
| $\boldsymbol{k}'$ | Wellenzahlvektor des gestreuten Photons | 1/m |
| $\varphi$ | Streuwinkel | ° |

*Energieerhaltung bei der Streuung Photon/Phonon* $hf = hf' + hf_{\text{Phonon}}$ **12** J, eV

| | | |
|---|---|---|
| $f$ | Frequenz des auftreffenden Photons | Hz |
| $f'$ | Frequenz des gestreuten Photons | Hz |

## 38.4 Thermische Energie und molare Wärmekapazität von Festkörpern. Debye-Temperatur

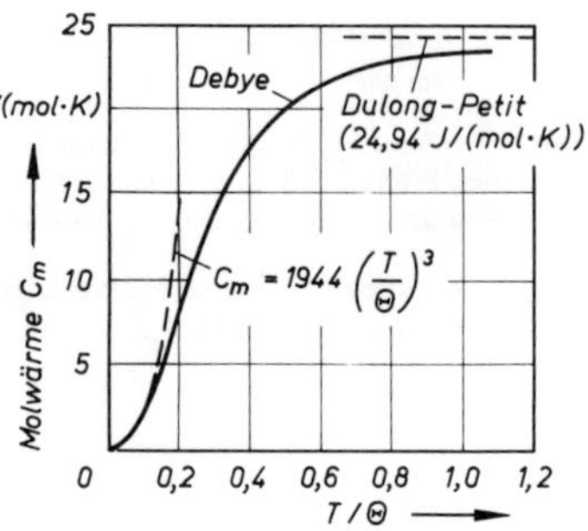


*Mittlere Energie eines harmonischen Oszillators* (schwingendes atomares Teilchen)

$\bar{E} = \dfrac{\hbar\omega}{e^{\hbar\omega/(k_B T)} - 1}$ **13** J

$\omega = 2\pi f$ — Hz

| | | |
|---|---|---|
| $f$ | Frequenz des Oszillators | Hz |
| $\hbar$ | Drehimpulsquantum | J s |
| $k_B$ | Boltzmann-Konstante | J/K |
| $T$ | Temperatur | K |

| | | | |
|---|---|---|---|
| *Charakteristische Temperatur* | $\Theta' = \frac{\hbar\omega}{k_B}$ | **14** | K |
| *Debye-Temperatur* | $\Theta = \frac{\hbar\omega_m}{k_B}$ | **15** | K |
| | $\omega_m = 2\pi f_m$ ($f_m$ Grenzfrequenz **2**) | | Hz |
| *Molare thermische Energie eines Festkörpers* | $U_m = 3N_A\bar{E} = 3R\frac{\Theta'}{e^{-\Theta'/T}-1}$ | **16** | J |
| | $N_A$ Avogadro-Konstante | | 1/mol |
| | $R = N_A k_B$ Gaskonstante | | J/(mol K) |
| *Molare Wärmekapazität eines Festkörpers* (→ Bild) *Grenzfälle:* | $C_m = \frac{dU_m}{dT} = 3R\left(\frac{\Theta'}{T}\right)^2 \frac{e^{\Theta'/T}}{(e^{\Theta'/T}-1)^2}$ | **17** | J/(mol K) |
| a) hohe Temperaturen ($T \gg \Theta$) | $C_m = 3R = 24{,}94$ J/(mol K) *(Dulong-Petitsche Regel)* | **18** | |
| b) sehr tiefe Temperaturen ($T \ll \Theta$) | $C_m = 1944\left(\frac{T}{\Theta}\right)^3$ J/(mol K) *(Debyesches $T^3$-Gesetz)* | **19** | |

# B

**1.** Welches ist die maximale Frequenz der Eigenschwingungen der Atome im Eisen? (Elastizitätsmodul von Eisen $E' = 206$ GPa; Gitterkonstante $a = 0{,}286$ nm; molare Masse $M = 55{,}85$ g/mol)

*Lösung:* Mit der Avogadro-Konstante $N_A = 6{,}022 \cdot 10^{23}\ \text{mol}^{-1}$ (molare Teilchenzahl) berechnet sich die Atommasse zu $\mu = M/N_A$ und damit nach **2** die Grenzfrequenz zu

$$f_m = \frac{1}{\pi}\sqrt{\frac{E' a N_A}{M}} \approx 8 \cdot 10^{12}\ \text{Hz}.$$

Diese Frequenz liegt im *Hyperschallbereich* ($f > 10^9$ Hz) und entspricht derjenigen von langwelligem infrarotem Licht.

**2.** a) Welche Masse kann einem akustischen Phonon in Steinsalz zugeschrieben werden, wenn seine Wellenlänge gleich der 8fachen Gitterkonstante ($a = 0{,}56$ nm) und die Schallgeschwindigkeit $c = 4{,}4 \cdot 10^3$ m/s ist? b) Wie groß sind Frequenz, Energie und Impuls des Phonons?

*Lösung:* a) Nach der De-Broglie-Beziehung **8** erhält man für die Phononenmasse $m = 3{,}36 \cdot 10^{-29}$ kg. Im Vergleich dazu ist die Masse eines Photons z. B. des grünen Lichts ($\lambda = 550$ nm) mit $4 \cdot 10^{-36}$ kg sehr viel kleiner.
b) Mit $\lambda = 8a$ wird die Wellenzahl $k = 2\pi/\lambda = 0{,}25\,(\pi/a)$. Damit befinden wir uns noch im annähernd linearen Teil der Dispersionskurve $\omega(k)$, in dem für die Ausbreitungsgeschwindigkeit der Phononen anstelle von **5** $c = d\omega/dk$ (Gruppengeschwindigkeit, vgl. 26.4, Gleichung **26**) einfach gilt $c = \omega/k = f\lambda$ (keine Dispersion; vgl. 26, Beispiel **3**). Somit wird die Frequenz $f = c/\lambda = c/(8a) = 9{,}8 \cdot 10^{11}$ Hz und wegen **1** die Energie des Phonons

$$E = hf = 6{,}51 \cdot 10^{-22}\ \text{J} = 0{,}004\ \text{eV}.$$

Für den Impuls des Phonons folgt nach **7**

$$p = \frac{h}{\lambda} = \frac{h}{8a} = 1{,}48 \cdot 10^{-25}\ \text{N s}.$$

Im Vergleich zum Photon der Wellenlänge $\lambda = 550$ nm, das eine Energie von 2,25 eV und einen Impuls von $1{,}2 \cdot 10^{-27}$ N s besitzt, erkennt man, daß Phononen demgegenüber relativ wenig Energie, aber einen großen Impuls haben.

**3.** Berechne die Debye-Temperatur für Kupfer aus der longitudinalen Schallgeschwindigkeit $c = 4\,760$ m/s, der Dichte $\varrho = 8{,}93 \cdot 10^3$ kg/m³ und der molaren Masse $M = 63{,}546 \cdot 10^{-3}$ kg/mol! (Benutze die Gleichung für die Schallgeschwindigkeit von Longitudinalwellen in Stäben $c = \sqrt{E'/\varrho}$; vgl. 27.1.)

*Lösung:* Mit **2** folgt zunächst $\omega_{\mathrm{m}} = 2\pi f_{\mathrm{m}} = \sqrt{4E'a/\mu}$. Ersetzen wir hierin den Elastizitätsmodul $E'$ nach obiger Gleichung durch die Schallgeschwindigkeit und die Dichte, so folgt $\omega_{\mathrm{m}} = 2c\sqrt{\varrho a/\mu}$. Mit der Dichte

$$\varrho = \frac{m}{V} = \frac{\mu}{a^3} = \frac{M}{N_{\mathrm{A}} a^3} \quad \text{wird} \quad \omega_{\mathrm{m}} = 2c\sqrt[3]{\frac{\varrho N_{\mathrm{A}}}{M}}$$

und nach **15**

$$\Theta = \frac{2\hbar c}{k_{\mathrm{B}}}\sqrt[3]{\frac{\varrho N_{\mathrm{A}}}{M}} = 319\ \mathrm{K}. \quad \text{(Der genaue Wert ist 343 K.)}$$

Der Ausdruck unter der dritten Wurzel $\varrho N_{\mathrm{A}}/M$ gibt die Anzahl der Atome je Volumeneinheit, d.h. in 1 m³, an. Für das Volumen der kubischen Elementarzelle $a^3$ des Kupfers mit der Gitterkonstante $a = 3{,}61 \cdot 10^{-10}$ m errechnet man hieraus den Wert $3{,}98 \approx 4$, entsprechend der Tatsache, daß im kubisch-flächenzentrierten Gitter, das dem Kupfer eigen ist, auf die würfelförmige Elementarzelle 4 Atome entfallen (vgl. 37.1).

# 39. Elektronentheorie von Metallen

## 39.1 Der *k*-Raum des freien Elektronengases. Fermi-Energie, Entartungstemperatur

*Elektronendichte eines Metalls*
(Anzahl der Leitungselektronen je Volumeneinheit)

$$n_{\mathrm{e}} = \frac{\varrho N_{\mathrm{A}}}{M} \qquad \mathbf{1} \quad 1/\mathrm{m}^3$$

| | | |
|---|---|---|
| $\varrho$ | Dichte des Metalls | kg/m³ |
| $M$ | molare Masse | kg/mol |
| $N_{\mathrm{A}}$ | Avogadro-Konstante | 1/mol |

(unter der näherungsweisen Annahme, daß jedes Metallatom ein Elektron an das Elektronengas abgibt)

*Wellenzahlvektor der Elektronen*

$$\boldsymbol{k} = k_x \boldsymbol{e}_x + k_y \boldsymbol{e}_y + k_z \boldsymbol{e}_z \qquad \mathbf{2} \quad 1/\mathrm{m}$$

| | | |
|---|---|---|
| $k_x, k_y, k_z$ | Komponenten von $\boldsymbol{k}$ in $x$-, $y$- und $z$-Richtung | 1/m |
| $\boldsymbol{e}_x, \boldsymbol{e}_y, \boldsymbol{e}_z$ | orthogonale Einheitsvektoren | 1 |

Betrag

$$k = \frac{2\pi}{\lambda} \qquad \mathbf{3} \quad 1/\mathrm{m}$$

*Wellenlänge des Elektrons (De-Broglie-Beziehung)*

$$\lambda = \frac{h}{p} = \frac{h}{m_{\mathrm{e}} v} \qquad \mathbf{4} \quad \mathrm{m}$$

| | | |
|---|---|---|
| $p$ | Impuls des Elektrons | N s |
| $m_{\mathrm{e}}$ | Masse des Elektrons | kg |
| $v$ | Geschwindigkeit des Elektrons | m/s |

| | | | |
|---|---|---|---|
| *Impuls des Elektrons* | $\boldsymbol{p} = \hbar \boldsymbol{k}$ | **5** | N s |
| Betrag | $p = \hbar k = \dfrac{h}{\lambda}$ | **6** | N s |
| | $h$ Plancksches Wirkungsquantum | | J s |
| | $\hbar = h/(2\pi)$ Drehimpulsquantum | | J s |
| *Kinetische Energie des Elektrons* | $E = \dfrac{\hbar^2}{2m_e} k^2 = \dfrac{\hbar^2}{2m_e}(k_x^2 + k_y^2 + k_z^2)$ | **7** | J, eV |
| *Quantelungsvorschrift für die Komponenten des Wellenzahlvektors* $\boldsymbol{k}$ (periodische Randbedingungen, fortschreitende Wellen) | $k_x = n_1 \dfrac{2\pi}{L};\ k_y = n_2 \dfrac{2\pi}{L};\ k_z = n_3 \dfrac{2\pi}{L}$ | **8** | 1/m |
| | $n_1, n_2, n_3 = 0, \pm 1, \pm 2, \ldots$ | | 1 |
| | $L$ Kantenlänge des würfelförmigen Kristalls, gleich der größten darin möglichen Wellenlänge $\lambda$ (Abstand, über den sich die periodischen Randbedingungen erstrecken) | | m |

> Die Endpunkte aller von einem festen Punkt aus abgetragenen Wellenzahlvektoren $\boldsymbol{k}$, deren Komponenten $k_x$, $k_y$, $k_z$ gemäß **8** nur ganz bestimmte Werte annehmen können, bilden den aus diskreten Punkten bestehenden **$\boldsymbol{k}$-Raum**. Er stellt ein kubisch-primitives Gitter im reziproken Raum mit einer würfelförmigen Elementarzelle vom Volumen $(2\pi/L)^3$ dar (→ Bild).

Im Bild ist $k_x = 2(2\pi/L)$, $k_y = 3(2\pi/L)$, $k_z = 3(2\pi/L)$.

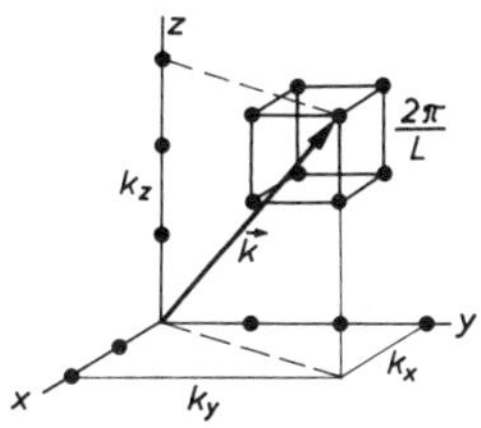


Jeder Punkt im $\boldsymbol{k}$-Raum, entsprechend einem bestimmten Zahlentripel $n_1$, $n_2$, $n_3$ (Quantenzahlen), kennzeichnet nach **7** und **8** einen bestimmten Energiezustand, der wegen des *Pauli-Prinzips* (vgl. 34.5) nur von 2 Elektronen mit entgegengesetztem Spin eingenommen werden kann. Diese beiden Elektronen beanspruchen im $\boldsymbol{k}$-Raum das Elementarvolumen $V_E = (2\pi/L)^3$.
Alle Wellenzahlvektoren eines bestimmten Betrages $k$ definieren die Oberfläche einer Kugel vom Radius $k$, welche eine begrenzte Anzahl von Elektronenzuständen ($n_1$, $n_2$, $n_3$) beinhaltet. Ist $k_F$ der Radius derjenigen Kugel im $\boldsymbol{k}$-Raum vom Volumen $V_{FK} = 4\pi k_F^3/3$ *(Fermi-Kugel)*, in der alle vorhandenen Elektronen untergebracht werden können, so gilt für deren Anzahl $N = 2 \cdot V_{FK}/V_E = L^3 k_F^3/(3\pi^2)$. Mit der Elektronendichte $n_e = N/V = N/L^3$ folgt:

| | | | |
|---|---|---|---|
| *Grenzwellenzahl (Radius der Fermi-Kugel)* | $k_F = \sqrt[3]{3\pi^2 n_e}$ | **9** | 1/m |
| *Fermi-Energie (Grenzenergie der Elektronen)* | $E_F = \dfrac{\hbar^2}{2m_e} k_F^2 = \dfrac{\hbar^2}{2m_e}(3\pi^2 n_e)^{2/3}$ | **10** | J, eV |

> Die *Fermi-Energie* $E_F$ ist gleich der Energie des höchsten mit Elektronen besetzten Zustandes bei der Temperatur des absoluten Nullpunkts.

*Mittlere Elektronenenergie* $E_m = \frac{3}{5} E_F$ **11** J, eV

*Fermi-Geschwindigkeit* $v_F = \frac{\hbar k_F}{m_e} = \frac{\hbar}{m_e} \sqrt[3]{3\pi^2 n_e}$ **12** m/s

*Entartungstemperatur (Fermi-Temperatur)* $T_e = \frac{2E_F}{5k_B}$ **13** K

$k_B$ Boltzmann-Konstante J/K

(folgt aus $E_m = \frac{3}{2} k_B T_e$ nach der kinetischen Gastheorie, wenn man den Elektronen die Eigenschaft eines einatomigen klassischen Gases zuschreibt; vgl. 13.3)

> Die *Entartungstemperatur* $T_e$ ist diejenige Temperatur, welche die Teilchen eines klassischen Gases mindestens haben müßten, wenn sie die gleiche Energie enthalten sollen wie die Elektronen im Metall bei der Temperatur des absoluten Nullpunkts.

## 39.2 Zustandsdichte und Fermi-Verteilung der Elektronen

*Zustandsdichte* (→ Bild) $g(E) = \frac{dn}{dE} = \frac{8\pi\sqrt{2}\, m^{3/2}}{h^3} \sqrt{E}$ **14** 1/(m³ J)

$g(E) = \frac{3n}{2E_F} \sqrt{\frac{E}{E_F}}$ **15**

| | | |
|---|---|---|
| $E_F$ | Fermi-Energie **10** | J, eV |
| $E$ | Elektronenenergie | J, eV |
| $n$ | Elektronendichte | 1/m³ |
| $m$ | Elektronenmasse | kg |
| $h$ | Plancksches Wirkungsquantum | J s |

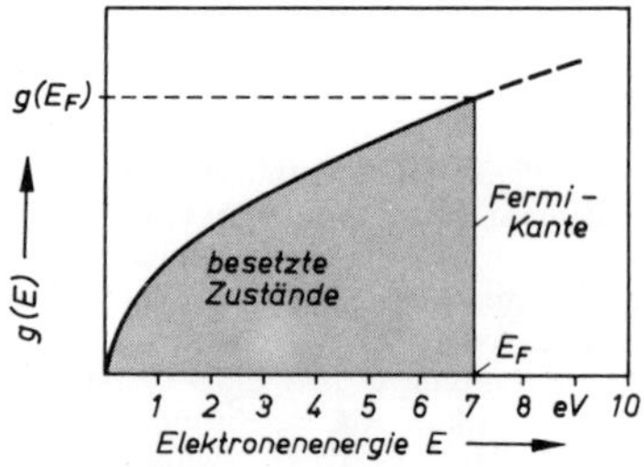


> Die *Zustandsdichte* ist die auf das Energieintervall 1 J entfallende Anzahl der in der Volumeneinheit des Kristalls vorhandenen Elektronen der Energie $E$ bei der Temperatur des absoluten Nullpunkts.

*Zustandsdichte bei der Fermi-Energie $E_F$* $g(E_F) = \frac{3n}{2E_F}$ **16** 1/(m³ J)

*Besetzungswahrscheinlichkeit der Fermi-Dirac-Statistik* (→ Bild) $f(E,T) = \frac{1}{e^{(E - E_F)/(k_B T)} + 1}$ **17** 1

$T$ Temperatur K

$k_B$ Boltzmann-Konstante J/K

Für $T = 0$ K und $E < E_F$: $f(E,T) = 1$

Für $T = 0$ K und $E > E_F$: $f(E,T) = 0$

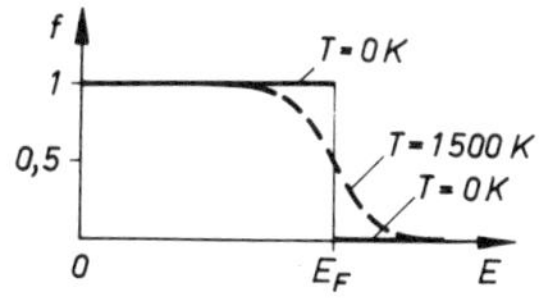


Bis zur *Fermi-Kante* $E_F$ sind bei der Temperatur des absoluten Nullpunkts alle Energiezustände entsprechend dem Verlauf der Zustandsdichte **14** mit Elektronen besetzt, alle Zustände höherer Energie sind leer.

Für $T > 0$ K und $E = E_F$: $f(E,T) = \frac{1}{2}$ (→ Bild)

*Fermi-Verteilungsfunktion* $\mathrm{d}n = g(E)\, f(E,T)\, \mathrm{d}E$ **18** 1/m³

$$\mathrm{d}n = \frac{8\pi\sqrt{2}\; m^{3/2}}{h^3} \frac{1}{e^{(E-E_F)/(k_B T)} + 1} \sqrt{E}\, \mathrm{d}E$$

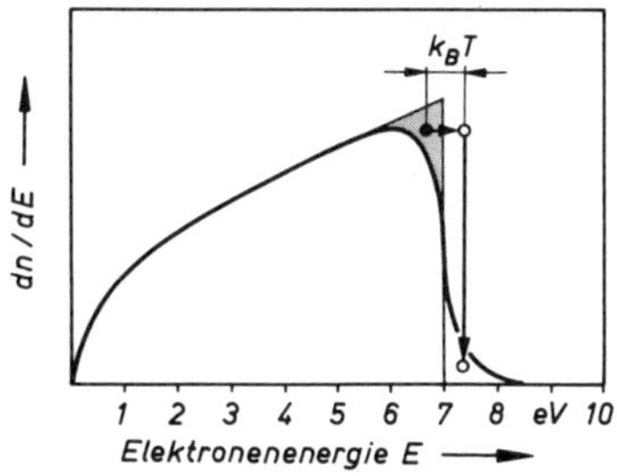


Die Fermi-Verteilungsfunktion **18** beschreibt die Verteilung der Elektronen auf die verschiedenen Energiezustände in Abhängigkeit von der Temperatur $T$ (→ Bild: Auflockerung der Besetzungsdichte an der Fermi-Kante bei Erwärmung des Elektronengases).

Für extrem hohe Temperaturen ($T > T_e$; $T_e$ Entartungstemperatur **13**) kann in **17** $E_F$ gegenüber $E$ und die 1 gegenüber der e-Funktion vernachlässigt werden, und die Verteilungsfunktion der Fermi-Dirac-Statistik geht über in die

*Besetzungswahrscheinlichkeit der Maxwell-Boltzmann-Statistik* $f'(E,T) = e^{-E/(k_B T)}$ **19** 1

> Unterhalb der Entartungstemperatur $T_e$ unterliegt das Elektronengas der Fermi-Dirac-Statistik (*Entartung* des Elektronengases), oberhalb der Entartungstemperatur der Maxwell-Boltzmann-Statistik.

## 39.3 Volumen von Brillouin-Zone und Fermi-Kugel

| | | | |
|---|---|---|---|
| *Reziproker Gittervektor* (vgl. 37.3) | $\boldsymbol{H} = h_1\boldsymbol{a}_1^* + h_2\boldsymbol{a}_2^* + h_3\boldsymbol{a}_3^*$ | **20** | 1/m |
| | $h_1, h_2, h_3 = 0, \pm 1, \pm 2, \ldots$ | | 1 |
| | $\boldsymbol{a}_1^*, \boldsymbol{a}_2^*, \boldsymbol{a}_3^*$ reziproke Basisvektoren des Gitters | | 1/m |
| *Reziproker Gittervektor im k-Raum* | $\boldsymbol{G} = 2\pi\boldsymbol{H}$ | **21** | 1/m |

| | | | |
|---|---|---|---|
| *Volumen der Brillouin-Zone im k-Raum* (vgl. 37.3) | $V_{BZ} = (2\pi)^3 \boldsymbol{a}_1^* \cdot \boldsymbol{a}_2^* \times \boldsymbol{a}_3^* = \frac{(2\pi)^3}{V}$ | **22** | 1/m³ |
| | $V$ Volumen der primitiven Elementarzelle des Gitters | | m³ |
| im kubisch-primitiven Gitter | $V_{BZ} = \frac{(2\pi)^3}{a^3}$ | **23** | 1/m³ |
| im kubisch-raumzentrierten Gitter | $V_{BZ} = \frac{2(2\pi)^3}{a^3}$ | **24** | 1/m³ |
| im kubisch-flächenzentrierten Gitter | $V_{BZ} = \frac{4(2\pi)^3}{a^3}$ | **25** | 1/m³ |
| | $a$ Gitterkonstante der kubischen Elementarzelle | | m |
| *Volumen der Fermi-Kugel im k-Raum* | $V_{FK} = \frac{4}{3}\pi k_F^3$ | **26** | 1/m³ |
| | $k_F$ Grenzwellenzahl **9** | | 1/m |

## 39.4 Energiebänder und Brillouin-Zonen

Jeder Energiezustand eines aus $N$ Atomen bestehenden Kristalls spaltet in $N$ benachbarte Zustände auf und verbreitert sich so zu einem *Energieband*. Da jeder Zustand von 2 Elektronen mit entgegengesetztem Spin eingenommen werden kann (vgl. 39.1), können in einem Energieband maximal $2N$ Elektronen Platz finden.

→ Bild a) Aufspaltung der diskreten Energieniveaus isolierter Atome zu quasikontinuierlichen Energiebändern im Festkörper; b) Bändermodell.

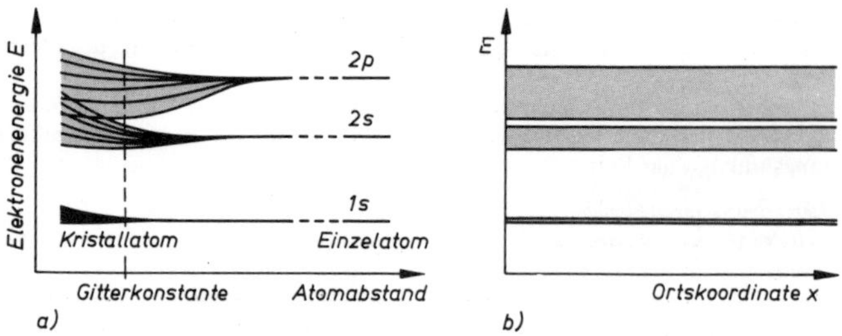


*Valenzband*

ist das oberste voll besetzte Energieband.

*Leitungsband*

ist das über dem Valenzband liegende leere oder teilweise besetzte Energieband.

*Energielücke*

ist die zwischen den Energiebändern vorhandene, mehr oder weniger breite *verbotene Zone.*

→ Bild: Schematische Anordnung von Energiebändern; a) Metall, b) Metall mit Überlappung von Valenz- und Leitungsband, c) Halbleiter, d) Isolator.

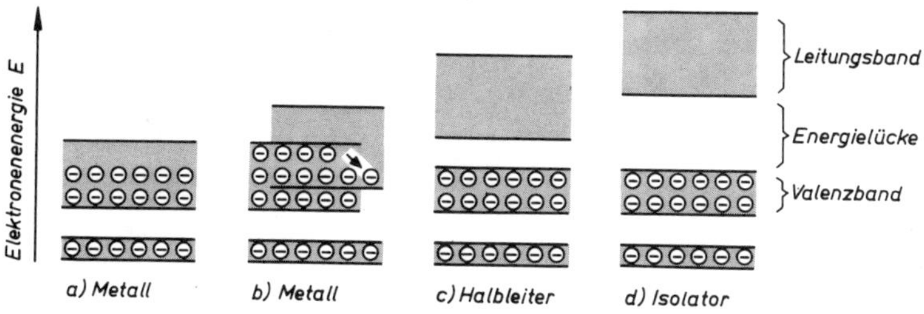


Bei den Metallen liegt das Fermi-Niveau innerhalb eines Energiebandes, bei den Halbleitern innerhalb der verbotenen Zone.

*Energieverteilung freier Elektronen*
→ Bild: $E(k)$

$$E(k) = \frac{\hbar^2}{2m_e} k^2$$ **27** J, eV

| | | |
|---|---|---|
| $k$ | Wellenzahl der Elektronen | 1/m |
| $m_e$ | Elektronenmasse | kg |
| $\hbar$ | Drehimpulsquantum | J s |

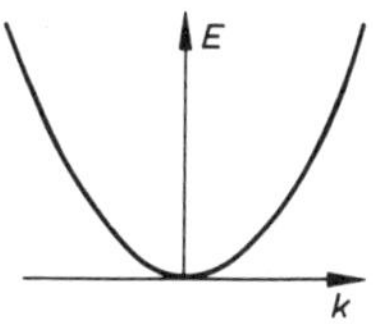


*Kritische k-Werte für das Auftreten von Energielücken in der Verteilung* 27 *(Grenzen der n-ten Brillouin-Zone)*

$$k = \pm n \frac{\pi}{a}$$ **28** 1/m

$n = 1, 2, 3, \ldots$

→ Bild: $E(k)$ für ein Elektron im linearen Gitter. Das Gebiet $-\pi/a \leqq k \leqq +\pi/a$ ist die *1. Brillouin-Zone.* Die Gebiete zwischen $-2\pi/a$ und $-\pi/a$ sowie zwischen $\pi/a$ und $2\pi/a$ zusammengenommen bilden die *2. Brillouin-Zone* usw. Im dreidimensionalen Kristall sind die Brillouin-Zonen die *Wigner-Seitz-Zellen* im zugehörigen reziproken Gitter (vgl. 37.3 und 39.3).
Gleichbedeutend mit **28** ist wegen $k = 2\pi/\lambda$: $2a = n\lambda$. Dies ist mit $a = d$ (Netzebenenabstand im linearen Gitter) die **Braggsche Reflexionsbedingung** $2a \sin 90° = n\lambda$ (Gleichung **23** in 37.4) für Elektronenwellen. Als Folge der Braggschen Reflexion der Elektronenwellen am Gitter bilden sich *stehende Elektronenwellen* an den Grenzen der Brillouin-Zonen mit $\lambda/2 = a$ für $n = 1$ bzw. $\lambda/2 = a/n$.

*Brillouin-Zonen*
sind die den Energiebändern zugeordneten Gebiete im $\boldsymbol{k}$-Raum, in denen sich die Elektronen als fortschreitende Wellen bewegen können. An den Grenzen der Brillouin-Zonen erleiden die Elektronenwellen Braggsche Reflexion am Kristallgitter, und es treten stehende Wellen auf. Dies führt im Energiebändermodell zur Ausbildung der für Elektronen verbotenen Zonen (Energielücken).

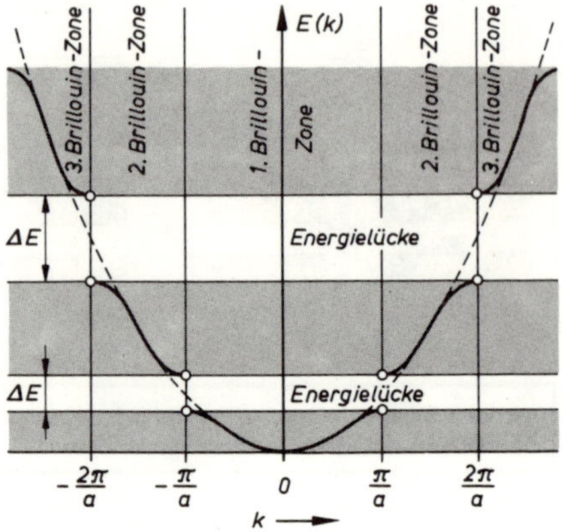


**Effektive Elektronenmasse**

*Kraft des elektrischen Feldes auf die Ladung des Elektrons* (dynamisches Grundgesetz)

$$m_E^* \frac{d\boldsymbol{v}}{dt} = e\boldsymbol{E} \qquad \textbf{29} \quad \text{N}$$

| | | |
|---|---|---|
| $m_e^*$ | effektive Masse des Elektrons | kg |
| $\boldsymbol{v}$ | Elektronengeschwindigkeit | m/s |
| $e$ | Elementarladung | C = A s |
| $\boldsymbol{E}$ | elektrische Feldstärke | V/m |

*Effektive Masse des Elektrons*

$$m_e^* = \frac{\hbar^2}{\partial^2 E(k)/\partial k^2} \qquad \textbf{30} \quad \text{kg}$$

(folgt durch zweimalige Ableitung aus **27**)

Die effektive Masse eines Elektrons ist um so größer/kleiner, je kleiner/größer die Krümmung der Funktion $E(k)$ im betrachteten Kurvenpunkt ist. Sie ist um so größer, je stärker das Elektron im Atom gebunden ist. Damit ist sie in tief gelegenen Bändern und am unteren Rand eines Bandes relativ groß. Sie kann auch kleiner als die wahre Masse und in der Nähe des oberen Randes des Valenzbandes sogar negativ werden. Bei gewöhnlichen Leitungsvorgängen genügt es, mit einem Mittelwert zu rechnen.

# B

**1.** a) Berechne den Radius der Fermi-Kugel für das kubisch-flächenzentrierte Kupfer (Gitterkonstante $a = 3{,}61 \cdot 10^{-10}$ m) und vergleiche diesen mit der Ausdehnung der 1. Brillouin-Zone! b) Zu wieviel Prozent füllt die Fermi-Kugel das Volumen der 1. Brillouin-Zone aus für den Fall, daß die Kugeloberfläche die Oktaederflächen der Brillouin-Zone gerade tangiert?

*Lösung:* a) Da das kfz-Gitter des Kupfers je Elementarzelle 4 Atome enthält (s. 37.1), von denen jedes ein Elektron an das Elektronengas abgibt, ist mit der Gitterkonstante $a$ die Elektronendichte $n_e = 4/a^3 = 8{,}50 \cdot 10^{28}\ \text{m}^{-3}$. (Berechnet man $n_e$ nach **1**, so erhält man den Wert $8{,}46 \cdot 10^{28}\ \text{m}^{-3}$.) Dies in Gleichung **9** eingesetzt, ergibt

$$k_F = \sqrt[3]{\frac{12\pi^2}{a^3}} = \frac{4{,}91}{a}.$$

Die 1. Brillouin-Zone ist nach 37.3 (→ Bild) ein Oktaeder mit abgeschnittenen Ecken. Da es sich hierbei um ein Gebilde im reziproken Gitter handelt, stellen die gezeichneten Gitterpunkte in den Ecken und in der Mitte des Würfels Punkte des reziproken Gitters dar.
Die Verbindungsvektoren von dem in der Mitte der Brillouin-Zone befindlichen Gitterpunkt zu den 8 Eckpunkten des Würfels (welche selbst wieder Mittelpunkte der angrenzenden Brillouin-Zonen darstellen) sind durch die Basisvektoren des reziproken kfz-Gitters (vgl. 37, Beispiel **6**)

$$\boldsymbol{a}_i^* = (1/a)(\pm \boldsymbol{e}_x \pm \boldsymbol{e}_y \pm \boldsymbol{e}_z) \quad \text{vom Betrage} \quad a_i^* = (1/a)\sqrt{3}$$

gegeben; es sind dies nach **20** die kürzesten reziproken Gittervektoren $\boldsymbol{H}$. Die zugehörigen Gittervektoren im $\boldsymbol{k}$-Raum sind somit nach **21**

$$\boldsymbol{G} = \frac{2\pi}{a}(\pm \boldsymbol{e}_x \pm \boldsymbol{e}_y \pm \boldsymbol{e}_z) \quad \text{vom Betrage} \quad G = \frac{2\pi}{a}\sqrt{3}\,.$$

Da die Oktaederflächen der Brillouin-Zone die senkrechten Mittelebenen zu den $\boldsymbol{G}$-Vektoren darstellen, beträgt der Abstand des in der Mitte der Brillouin-Zone liegenden Gitterpunktes zur Oktaederfläche $G/2 = (\pi/a)\sqrt{3} = 5{,}44/a$. Ein Vergleich mit dem oben errechneten Radius der Fermi-Kugel $k_F$ zeigt, daß diese vollständig innerhalb der 1. Brillouin-Zone liegt, d. h., sämtliche Leitungselektronen finden in der 1. Brillouin-Zone Platz.

b) In diesem Fall beträgt der Radius der Fermi-Kugel gerade $k_F' = 5{,}44/a$, und ihr Volumen beträgt nach **26** $V_{FK} = 674{,}35/a^3$. Das Volumen der Brillouin-Zone ist nach **25** $V_{BZ} = 992{,}20/a^3$. Somit ist $V_{FK}/V_{BZ} = 0{,}68$. Die Brillouin-Zone ist also zu 68 % mit Elektronen gefüllt. Da jeder Zustand im $\boldsymbol{k}$-Raum (und damit auch in der Brillouin-Zone) mit 2 Elektronen unterschiedlichen Spins besetzt werden kann, entspricht dies einer Elektronenkonzentration von $2 \cdot 0{,}68 = 1{,}36$ Elektronen je Zustand (d. h. je Atom), gegenüber einer solchen von 1 Elektron/Atom für den unter a) errechneten Radius der Fermi-Kugel $k_F = 4{,}91/a$.

Eine gegenüber 1 erhöhte Valenzelektronenkonzentration und damit ein »Aufblasen« der Fermi-Kugel wie im Fall b) kann bei einem einwertigen Metall wie Kupfer dadurch erreicht werden, daß diesem ein zweiwertiges Metall, z. B. Zink, zulegiert wird. Aus Kupfer und Zink entsteht Messing, welches für die errechnete »kritische« Valenzelektronenkonzentration von 1,36 dann gerade die kubisch-flächenzentrierte Modifikation annimmt (sog. α-Messing). Bei der Valenzelektronenkonzentration 1,48 entsteht die krz-Phase (β-Messing).

**2.** Berechne die Fermi-Energie, die Fermi-Geschwindigkeit und die Entartungstemperatur für Kupfer! (Elektronenmasse $m_e = 9{,}11 \cdot 10^{-31}$ kg)

*Lösung:* Mit der Elektronendichte von Kupfer $n_e = 8{,}50 \cdot 10^{28}\,\mathrm{m}^{-3}$ (vgl. Beispiel **1**) ist nach **10** $E_F = 1{,}13 \cdot 10^{-18}\,\mathrm{J} = 7{,}05\,\mathrm{eV}$ und nach **12** $v_F = 1{,}57 \cdot 10^6\,\mathrm{m/s}$. Aus **13** folgt $T_e = 32\,700\,\mathrm{K}$.
Bis zu dieser Temperatur ist das Elektronengas entartet, d. h., es verhält sich nicht wie ein normales Gas, bei dem ein bestimmter Energiewert von beliebig vielen Teilchen angenommen werden kann (z. B. auch der Wert $E = 0$ bei der Temperatur des absoluten Nullpunkts, wo gemäß der kinetischen Gastheorie sämtliche Teilchen in Ruhe sind), sondern es gilt hier das Pauli-Prinzip (vgl. 34.5), wonach jeder durch die drei Quantenzahlen $n_1$, $n_2$, $n_3$ bzw. $k_x$, $k_y$, $k_z$ (s. 39.1) definierte Energiezustand, auch der Zustand $E = 0$, nur von 2 Elektronen besetzt werden kann, die sich im Spin unterscheiden, und alle weiteren vorhandenen Elektronen somit in zunehmend höheren Energieniveaus untergebracht werden müssen. Das höchste besetzte Niveau ist das Fermi-Niveau $E_F$. Da Temperaturen $T > T_e$ gewöhnlich nicht vorkommen, ist das Elektronengas in Metallen immer entartet.

3. a) Wie groß ist für Kupfer bei $T = 0$ K die Zustandsdichte $g(E)$ der Elektronen an der Fermi-Kante $E_F = 1{,}13 \cdot 10^{-18}$ J = 7,05 eV? (Elektronendichte $n = 8{,}50 \times 10^{28}$ m$^{-3}$). b) Welche Werte hat bei 3 000 K die Zustandsdichte 1 eV unterhalb und oberhalb der Fermi-Kante?

*Lösung:* a) Nach **16** ist $g(E_F) = 1{,}13 \cdot 10^{47}$ (m$^3$J)$^{-1}$ = $1{,}81 \cdot 10^{28}$ (m$^3$eV)$^{-1}$. b) Aus **15** und **16** berechnet sich die Zustandsdichte mit dem obigen Wert für $g(E_F)$ zu $g(E) = g(E_F)\sqrt{E/E_F}$. Für die Energie $E_1 = E_F - 1$ eV = 6,05 eV = $0{,}97 \cdot 10^{-18}$ J erhält man $g(E_1) = 1{,}045 \cdot 10^{47}$ (m$^3$J)$^{-1}$, und für die Energie $E_2 = E_F + 1$ eV = 8,05 eV = $1{,}29 \cdot 10^{-18}$ J wird $g(E_2) = 1{,}206 \cdot 10^{47}$ (m$^3$J)$^{-1}$. Die Verteilungsfunktion der Fermi-Dirac-Statistik **17** liefert für $T = 3\,000$ K und die Energie $E_1$ den Wert $f(E_1,T) = 0{,}98$ und für die Energie $E_2$ den Wert $f(E_2,T) = 0{,}02$. Da sich die Zustandsdichte für Temperaturen $T > 0$ nach der Gleichung **18** zu $dn/dE = g(E)f(E,T)$ berechnet, bedeutet dies, daß in Kupfer bei 3 000 K die Besetzungsdichte bei der Energie $E_1$ nur 98 % des bei dieser Energie möglichen Wertes $g(E_1)$, d.h. also $1{,}02 \cdot 10^{47}$ (m$^3$J)$^{-1}$ = $1{,}64 \cdot 10^{28}$ (m$^3$eV)$^{-1}$, beträgt und bei der Energie $E_2$ 2 % der Zustandsdichte $g(E_2)$, also $2{,}41 \cdot 10^{45}$ (m$^3$J)$^{-1}$ = $3{,}86 \cdot 10^{26}$ (m$^3$eV)$^{-1}$. Die Fermi-Verteilung weist also bei 3 000 K an der Stelle $E = E_F$ keine scharfe Kante mehr auf wie bei der Temperatur des absoluten Nullpunkts, sondern ist bereits merklich aufgelockert.

## 40 Halbleiter

*Halbleiter* sind feste Stoffe, deren Fermi-Niveau innerhalb der verbotenen Zone zwischen Valenzband und Leitungsband liegt und deren elektrische Leitfähigkeit durch Zugabe von Fremdatomen (Dotierung) oder äußere Einflüsse (Erwärmung, Einstrahlung von Licht u. a.) leicht veränderbar ist.

*Arten elektrischer Leiter*

| Leitertyp | Anzahl der Ladungsträger je m$^3$ | Elektrische Leitfähigkeit in S/m |
|---|---|---|
| Halbleiter bei Zimmertemperatur | $10^{19}...10^{23}$ | $10^{-7}...10^{4}$ |
| Halbmetalle | $10^{23}...10^{28}$ | $10^{6}...10^{7}$ |
| Metalle | $10^{28}...10^{29}$ | $10^{7}...10^{8}$ |

*Arten von Halbleitern*

| Halbleitertyp | Verbindungstyp (Gruppen des Periodensystems) | Beispiele |
|---|---|---|
| Elemente | IV | C, Si, Ge, α-Sn, Te |
| Verbindungen | IV–VI | PbS, PbSe, PbTe, SnTe |
| | III–V | AlSb, GaP, GaAs, GaSb, InAs, InP, InSb |
| | II–VI | ZnO, ZnS, CdS, CdSe, CdTe |

## 40.1 Eigenleitung

Ursache der *Eigenleitung* ist die Befreiung von (negativen) Elektronen n aus dem vollbesetzten Valenzband und ihre »Anhebung« in das darüberliegende leere Leitungsband infolge Zufuhr von Wärme- (oder auch Licht-) Energie sowie die damit verbundene Entstehung von (positiven) Defektelektronen (Löchern) p im Valenzband *(»Band-Band-Anregung«)*.

Sowohl die Elektronen als auch die Löcher tragen unter dem Einfluß eines elektrischen Feldes zum elektrischen Strom bei (→ Bild: Bewegung eines Loches [schwarzer Punkt] im elektrischen Feld durch schrittweisen Platzwechsel mit Elektronen; diese bewegen sich in Pfeilrichtung).

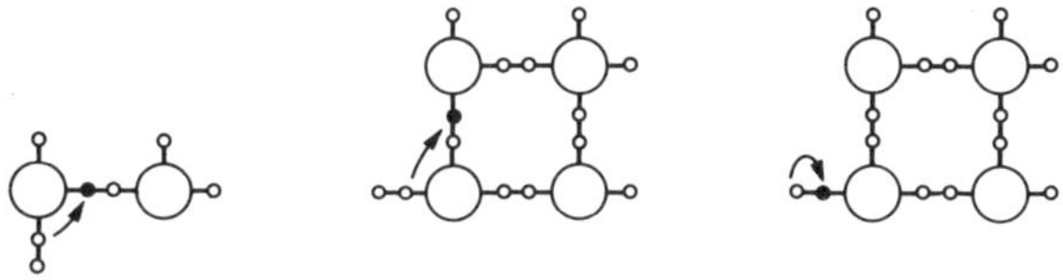

| | | | |
|---|---|---|---|
| *Stromstärke in einem elektronischen Halbleiter* | $I = eA(nv_- + pv_+)$ | **1** | A |
| | $v_-$, $v_+$ Driftgeschwindigkeiten der Elektronen bzw. Löcher | | m/s |
| | $n$, $p$ Konzentrationen der Elektronen bzw. Löcher | | $1/m^3$ |
| | $e$ Elementarladung | | C = A s |
| | $A$ Leiterquerschnitt | | $m^2$ |
| *Elektrische Leitfähigkeit* | $\varkappa = e(n\mu_- + p\mu_+)$ | **2** | $1/(\Omega\,m)$ |
| | $\mu_-$, $\mu_+$ Beweglichkeiten der Elektronen bzw. Löcher (vgl. 20.1) | | $m^2/(V\,s)$ |
| *Ladungsträgerbeweglichkeit* (vgl. 20.1) | $\mu = \frac{v}{E} = \frac{\varkappa}{en}$ | **3** | $m^2/(V\,s)$ |
| | $E$ elektrische Feldstärke | | V/m |
| *Energie der Elektronen im Leitungsband* | $E = E_C + \frac{\hbar^2 k^2}{2m_n}$ | **4** | J, eV |
| | $E_C$ Energie der unteren Kante des Leitungsbandes | | J, eV |
| | $m_n$ effektive Elektronenmasse | | kg |
| | $k$ Wellenzahl der Elektronen | | 1/m |
| | $\hbar$ Drehimpulsquantum | | J s |
| *Energie der Löcher im Valenzband* | $E = E_V - \frac{\hbar^2 k^2}{2m_p}$ | **5** | J, eV |
| | $E_V$ Energie der oberen Kante des Valenzbandes | | J, eV |
| | $m_p$ effektive Masse der Defektelektronen (Löcher) | | kg |

## 40.2 Störstellenleitung. Intrinsicdichte. pn-Übergang

Ursache der *Störstellenleitung* ist das Vorhandensein von Fremdatomen im Kristallgitter des reinen Halbleiters (*Donatoren* und *Akzeptoren*) mit diskreten Energieniveaus a) dicht unterhalb der Leitungsbandkante (Donator-Niveaus) und b) nur wenig oberhalb der Valenzbandkante (Akzeptor-Niveaus).

→ Bild: a) Donatoren geben freie Elektronen an das Leitungsband ab;
b) Akzeptoren nehmen Elektronen aus dem Valenzband auf.

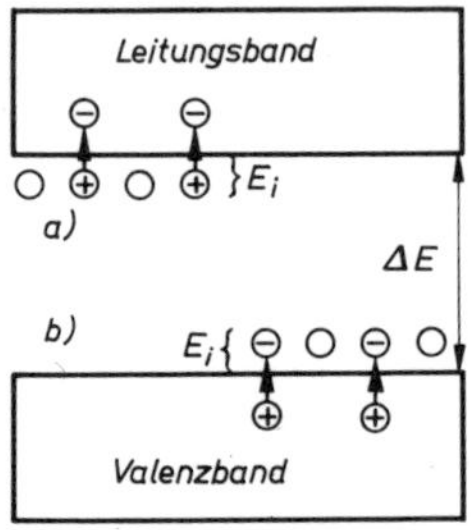


*Ionisierungsenergie* (Näherungsformel)

$$E_i = \frac{e^4 m_e^*}{8(\varepsilon_0 \varepsilon_r h)^2} \qquad \textbf{6} \quad \text{J, eV}$$

| | | |
|---|---|---|
| $e$ | Elementarladung | C = A s |
| $m_e^*$ | effektive Masse des Elektrons | kg |
| $\varepsilon_r$ | Dielektrizitätszahl des Halbleiters | 1 |
| $\varepsilon_0$ | elektrische Feldkonstante | A s/(V m) |
| $h$ | Plancksches Wirkungsquantum | J s |

kennzeichnet die zur Ionisation der Donatoren bzw. Akzeptoren (d. h. die zur Abspaltung bzw. Aufnahme eines Elektrons) erforderliche Energie.

Im **n-Leiter** überwiegt der Einfluß der *Donatoren*; der Stromfluß wird daher hauptsächlich von Elektronen getragen.
Im **p-Leiter** überwiegt der Einfluß der *Akzeptoren*; der Stromfluß wird daher hauptsächlich von Löchern getragen.

*Effektive Zustandsdichte der Elektronen im Leitungsband*

$$N_n = \frac{2}{h^3}(2\pi m_n k_B T)^{3/2} \qquad \textbf{7} \quad 1/\text{m}^3$$

| | | |
|---|---|---|
| $T$ | Temperatur | K |
| $k_B$ | Boltzmann-Konstante | J/K |
| $m_n$, $m_p$ | vgl. 40.1 | |

*Effektive Zustandsdichte der Löcher im Valenzband*

$$N_p = \frac{2}{h^3}(2\pi m_p k_B T)^{3/2} \qquad \textbf{8} \quad 1/\text{m}^3$$

*Konzentration der Elektronen im Leitungsband*

$$n = N_n e^{(E_F - \Delta E)/(k_B T)} \qquad \textbf{9} \quad 1/\text{m}^3$$

| | | |
|---|---|---|
| $E_F$ | Fermi-Energie | J, eV |
| $\Delta E$ | Abstand zwischen Valenz- und Leitungsband (Energielücke) | J, eV |

*Konzentration der Löcher im Valenzband*

$$p = N_p e^{-E_F/(k_B T)} \qquad \textbf{10} \quad 1/\text{m}^3$$

*Intrinsicdichte* $n_i = \sqrt{np}$ **11** $1/m^3$

$n_i = \sqrt{N_n N_p}\ e^{-\Delta E/(2k_B T)}$ **12** $1/m^3$

> Die *Intrinsicdichte* $n_i$ charakterisiert durch den Übergang vom Zustand $n > n_i > p$ in den Zustand $n < n_i < p$ an der Stelle $n = n_i = p$ (Zustand der Eigenleitung) die *Umkehr (Inversion) des Leitungstyps* von der n-Leitung zur p-Leitung. Sie ist von der Lage der Fermi-Kante und der Dotierung unabhängig und wird nur von der Zustandsdichte, vom Bandabstand und von der Temperatur bestimmt.

> *Massenwirkungsgesetz:* $np = n_i^2 = \text{const}$ für $T = \text{const.}$ **13**
>
> Das Produkt der Konzentrationen der Elektronen und Löcher in einem Halbleiter ist bei gleichbleibender Temperatur konstant.

*Lage des Fermi-Niveaus für einen n-Leiter* (Bezugspunkt ist die untere Grenze des Leitungsbandes)

$$E_F = \Delta E - k_B T \ln \frac{N_n}{n}$$ **14** J, eV

(folgt aus **9**)

**pn-Übergang**

→ Bild: Verlauf der Ladungsträgerdichten $p$ und $n$ sowie des elektrischen Potentials $\varphi$ (zum Transport einer Ladung erforderliche Energie) im stromlosen pn-Übergang

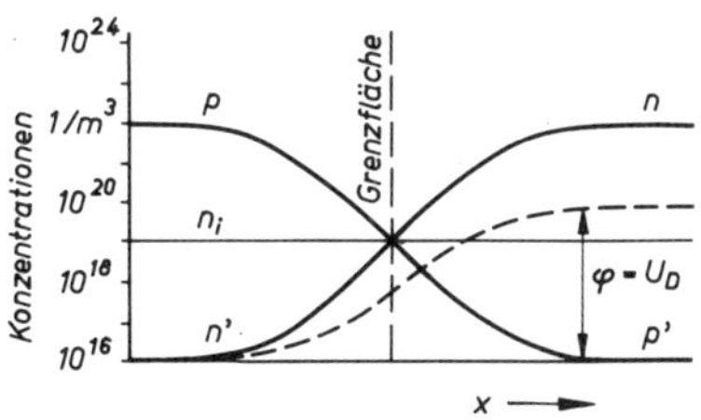


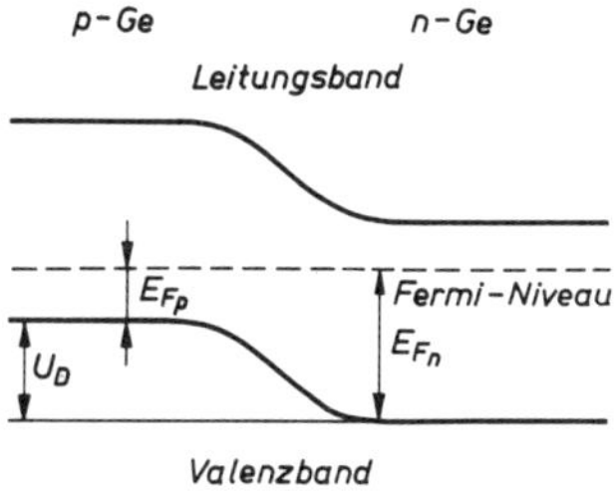


→ Bild: Energiebändermodell des stromlosen pn-Übergangs

*Zum Transport der negativen Ladung erforderliche Arbeit* $eU_D = E_{Fn} - E_{Fp}$ **15** J, eV

$E_{Fn}$, $E_{Fp}$ Fermi-Energien der Ladungsträger (→ Bild) J, eV

*Diffusionsspannung*

$$U_D = \frac{k_B T}{e} \ln \frac{n}{p}$$ **16** V

$n/p$ Verhältnis der Majoritäts- zur Minoritätsträgerdichte für die Elektronen 1

*Diffusionsstrom* $I_D = I_F e^{eU/(k_B T)}$ **17** A

$I_F$ Feldstrom A

$U$ angelegte Spannung V

→ Bild: Kennlinie des pn-Übergangs $I_D(U)$. Für $U = 0$ ist nach **17** $I_D = I_F$.

*Gesamt-Stromstärke durch den pn-Übergang* $I = I_D - I_F = I_F(e^{eU/(k_B T)} - 1)$ **18** A

*Sonderfälle:*

1. Bereits bei Sperrspannungen $U < -0{,}1$ V wird das Exponentialglied klein gegenüber 1, so daß es vernachlässigt werden kann, und es wird der Sättigungswert $I \approx -I_F$ erreicht (→ Bild).

2. Für $U > 0{,}1$ V kann hingegen die 1 gegenüber dem Exponentialglied vernachlässigt werden; der Strom steigt exponentiell mit der Spannung $U$ an, was in dem steilen Ast der Kennlinie zum Ausdruck kommt.

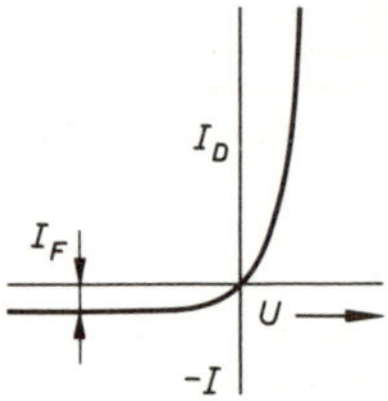


*Vorgänge bei unterschiedlicher Polung des pn-Übergangs*

| Verhalten | Positiver Pol am p-Leiter | Negativer Pol am p-Leiter |
|---|---|---|
| Verhalten der Majoritätsträger | Elektronen und Löcher werden in die Grenzschicht getrieben. | Elektronen und Löcher entfernen sich aus der Grenzschicht. |
| Trägerdichte in der Grenzschicht | wird erhöht, die Grenzschicht wird abgebaut. | wird vermindert, die Grenzschicht wird verbreitert. |
| elektrisches Verhalten des pn-Übergangs | niederohmig, der pn-Übergang ist in Durchlaßrichtung gepolt. | hochohmig, der pn-Übergang ist in Sperrichtung gepolt. |

## B

1. Berechne die Ionisierungsenergie für Germanium ($\varepsilon_r = 15{,}8$) und Silicium ($\varepsilon_r = 11{,}7$) und vergleiche diese mit der thermischen Energie eines Elektrons bei Raumtemperatur! (Effektive Elektronenmasse $m_e^* \approx 0{,}1\ m_e$)

   *Lösung:* Nach **6** erhält man für Germanium $E_i = 0{,}005$ eV und für Silicium $E_i = 0{,}01$ eV. Demgegenüber ist nach 13.3, Gleichung **21**, die mittlere thermische Energie eines Elektrons bei 20 °C $E_{th} = 3k_B T/2 = 0{,}038$ eV; sie reicht also völlig aus, um genügend Donatoren und Akzeptoren zu ionisieren, d. h. Elektronen ins Leitungsband zu heben oder Löcher im Valenzband freizusetzen. Bei Raumtemperatur sind praktisch alle Donatoren und Akzeptoren ionisiert.
   Dies erklärt die überraschend starke Wirkung geringster Fremdatomzusätze. Eine Dotierung mit 0,01 % bedeutet die Zugabe von rund $10^{23}$ Donatoren oder Akzeptoren je $m^3$, die bei Raumtemperatur vollständig ionisiert sind. Da aber im Zustand der Eigenleitung 1 $m^3$ Germanium nur $2{,}4 \cdot 10^{19}$ freie Elektronen enthält, wächst ihre Anzahl dadurch auf das 4000fache an.

2. Berechne die Intrinsicdichte $n_i$ für Silicium (Bandabstand $\Delta E = 1{,}1$ eV) bei Raumtemperatur (20 °C)! Der Einfachheit halber werden $m_n$ und $m_p$ gleich der Masse des freien Elektrons gesetzt.

*Lösung:* Für $m_n = m_p = 9{,}11 \cdot 10^{-31}$ kg und $T = 293{,}15$ K folgt aus **7** und **8** für die effektiven Zustandsdichten der Elektronen im Leitungsband und der Löcher im Valenzband

$$N_n = N_p = 2{,}42 \cdot 10^{25}\ \text{m}^{-3}.$$

Für die angegebene Temperatur nimmt die e-Funktion in Gleichung **12** mit $\Delta E = 1{,}1\ \text{eV} = 1{,}76 \cdot 10^{-19}$ J den Wert $3{,}57 \cdot 10^{-10}$ an, womit für die Intrinsicdichte folgt $n_i = 8{,}65 \cdot 10^{15}\ \text{m}^{-3}$.

**3.** Berechne die Lage des Fermi-Niveaus a) für den Zustand der Eigenleitung; b) für n-leitendes Silicium (Bandabstand $\Delta E = 1{,}1$ eV) mit einer Konzentration der Elektronen von $n = 10^{21}\ \text{m}^{-3}$ bei Raumtemperatur (20 °C)!

*Lösung:* a) Die Eigenleitung ist durch $n = p$ gekennzeichnet. Durch Gleichsetzen von **9** und **10** erhält man mit $m_n = m_p$ und damit nach **7** und **8** $N_n = N_p$ für die Lage des Fermi-Niveaus $E_F = \Delta E/2$. Im Zustand der Eigenleitung liegt also das Fermi-Niveau in der Mitte der verbotenen Zone zwischen Valenzband und Leitungsband.

b) Mit dem im Beispiel **2** berechneten Näherungswert für die Zustandsdichte $N_n = 2{,}42 \cdot 10^{25}\ \text{m}^{-3}$ ergibt sich der Faktor $\ln(N_n/n) = 10{,}1$ und damit das Fermi-Niveau nach **14** zu

$$E_F = (1{,}76 - 0{,}41) \cdot 10^{-19}\ \text{J} = 0{,}84\ \text{eV}.$$

Der Abstand zum darüberliegenden Leitungsband beträgt damit nur noch knapp ein Viertel des Bandabstandes. Je nach Art der Dotierung (Donatoren bzw. Akzeptoren) verschiebt sich das Fermi-Niveau in Richtung der Leitungs- bzw. Valenzbandkante.

**4.** Auf welchen Anteil an der Gesamtzahl der Ladungsträger werden durch Dotierung von Silicium mit Donatoratomen bei einer dadurch erzeugten Elektronenkonzentration von $n' = 10^{21}\ \text{m}^{-3}$ (wie in Beispiel 3b) die Löcher reduziert?

*Lösung:* Nach dem Massenwirkungsgesetz **13** muß das Produkt der Konzentrationen der Elektronen und Löcher $np$ konstant gleich $n_i^2$ bleiben. Die Intrinsicdichte für Silicium bei Raumtemperatur wurde in Beispiel **2** zu $n_i = 8{,}65 \cdot 10^{15}\ \text{m}^{-3}$ ermittelt. Ist also im Zustand der Eigenleitung $n = p = n_i$ und $np = n_i^2$, so gilt auch für den dotierten Halbleiter $n'p' = np = n_i^2$. Hieraus folgt für die Konzentration der Löcher $p' = n_i^2/n' \approx 7{,}5 \cdot 10^{10}\ \text{m}^{-3}$.

Durch die Dotierung wird also zweierlei erreicht: Die Gesamtzahl der Ladungsträger nimmt von ursprünglich $2n_i \approx 1{,}7 \cdot 10^{16}\ \text{m}^{-3}$ auf $(10^{21} + 7{,}5 \cdot 10^{10})/\text{m}^3$ zu, und die Anzahl der Löcher wird auf den Bruchteil $7{,}5 \cdot 10^{10}/(10^{21} + 7{,}5 \cdot 10^{10}) \approx 1/10^{10}$ (!) reduziert.

# ANHANG

## Physikalische Konstanten

Atomare Masseneinheit

$u = (1{,}660\,540\,2 \pm 0{,}000\,001\,0) \cdot 10^{-27}\,\mathrm{kg}$

Avogadro-Konstante

$N_A = (6{,}022\,136\,7 \pm 0{,}000\,003\,6) \cdot 10^{23}\,\mathrm{mol}^{-1}$

Bohrsches Magneton

$\mu_B = (9{,}274\,015\,4 \pm 0{,}000\,003\,1) \cdot 10^{-24}\,\mathrm{J\,T}^{-1}$

Boltzmann-Konstante

$k = (1{,}380\,658 \pm 0{,}000\,012) \cdot 10^{-23}\,\mathrm{J\,K}^{-1}$

Compton-Wellenlänge des Elektrons

$\lambda_C = (2{,}426\,310\,58 \pm 0{,}000\,000\,22) \cdot 10^{-12}\,\mathrm{m}$

Compton-Wellenlänge des Neutrons

$\lambda_{Cn} = (1{,}319\,591\,10 \pm 0{,}000\,000\,12) \cdot 10^{-15}\,\mathrm{m}$

Compton-Wellenlänge des Protons

$\lambda_{Cp} = (1{,}321\,410\,02 \pm 0{,}000\,000\,12) \cdot 10^{-15}\,\mathrm{m}$

Drehimpulsquantum

$\hbar = (1{,}054\,572\,66 \pm 0{,}000\,000\,63) \cdot 10^{-34}\,\mathrm{J\,s}$

Elektrische Elementarladung
[Ladung des Positrons bzw.
(mit negativem Vorzeichen) des Elektrons]

$e = (1{,}602\,177\,33 \pm 0{,}000\,000\,49) \cdot 10^{-19}\,\mathrm{C}$

Elektrische Feldkonstante

$\varepsilon_0 = 8{,}854\,187\,817 \cdot 10^{-12}\,\mathrm{F\,m}^{-1}$

Elektronenradius

$r_e = (2{,}817\,940\,92 \pm 0{,}000\,000\,38) \cdot 10^{-15}\,\mathrm{m}$

Faraday-Konstante

$F = (9{,}648\,530\,9 \pm 0{,}000\,002\,9) \cdot 10^{4}\,\mathrm{C\,mol}^{-1}$

Gaskonstante

$R = (8{,}314\,510 \pm 0{,}000\,070)\,\mathrm{J\,K}^{-1}\,\mathrm{mol}^{-1}$

Gravitationskonstante

$\gamma = (6{,}672\,59 \pm 0{,}000\,85) \cdot 10^{-11}\,\mathrm{N\,m}^2\,\mathrm{kg}^{-2}$

Lichtgeschwindigkeit im Vakuum

$c_0 = 2{,}997\,924\,58 \cdot 10^{8}\,\mathrm{m\,s}^{-1}$

Loschmidt-Konstante

$N_L = (2{,}686\,763 \pm 0{,}000\,023) \cdot 10^{25}\,\mathrm{m}^{-3}$

Magnetische Feldkonstante

$\mu_0 = 4\pi \cdot 10^{-7}\,\mathrm{H\,m}^{-1} = 1{,}256\,637\,06 \cdot 10^{-6}\,\mathrm{H\,m}^{-1}$

Molares Normvolumen des idealen Gases

$V_{m0} = (22{,}414\,10 \pm 0{,}000\,19)\,\mathrm{m}^3\,\mathrm{kmol}^{-1}$

Normfallbeschleunigung

$g_n = 9{,}806\,65\,\mathrm{m\,s}^{-2}$

Plancksches Wirkungsquantum (Planck-Konstante)

$h = (6{,}626\,075\,5 \pm 0{,}000\,004\,0) \cdot 10^{-34}\,\mathrm{J\,s}$

Quotient aus Protonenruhmasse und Elektronenruhmasse

$$\frac{m_p}{m_e} = 1\,836{,}152\,701 \pm 0{,}000\,037$$

Relative Atommasse des Elektrons

$A_{re} = (5{,}485\,799\,03 \pm 0{,}000\,000\,13) \cdot 10^{-4}$

Relative Atommasse des Neutrons

$A_{rn} = 1{,}008\,664\,904 \pm 0{,}000\,000\,014$

Relative Atommasse des Protons

$A_{rp} = 1{,}007\,276\,470 \pm 0{,}000\,000\,012$

Ruhmasse des Elektrons

$m_e = (9{,}109\,389\,7 \pm 0{,}000\,005\,4) \cdot 10^{-31}\,\mathrm{kg}$

Ruhmasse des Neutrons

$m_n = (1{,}674\,928\,6 \pm 0{,}000\,001\,0) \cdot 10^{-27}\,\mathrm{kg}$

Ruhmasse des Protons

$m_p = (1{,}672\,623\,1 \pm 0{,}000\,001\,0) \cdot 10^{-27}\,\mathrm{kg}$

Ruhmasse des (leichten) Wasserstoffatoms

$m_H = (1{,}673\,53 \pm 0{,}000\,08) \cdot 10^{-27}\,\mathrm{kg}$

Rydberg-Frequenz

$R_\infty = (3{,}289\,841\,949\,9 \pm 0{,}000\,000\,003\,9) \cdot 10^{15}\,\mathrm{Hz}$

Rydberg-Konstante

$\tilde{R}_\infty = (1{,}097\,373\,153\,4 \pm 0{,}000\,000\,001\,3) \cdot 10^{7}\,\mathrm{m}^{-1}$

Rydberg-Konstante des Wasserstoffatoms

$\tilde{R}_H = (1{,}096\,775\,8 \pm 0{,}000\,000\,3) \cdot 10^{7}\,\mathrm{m}^{-1}$

Spezifische Ladung des Positrons (bzw. des Elektrons)

$e/m_e = (1{,}758\,819\,62 \pm 0{,}000\,000\,53) \cdot 10^{11}\,\mathrm{C\,kg}^{-1}$

Spezifische Ladung des Protons

$e/m_p = (9{,}578\,830\,9 \pm 0{,}000\,002\,9) \cdot 10^{7}\,\mathrm{C\,kg}^{-1}$

Stefan-Boltzmannsche Strahlungskonstante (Stefan-Boltzmann-Konstante)

$\sigma = (5{,}670\,51 \pm 0{,}000\,19) \cdot 10^{-8}\,\mathrm{W\,m^{-2}\,K^{-4}}$

Wellenwiderstand des Vakuums

$Z_0 = 376{,}730\,313\,\Omega$

Wiensche Konstante

$K = (2{,}897\,756 \pm 0{,}000\,024) \cdot 10^{-3}\,\mathrm{m\,K}$

## Chemische Elemente

S Symbol
$Z$ Ordnungszahl
$z$ Wertigkeit
AZ Aggregatzustand im Normzustand (0 °C; 1 013,25 hPa)
f fest
fl flüssig
g gasförmig

k künstlich hergestelltes Element
* radioaktives Element
$A_r$ relative Atommasse des natürlichen Isotopengemisches bzw. Massenzahl des stabilsten Isotops bei radioaktiven Elementen

| | S | $Z$ | $A_r$ | $z$ | AZ |
|---|---|---|---|---|---|
| Actinium* | Ac | 89 | 227 | 3 | f |
| Aluminium | Al | 13 | 26,981 54 | 3 | f |
| Americium* | Am | 95 | 243 | 2 **3** **4** 5 6 | fk |
| Antimon | Sb | 51 | 121,75 | **3** 4 **5** | f |
| Argon | Ar | 18 | 39,948 | 0 | g |
| Arsen | As | 33 | 74,921 6 | **3** 5 | f |
| Astat* | At | 85 | 210 | **1** 3 5 7 | f |
| Barium | Ba | 56 | 137,327 | 2 | f |
| Berkelium* | Bk | 97 | 247 | **3** 4 | fk |
| Beryllium | Be | 4 | 9,0122 | 2 | f |
| Bismut | Bi | 83 | 208,980 | 2 **3** 5 | f |
| Blei | Pb | 82 | 207,2 | **2** 4 | f |
| Bor | B | 5 | 10,811 | 3 | f |
| Brom | Br | 35 | 79,904 | **1** 3 **5** | fl |
| Cadmium | Cd | 48 | 112,411 | 2 | f |
| Caesium | Cs | 55 | 132,905 | 1 | f |
| Calcium | Ca | 20 | 40,078 | 2 | f |
| Californium* | Cf | 98 | 251 | 3 | fk |
| Cer | Ce | 58 | 140,12 | **3** 4 | f |
| Chlor | Cl | 17 | 35,453 | **1** 3 4 5 7 | g |
| Chrom | Cr | 24 | 51,996 | 2 3 4 5 **6** | f |
| Cobalt | Co | 27 | 58,933 2 | **2** 3 4 | f |
| Curium* | Cm | 96 | 247 | 3 | fk |
| Dysprosium | Dy | 66 | 162,50 | 3 | f |
| Einsteinium* | Es | 99 | 254 | | fk |
| Eisen | Fe | 26 | 55,847 | 2 3 4 | f |
| Erbium | Er | 68 | 167,26 | 3 | f |
| Europium | Eu | 63 | 151,965 | 2 **3** | f |
| Fermium* | Fm | 100 | 257 | | fk |
| Fluor | F | 9 | 18,998 4 | 1 | g |

| | S | Z | $A_r$ | z | AZ |
|---|---|---|---|---|---|
| Francium* | Fr | 87 | 223 | | f |
| Gadolinium | Gd | 64 | 157,25 | 3 | f |
| Gallium | Ga | 31 | 69,723 | 1 2 **3** | f |
| Germanium | Ge | 32 | 72,61 | 2 **4** | f |
| Gold | Au | 79 | 196,966 5 | 1 **3** | f |
| Hafnium | Hf | 72 | 178,49 | 4 | f |
| Helium | He | 2 | 4,0026 | 0 | g |
| Holmium | Ho | 67 | 164,930 | 3 | f |
| Indium | In | 49 | 114,82 | 1 2 **3** | f |
| Iod | I | 53 | 126,904 5 | **1** 3 5 7 | f |
| Iridium | Ir | 77 | 192,22 | 1 2 **3 4** 6 | f |
| Kalium | K | 19 | 39,098 3 | 1 | f |
| Kohlenstoff | C | 6 | 12,011 | 2 3 **4** | f |
| Krypton | Kr | 36 | 83,80 | 0 2 | g |
| Kupfer | Cu | 29 | 63,546 | 1 **2** 3 | f |
| Lanthan | La | 57 | 138,91 | 3 | f |
| Lawrenzium* | Lr | 103 | 260 | | k |
| Lithium | Li | 3 | 6,941 | 1 | f |
| Lutetium | Lu | 71 | 174,97 | 3 | f |
| Magnesium | Mg | 12 | 24,305 | 2 | f |
| Mangan | Mn | 25 | 54,938 1 | 1 **2** 3 **4** 6 **7** | f |
| Mendelevium* | Md | 101 | 258 | | fk |
| Molybdaen | Mo | 42 | 95,94 | 2 3 4 5 **6** | f |
| Natrium | Na | 11 | 22,989 8 | 1 | f |
| Neodym | Nd | 60 | 144,24 | 3 | f |
| Neon | Ne | 10 | 20,179 7 | 0 | g |
| Neptunium* | Np | 93 | 237 | 2 3 **4** 5 **6** | f |
| Nickel | Ni | 28 | 58,69 | 1 **2** 3 **4** | f |
| Niob | Nb | 41 | 92,906 | 2 3 4 **5** | f |
| Nobelium* | No | 102 | 259 | | fk |
| Osmium | Os | 76 | 190,2 | 2 3 4 **6 8** | f |
| Palladium | Pd | 46 | 106,42 | **2** 3 4 | f |
| Phosphor | P | 15 | 30,973 8 | 1 **3** 4 **5** | f |
| Platin | Pt | 78 | 195,08 | 1 **2** 3 **4** 6 | f |
| Plutonium* | Pu | 94 | 244 | 2 3 **4** 5 6 | f |
| Polonium* | Po | 84 | 209 | 2 **4** 6 | f |
| Praseodym | Pr | 59 | 140,908 | **3** 4 5 | f |
| Promethium* | Pm | 61 | 147 | 3 | fk |
| Protactinium* | Pa | 91 | 231 | 3 4 **5** | f |
| Quecksilber | Hg | 80 | 200,59 | 1 **2** | fl |
| Radium* | Ra | 88 | 226 | 2 | f |
| Radon* | Rn | 86 | 222 | 0 | g |
| Rhenium | Re | 75 | 186,2 | 1 **2** 3 **4** 5 6 **7** | f |
| Rhodium | Rh | 45 | 102,905 5 | 1 2 **3** 4 5 6 | f |
| Rubidium | Rb | 37 | 85,47 | 1 | f |
| Ruthenium | Ru | 44 | 101,07 | 2 3 **4** 5 6 7 **8** | f |
| Samarium | Sm | 62 | 150,36 | 2 **3** | f |
| Sauerstoff | O | 8 | 15,999 4 | 2 | g |
| Scandium | Sc | 21 | 44,956 | 3 | f |
| Schwefel | S | 16 | 32,066 | 2 4 **6** | f |
| Selen | Se | 34 | 78,96 | 2 **4** 6 | f |
| Silber | Ag | 47 | 107,868 | **1** 2 | f |

| | S | Z | $A_r$ | z | AZ |
|---|---|---|---|---|---|
| Silicium | Si | 14 | 28,0855 | 2 **4** | f |
| Stickstoff | N | 7 | 14,0067 | 1 2 **3** 4 5 | g |
| Strontium | Sr | 38 | 87,62 | 2 | f |
| Tantal | Ta | 73 | 180,948 | 2 3 4 **5** | f |
| Technetium* | Tc | 43 | 99 | 4 6 **7** | fk |
| Tellur | Te | 52 | 127,60 | 2 **4** 6 | f |
| Terbium | Tb | 65 | 158,925 | **3** 4 | f |
| Thallium | Tl | 81 | 204,383 | **1** 3 | f |
| Thorium* | Th | 90 | 232 | 3 4 | f |
| Thulium | Tm | 69 | 168,934 | 3 | f |
| Titan | Ti | 22 | 47,88 | 2 3 **4** | f |
| Uran* | U | 92 | 238 | 2 3 4 5 **6** | f |
| Vanadium | V | 23 | 50,942 | 2 3 4 **5** | f |
| Wasserstoff | H | 1 | 1,00794 | 1 | g |
| Wolfram | W | 74 | 183,85 | 2 3 4 5 **6** | f |
| Xenon | Xe | 54 | 131,29 | 0 | g |
| Ytterbium | Yb | 70 | 173,04 | 2 **3** | f |
| Yttrium | Y | 39 | 88,9059 | 2 | f |
| Zink | Zn | 30 | 65,39 | 2 | f |
| Zinn | Sn | 50 | 118,71 | 2 4 | f |
| Zirkonium | Zr | 40 | 91,22 | 2 3 **4** | f |

## Quellenverzeichnis


*Formeln der Technik* / hrsg. von Netz, H.; Paul, A. – 2. Aufl. – München; Wien: Hanser 1982

Kuchling, H.: *Taschenbuch der Physik.* – 10. Aufl. – Thun; Frankfurt/M.: Deutsch, 1988

Lindner, H.: *Grundriß der Festkörperphysik.* – Braunschweig: Vieweg, 1978

Mende, D.; Simon, G.: *Physik: Gleichungen und Tabellen.* – 7. Aufl. – Leipzig: Fachbuchverl., 1981
(Diesem Buch entstammen neben zahlreichen Detailangaben und Bildern insbesondere die Tabellen und Übersichten zu den Abschnitten 35.2, 35.3 und 35.4, das Periodensystem der Elemente sowie die Zusammenstellung der physikalischen Konstanten im Anhang.)

Orear, J.: *Grundlagen der modernen Physik.* – München: Hanser, 1971

Orear, J.: *Physik.* – München; Wien: Hanser, 1982

*Physik: Verstehen durch Üben* / von Heinemann, H. [u. a.]. – 5. Aufl. – Thun; Frankfurt/M.: Deutsch, 1986

Stroppe, H.: *Physik für Studenten der Natur- und Technikwissenschaften.* – 6. Aufl. – München; Wien: Hanser, 1986

*Übungen zur Physik* / von Körner, W. [u. a.]. – Thun; Frankfurt/M.: Deutsch, 1986

*Übungen zur Physik.* Beiheft / von Körner, W. [u. a.]. – 1. Aufl. – Leipzig: Fachbuchverl., 1976
(Den beiden vorstehend genannten Ausgaben von »Übungen zur Physik« wurde eine Reihe von Übungsbeispielen und Übersichten entnommen.)

Zeller, W.; Franke, A.: *Das physikalische Rüstzeug des Ingenieurs.* – 11. Aufl. – Darmstadt: Technik-Tabellen-Verl., 1977

# Sachwortverzeichnis


α-Zerfall 178
Abbildungsgleichung für Linsen 149ff.
– für Spiegel 147, 148
Absorptionsgrad 156, 158
Adiabatenexponent 64, 73ff.
Aktivität 183
akustische Impedanz 133
Akzeptoren 212
Ampere 90
Amplitude einer Schwingung 116, 120, 121
– einer Welle 127, 128
Anergie 77
Antiteilchen 175
Arbeit 31
– bei Drehbewegung 46
– im elektr. Feld 85
Archimedisches Prinzip 53
atomare Masseneinheit 60, 174
Atom-kern 173ff.
– -masse, relative 60
– -radius 60
– -volumen 60
Auflösungsvermögen 152, 153
Auftriebskraft 53
Ausdehnungs-arbeit 71, 72
– -koeffizient 66, 67
Ausströmgeschwindigkeit 56
Avogadro-Konstante 60

β-Strahlung 186
β-Zerfall 178
Bändermodell 206
Barometerformel 52
Beleuchtungsstärke 155
Belichtung 155
Benetzung 54
Bernoullische Gleichung 56
beschleunigte Bewegung 17, 22
Bestrahlungsstärke 158
Beugung v. Licht 142, 143
– von Röntgenstrahlen 144, 194
Bewegungsgleichung 25
–, relativistische 30
– bei Rotation 45
– für Punktmassensysteme 37
Bewegungsgröße 24
Bezugssysteme 27, 28
Biegung 50
Bindungsarten 194
Bindungsenergie von Atomkernen 175
– von Kristallen 194
Blendenzahl 152
Bohrsche Postulate 163, 164
Bohrsches Atommodell 163
– Magneton 168
Boltzmann-Konstante 62
Boyle-Mariottesches Gesetz 53
Braggsche Gleichung 194, 207
Bravais-Gitter 190
Brechungsgesetz 129, 130, 140
Brechwert 149ff.
Brechzahl 138, 140
Bremsstrahlung 171
Brennweite 148ff.
Brewstersches Gesetz 144
Brillouin-Zonen 193, 195, 205ff.

Candela 154, 155
Carnot-Prozeß 75, 76
Clausius-Clapeyronsche Gleichungen 80
Compton-Effekt 187
Coriolis-Kraft 27
Coulombsches Gesetz der Elektrostatik 84
– – – Magnetostatik 99

d'Alembertsches Prinzip 27
Dampfdruckkurve 80
De-Broglie-Wellenlänge 161, 162
Debyesches $T^3$-Gesetz 201
Debye-Temperatur 201
Dehnung 49
Diamagnetismus 102
Dichte 24, 61, 66, 68
Dielektrizitätszahl 87
Diffusionsspannung 213
Diffusionsstrom 213
Dioptrie 149
Dipolmoment 85, 99
Dispersion 130, 131
Dispersionsrelation 199
Donatoren 212
Doppler-Effekt 135, 136
Dosis 184, 185
Drehbewegung 46
Drehimpuls 46, 167ff.
– -quantum 164, 168
Drehmoment 42
– eines Dipols 85, 99
Drehschwingung 117
Drehstrom 113
Druck 52
–, dynamischer 56
–, Schwere- 52, 56
–, statischer 56
– eines Gases 63, 67
Duane-Huntsches Gesetz 171
Dulong-Petitsche Regel 64, 201
Durchflutungsgesetz 101, 107
dynamisches Grundgesetz 25, 45
– –, relativistisches 30

effektive Elektronenmasse 208
Effektivwert von Wechselstrom 110
Eigenleitung 211, 213
Eigenschwingungen, elektrische 123
– von Stab und Saite 118
Einheiten 12, 13

Elastizitätsmodul 50
Elektrisierung 87
elektrochemisches Äquivalent 97
Elektrolyse 96
Elektronen-dichte 95, 202
– -emission 97
– -gas 202ff.
Elementarladung 84
Elementarteilchen 175ff.
Elemente (Übersicht) 218
Emissionsgrad 158
Energie 32, 35, 77
–, innere 64, 71, 72, 201
–, kinetische 30, 32
–, potentielle 32, 35, 85
– bei Drehbewegung 46
– des elektrischen Feldes 86, 87
– des elektromagnetischen Feldes 139
– des magnetischen Feldes 100, 106
– einer Schwingung 117, 124
– von Gleichströmen 93
– -bändermodell 206
– -dosis 184, 185
– -erhaltungssatz 33, 72
– -lücke 206
Entartungstemperatur 204
Enthalpie 69, 71
Entropie 71, 72, 77
Exergie 77
Extinktion 156

Fallbeschleunigung 18, 35
Faraday-Konstante 97
Faradaysche Gesetze 97
Feldstärke, elektr. 84, 85
–, Gravitations- 34
–, magnetische 99, 100
Fermatsches Prinzip 147
Fermi-Energie 203
– -Kante (-Niveau) 207, 213, 215
– -Kugel 203
– -Statistik 204
– -Temperatur 204
– -Verteilungsfunktion 205
Fernrohr 152
Ferromagnetismus 102
Flächenträgheitsmoment 50
Fliehkraft 27
Fluenz 183
Fluß, elektrischer 85
–, magnetischer 98, 99
freier Fall 18
Freiheitsgrad 64
Fresnelsche Formeln 145

γ-Strahlung 179, 186, 187
Galilei-Transformation 28
Gangunterschied 127, 141
Gaskonstante 62, 67
Gay-Lussacsches Gesetz 67
Gegenwirkungsprinzip 26
Geschwindigkeit 16, 22
Gewichtskraft 25
Gibbssches Phasengesetz 80
Gitterenergie 195
Gleichgewicht, dynamisches 27
–, statisches 25, 41, 42
–, thermodynamisches 80
Gleichverteilungssatz 64
Gleitmodul 50
Gravitationsfeld 34, 35
Grenzflächenspannung 54
Gruppengeschwindigkeit 130

Haftspannung 54
Hagen-Poiseuillesches Gesetz 57
Halbleiter 207, 210ff.
Halbwertsdicke 172
Halbwertshöhe 55
Hall-Effekt 96
harmonischer Oszillator 200
Hauptsatz, erster 72, 77
–, zweiter 77
Hebelgesetz 42
Heisenbergsche Unbestimmtheitsrelation 162
Hookesches Gesetz 49, 50
Huygenssches Prinzip 129
Hydraulik 52
hydrostatischer Druck 52
Hysteresisschleife 102

ideale Flüssigkeit 55
ideales Gas 55, 61
Immersionslinse 150
Impuls 25
–, relativistischer 30
Impulserhaltungssatz 36
Induktion 99, 101
Induktionsgesetz 105
Induktivität 105, 106
Inertialsystem 28
innere Reibung 57
Intensität von elektromagnetischen Wellen 139
– von Schallwellen 134
Interferenz 141, 142, 145
Intrinsicdichte 213
Ionendosis 184
Ionisierungs-arbeit (-energie) 165, 172, 212
irreversibler Prozeß 75
Isotope 174

Joule 68

Kalorimeter-Formel 69
Kältemaschine 76
Kapazität 87, 88
Kapillarität 54
Kelvin 66
Keplersche Gesetze 35
Kernladungszahl 174
Kernreaktionen 179ff.
Kinematik 16
kinetische Gastheorie 63
Kirchhoffsche Gesetze 91, 94
Kirchhoffsches Strahlungsgesetz 158
kohärentes Licht 141
Kohäsionsdruck 54
Kompressibilität 50, 53
Kompressionsmodul 50
Kontinuitätsgleichung 56
kosmische Geschwindigkeiten 35, 36
Kraft 24
–, relativistische 30
– auf Stromleiter 103
– im elektr. Feld 84
– – Gravitationsfeld 34
– – Magnetfeld 99
Krafteck 41
Kräfte-gleichgewicht 25, 41
– -parallelogramm 24, 41
– -zerlegung 25
Kraftstoß 26
Kreisbewegung 20
Kristallgitter 189, 190

kritischer Druck 79
kritisches Volumen 79
kritische Temperatur 79

Ladung, elektrische 84
laminare Strömung 57
Längenkontraktion 29
Lautstärke 134
Leistung 33
– bei Drehbewegung 46
– von elektromagnetischen Wellen 139
– – Gleichströmen 93
– – Schallwellen 133
– – Wechselströmen 112
Leitfähigkeit, elektrische 90, 95, 211
Leitungsband 206, 211
Leitwert 90, 110, 111
Lenzsche Regel 105
Leuchtdichte 155
Licht-geschwindigkeit 28, 138
– -menge 155
– -quanten 161, 164, 176
– -stärke 154
– -strom 155
– -weg 141
Linsen 149ff.
Lissajous-Figuren 121, 123
logarithmisches Dekrement 119
Lorentz-Kraft 103
– -Transformation 28
Loschmidt-Konstante 61
Luftdruck 52
Luftfeuchte 81
Lumen 155
Lupe 151
Lux 155

magnetischer Kreis 100
magnetisches Moment 100, 168
Magnetisierung 102
Masse 24
–, molare 61
–, relativistische 30
Massen-anziehung 34
– -defekt 174, 175, 181
– -mittelpunkt 36, 37, 43
– -strom 55, 56, 62
– -trägheitsmoment 45
– -wirkungsgesetz 213
– -zahl 174
Maxwell-Boltzmann-Statistik 205
Maxwellsche Geschwindigkeitsverteilung 62
– Gleichungen 107
Meßbereichserweiterung 93
Meter 16
Mikroskop 152
Millersche Indizes 192
Mischungsregel 69
mittlere freie Weglänge 63
Mol 60
Molekülmasse, relative 60
Molvolumen 61
Molwärme 64, 201

Neukurve 102
Newtonsche Axiome 25, 26
Newtonsche Ringe 142
n-Leiter 212, 213
numerische Apertur 153

Oberflächenenergie 53
Oberflächenspannung 53
Ohmsches Gesetz für den magnetischen Kreis 101
– – – Elektronenleitung 96
– – – Gleichstrom 91
– – – Ionenleitung 96
– – – Wechselstrom 110
optische Abbildung 147ff.
– Aktivität 145
– Weglänge 141
Ordnungszahl 174

Paarbildung 187
Paramagnetismus 102
Pauli-Prinzip 169
Periodendauer einer Schwingung 116, 117, 123
– einer Welle 127
Periodensystem 169, 170
Permeabilitätszahl 102
Phase einer Schwingung 116, 120, 121
– einer Welle 127, 128
–, Stoffsystem 79, 80
– von Wechselstrom 111
Phasen-geschwindigkeit 130
– – elektromagnetischer Wellen 138
– – von Schallwellen 132, 133
– -gesetz, Gibbssches 80
– -schieberkondensator 115
– -umwandlungen 79, 80
Phononen 198ff.
Photoeffekt 97, 186
Photon 161, 176
Plancksches Strahlungsgesetz 159, 160
– Wirkungsquantum 159
Plattenkondensator 84, 85, 87
p-Leiter 212, 213
pn-Übergang 213, 214
Polarisation 86, 102
– des Lichts 144, 145
Potential, elektrisches 85
–, Gravitations- 35
Poynting-Vektor 139

Quantenzahlen 167, 169, 175
Querkontraktionszahl 50

Radioaktivität 178, 179
Raketengleichung 38
Raumwinkel 155, 157
reale Flüssigkeit 57
reales Gas 57, 79
reduzierte Pendellänge 117
Reflexions-gesetz 129
– -vermögen 145, 156
Reibung 26
Reibungsarbeit 32
Reibungsgesetz (für Strömungen) 57
Relativitätsprinzip 29
Relativitätstheorie 28ff.
Resonanz 120
Reynoldszahl 58
reziprokes Gitter 192, 193, 205
Röntgen-Äquivalent 185
Röntgenstrahlen 171, 172
Rotationsenergie 46
Ruhenergie 30
Rydberg-Frequenz 165
Rydberg-Konstante 165

Schall-absorption 134
– -dämmung 135
– -feldgrößen 133, 134

Schallgeschwindigkeit 132, 133
Schermodul 50
schiefe Ebene 25
Schmelzen 79, 80
Schrödinger-Gleichung 166, 167
Schubmodul 50
Schwächungsgesetz 172, 186, 187
Schwächungskoeffizient 172, 180, 186, 188
schwarzer Körper 158
Schwebung 121
Schwerpunkt 43
Schwimmgleichgewicht 53
Schwingkreis 123, 124
Schwingung 116
–, Biege- 118
–, Dreh- 117
–, Eigen- 118, 123
–, elektrische 123
–, elliptische 121
–, erzwungene 119
–, Feder- 116, 117
–, freie 116
–, gedämpfte 119, 124
–, harmonische 116ff.
–, lineare 116
–, mechanische 116
–, Pendel- 117
–, Überlagerung 120
Schwingungsebene 144
Sekunde 16
Selbstinduktion 105
Serienformel des H-Atoms 165
Sievert 186
Solarkonstante 160
Spannung, elektrische 85
–, magnetische 100, 101
–, mechanische 49
– von Wechselstrom 109
Spannungsteiler 94
Spektralserien des H-Atoms 165, 166
Spektrum, elektromagnetisches 137, 140
Spiegel 147, 148
Spin 167, 168, 175
Stefan-Boltzmannsches Gesetz 159
Steighöhe 54
Stoffmenge 60
Stokessches Gesetz 57
Störstellenleitung 212
Stoß-gesetze 37, 38
– -querschnitt 63
– -zahl 63
Strahldichte 158
Strahlstärke 158
Strahlungs-äquivalent 155
– -druck 139
– -fluß, -leistung 154
Strom-dichte 90
– -stärke, elektr. 90, 96
– –, Massen- 55
– –, Wechselstrom 109
Strömung, ähnliche 58
–, laminare 57
–, turbulente 57, 58
Strömungswiderstand 58
Suszeptibilität 87, 102

Taupunkt 81
Temperatur 66
–, charakteristische 201
thermische Ausdehnung 66, 67
Torsionsmodul 50
Trägheits-gesetz 25
– -kräfte 27
– -moment 45
Transformator 113
Tripelpunkt 66, 80

Valenzband 206, 211
van-der-Waalssche Zustandsgleichung 79
Verdampfen 79, 80
Vergrößerung 151, 152
Verschiebungsdichte 86
Verschiebungsstrom 107
Viskosität 57
Volumenstrom 55

Wärme-durchgang 82
– -kapazität 64, 68, 69, 201
– -leitung 81
– -menge 68
– -pumpe 76
– -strom 82
– -übergang 82
Weber-Fechnersches Gesetz 134
Wechselwirkungen 178
Wechselwirkungsprinzip 26
Welle 126
–, ebene und Kugel- 127
–, elektromagnetische 137
–, harmonische 126
–, Longitudinal- 126
–, mechanische 126
–, polarisierte 145
–, Reflexion einer 128
–, stehende 128
–, Transversal- 126
–, Überlagerung 128
Wellen-funktion 166
– -gleichung 138
– -gruppe (-paket) 130
– -länge 126
– -widerstand 133, 138
– -zahl 127
Wheatstonesche Brücke 92
Widerstand, Blind- 110
–, Gleichstrom- 90ff.
–, induktiver 110
–, kapazitiver 110
–, magnetischer 101
–, ohmscher 110
–, Schein- 110
–, spezifischer 90
–, Wechselstrom- 110
–, Wellen- 133, 138
–, Wirk- 110
Widerstandszahl 58
Wiedemann-Franzsches Gesetz 96
Wiensches Verschiebungsgesetz 160
Wigner-Seitz-Zelle 191
Winkelbeschleunigung 20
Winkelgeschwindigkeit 20
Wirkung 33
Wirkungsgrad 33
– beim Carnot-Prozeß 75, 76
Wirkungsquerschnitt 180
Wurfbewegung 18

Zeitdilatation 29
Zeitkonstante 107, 109
Zentrifugalkraft 27
Zentripetalkraft 25
Zerfallsgesetz 179
Zustands-änderungen des idealen Gases 73ff.
– -dichte 204, 212
– -gleichung 67, 68
– -größen 73